KB144154

개정판

Leisure Sociology

여가사회학

조명환 · 김희진 공저

백산출판사

여가사회학 연구의 선구자라 할 수 있는 프랑스 Joffre Dumazedier는 1974년에 저술한 『여가사회학』(*Sociologie Empirique du Loisir*)에서 노동과 같은 차원으로 여가의 중요성을 언급하였다. 여가의 기원은 로마시대의 일(Neg-otium)과 한가(Otium)에서 비롯되었으며, 19세기에 사회사상가들에 의해 여가의 중요성이 강조되었고, 노동시간 단축으로 인하여 늘어난 자유시간에 관한 연구가 활발하게 이루어졌다고 주장한다. 그 가운데 대표적인 학자로 K. Marx를 들 수 있는데, 그는 노동을 인간의 제1차적 욕구로 생각하였고, 그 후 기계가 사회적으로 소유되면서부터 자유시간은 인간의 개화 · 발전의 장이 되어 노동을 통한 비인간화된 인간을 인간화시킨다고 주장했다. 이후에도 노동자의 지적 교양 향상과 원만한 시민이 되기 위한 여가활동 참여 증대 등의 문제들이 여가관련 사회학자들에 의해 활발하게 논의된다. 여가라는 사회현상을 두고 여가가 인간의 삶 속에서 수단인가 아니면 목적인가에 관한 이념적 논쟁은 지금까지 계속되고 있다.

여가사회학의 창시는 미국의 사회학자 T. Veblen의 『유한계급이론』(*The Theory of the Leisure Class : An Economic of Institutions*)이 출간되면서부터이다. Veblen은 그의 책에서 여가를 노동자 계급의 여가라기보다는 유한계급(有閑階級 : 부르주아지)에게 한가로움과 다양한 종류의 나태를 가져다주는 여가라는 비판적인 내용을 담고 있다. 이후 국제노동기구(ILO)에서는 노동자들의 자유시간에 관한 조사와 연구를 활발하게 진행시키게 되는데, 그 가운데 주 40시간 노동이 이슈화되었다.

제2차 세계대전 이후 미국은 대량소비, 대중문화, 대중여가를 통한 대중사회의 제 문제에 봉착하게 된다. 이런 문제들을 심도 있게 분석한 책이 1948년 D. Riesman, N. Glazer 그리고 R. Denney가 쓴 『고독한 군중』(*The Lonely Crowd*)이다. 이 책에서 대중여가가 가지고 있는 순기능과 역기능에 대하여 열거하면서 역기능적인 문제에 대한 대안을 제시하고 있다.

서양 여가현상의 사회학적 관점의 논의를 바탕으로 일본의 경우는 1981년에 프랑스 Joffre Dumazedier가 저술한 『여가사회학』을 牛島千尋(うしじまちひろ)가 번역하여 출간한 이후, 1986년에는 여가과학강좌 시리즈 1 『여가사회학』(余暇社會學)을, 1987년에는 시리즈 2 『여가경제학』(余暇經濟學)을 출간하게 된다. 이처럼 일본은 여가라는 사회현상을 두고 다양한 학문적 접근이 이루어졌음을 알 수 있다.

이러한 동서양 여가사회학의 학문적 발전과정을 토대로 기존연구들이 어떤 내용을 다루고 있는가를 살펴보는 것은 의미 있는 일이라 생각한다. 앞서 논의했던 Joffre Dumazedier의 『여가사회학』을 살펴보면, 여가 출현의 사회적 배경, 여가 정의에 관한 논쟁, 노동 - 여가 - 시간 - 공간, 여가사회학 준거 틀로써의 문화개발, 성인교육, 행동사회학 등의 내용을 다루고 있고, 1976년 W. M. Williams가 저술한 『여가사회학』(*The Sociology of Leisure*)을 보면 여가의 문화적 배경, 여가와 삶의 제 국면으로써 일, 가족, 교육, 종교와의 관계, 여가계획과 정책으로 구성되어 있다. 1986년 松原治郎의 『여가사회학』(余暇社會學)은 여가사회학의 관련개념, 일본인의 여가행동, 일본인의 여가의식, 여가의 사회적 상황으로 가족, 동료집단, 지역사회, 산업사회와의 관계 등을 다루면서 마지막 부분에 여가연구 계보를 제시하였다.

이상의 내용들을 바탕으로 본서에서 다루고자 하는 주요 내용은 제1부에서는 여가의 개념적 이해를, 제2부 여가생활의 실천에서는 여가와 생애주기, 가족, 일, 사회생활, 커뮤니티와의 관계를, 제3부 여가가치체계의 확립에서는 여가의 제약요인, 여가시스템, 여가관련 공공정책, 여가사회의 미래전망 등을 다루었다.

첫술에 배부를 수 없는 것이 인간의 삶이듯 하나의 학문영역을 개척해 나가는 데도 수많은 시행착오가 있게 마련이다. 필자들은 이런 점에 유의하여 한국에서의 여가사회학이 하나의 완성된 학문으로 발전할 수 있도록 계속적으로 노력할 것을 약속드리는 바이다.

끝으로, 출판경기가 좋지 않음에도 불구하고 『여가사회학』 출판에 기꺼이 응해주신 백산출판사 진욱상 사장님께 진심으로 고마움을 표하고자 한다.

동아대학교 부민캠퍼스 국제관광학과
조명환 교수 연구실에서 저자 일동

차 례

PART 2 여가생활의 실천 089

PART 3 여가가치체계의 확립 197

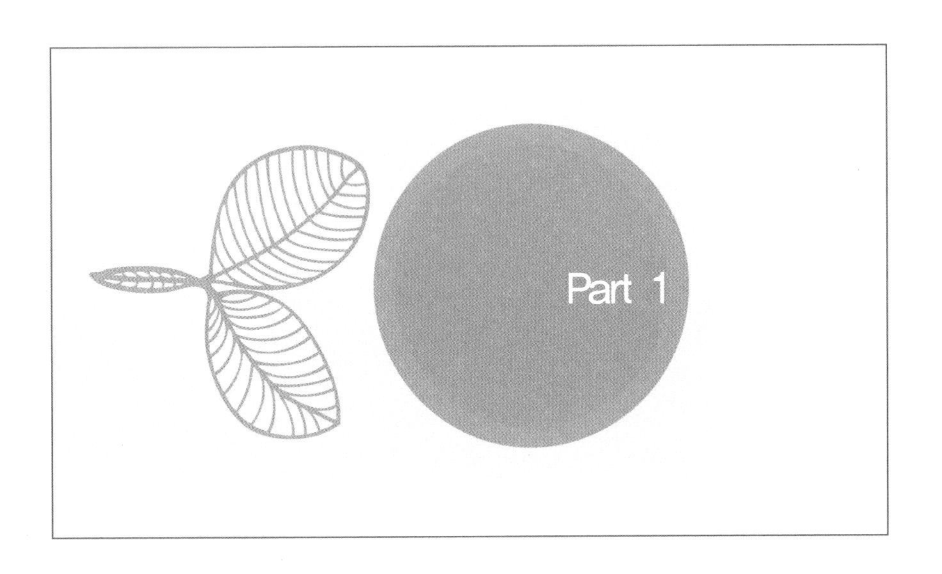

여가의 개념적 이해

제1장 | 여가의 이해

제1절 여가의 어원과 정의

1. 여가의 어원

레저(leisure)의 어원은 고대 그리스에서 사용된 여가를 뜻하는 스콜레(scole)와 라틴어의 리케레(licere)와 관련이 깊다.[1] 스콜레는 조용함, 평화, 남는 시간, 자유시간 등을 뜻하기도 하는데, 여기서 '남다'와 '자유'는 시간에 대한 개념이라기보다 의무로부터 해방된 구속이 없는 상태를 말한다.

고대 그리스의 자유시민들은 힘든 노동을 노예들에게 맡기고 풍부한 자유시간을 향유하는 일종의 놀이의 향유자였다고 할 수 있는데, 그들은 이러한 여유를 놀이라 부르지 않고 스콜레, 즉 한가(閑暇)라고 불렀다. 그래서 스콜레는 훌륭한 것이며 진지한 것으로 생각하고, 놀이는 진지하지 않고 쾌락을 추구하는 것으로 간주했다. 여기서 당시 그리스인들이 오늘날처럼 혼재되어 사용하고 있는 쾌락적인 '오락'—현재 일상용어로 사용되고 있는 레저(leisure)—과 성스러운 '한가'를 구분짓고자 했던 의도를 엿볼 수 있다. 또 그들은 오늘날의 여가를 비노동의 상태로 소극적으로 개념화하고 있는 것과는 달리 긍정적이고 적극적인 것으로 보았으며, 오히려 경제적, 정치적, 직업적인 활동을 '여가가 없는 상태, 곧 비여가(a-scolia)'로써 부정적 · 소극적인 것으로 보았다.[2] 이러한 점은 노동보다는 여가가 일상생활에서 더 중요한 의미를 지니고 있음을 뜻한다. 다시 말해, 그리스의 자유시민들에게는 여가가 주(主)된 의미를 지닌다고

한다면, 노동은 종(從)의 의미를 지니고 있었다.3)

그리고 스콜레는 학문적인 토론이 행하여진 장소를 가리키는 말로도 사용되었는데, 영어의 학교(school) 또는 학자(scholar)는 바로 여기에서 유래하고 있으며, 여가가 교육과 무관하지 않음을 알 수 있다. 여기서 말하는 교육은 자유학문(artes liberales)으로 지칭하고 실용적인 목적에 사용되는 학문을 노예학문이라 구분지었다. 그리고 라틴어의 리케레(licere)는 허가받은 것(to be permitted) 혹은 자유로운 것(to be free)이라는 뜻을 갖고 있으며4), 여기서 여가를 뜻하는 불어의 루아지르(loisir)나 면허, 허가를 의미하는 영어의 라이선스(licence)가 파생되었다. 한편 로마어로 여가를 뜻하는 오티움(otium)이 있는데, 이것은 '아무것도 하지 않는 것'을 의미하며, 소극적인 무위활동상태를 뜻한다. 그러나 이들 어원은 모두 정지상태와 평화상태를 내포하며 시간적 의미가 부여되어 남은 시간에서 자기를 위한 시간으로 발전하였다.

[그림 1-1]은 지금까지 설명한 스콜레와 오티움 그리고 생산과 소비와의 관계를 의미한다. 진정한 의미에서 여가는 창조적 · 문화적인 것이라 할 수 있다.

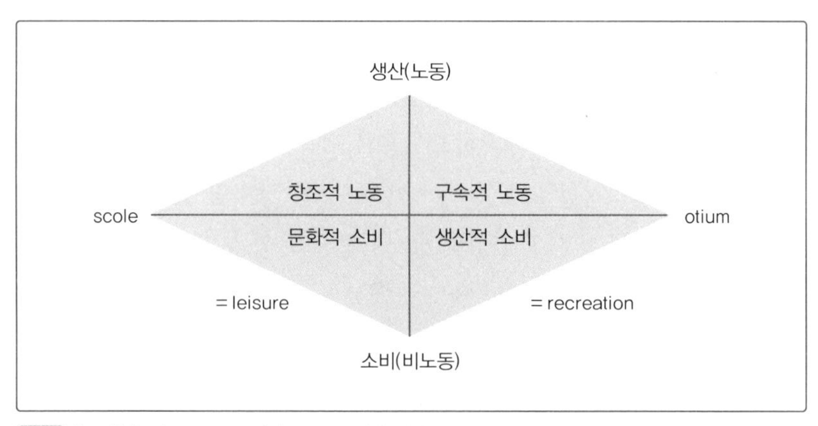

자료 松田義幸 外, レジャー産業, 東洋經濟新聞社, 1980, p. 5.

[그림 1-1] 스콜레와 오티움의 특징

그러나 인간의 생활 전체 중에서는 창조적 활동과 무위활동이 동시에 확장되어감은 누구도 부인할 수 없다. 이들의 관계를 일본여가개발센터에서는 바다라는 오티움과 섬이라는 스콜레로 인식하고, 섬과 바다는 상대적 관계이고 보완관계이듯 이들 두 가지가 합쳐진 것이 진정한 여가의 세계라고 규정하고 있다. [그림 1-2]는 이들의 관계를 의미하고 있다.

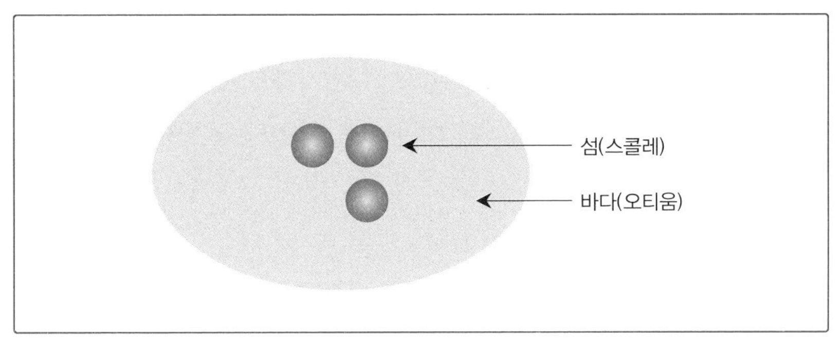

자료 일본여가개발센터, 여가시대에 있어서 산업활동의 사회적 위치 설정, 1973.

[그림 1-2] 여가의 세계

2. 여가의 정의

여가는 하나의 행동 카테고리가 아니라 행동양식으로서 오늘날의 여가현상은 노동·가정생활 및 문화 전체에 여러 가지 형태로 큰 영향을 끼치고 있으며, 여가의 정의 또한 여가의 어원에서 스콜레와 오티움의 상대적 관계처럼 광범위하고 다양하며, 많은 변화를 가져오고 있다.

여가의 정의는 여가활동에 비하여 비교적 최근에 들어와서 학자들의 연구대상이 되었는데, 이는 여가의 정의를 통일시키지 못한 원인이 되기도 하나, 여가의 속성이 여러 가지로 해석될 수 있는 주관성이 강한 복합개념[5]이므로 특정 사회가 지닌 가치나 태도에 따라 다양하게 정의되어 왔다. 따라서 여가는 관련 학자들에 의해 다양한 관점으로 정의되고 있는데, 일반적으로 시간적, 활동적,

상태적, 제도적 그리고 이들 중 두 개 혹은 모두를 포함하는 포괄적 개념으로 정의하고 있다. 이들 각각의 정의마다 여가에 대한 그 사회의 독특한 견해와 가치가 반영되어 있다.

1) 시간적 정의

여가를 시간적으로 정의하는 것은 가장 일반적인 견해라고 할 수 있다. 시간적 의미로 여가를 정의하면, 여가는 일이나 그 밖의 의무적인 활동에서 벗어난 자유로운 시간(free time)을 말한다. 인간의 생활시간을 크게 생활필수시간, 노동시간 및 자유시간으로 대별할 때, 여가는 보통 1일 24시간이라는 절대적인 시간의 한계 속에서 생활필수시간과 노동시간 등의 구속시간을 뺀 나머지를 자유시간으로 볼 수 있다.[6)]

이러한 시간적 개념으로 정의한 대표적인 학자들 가운데 한 사람인 브라이트빌(Brightbill)은 여가를 "생리적 필수시간(existence time)과 생계유지에 필요한 시간(subsistence time)을 제외한 시간으로 자신의 판단과 선택으로 사용할 수 있는 자유재량시간(discretionary time)"이라 정의하였고[7)], 머피(Murphy)도 "개인이 자기 결정적 상황(self-deterministic condition)하에서 재량껏 이용할 수 있는 시간"을 여가로 보고 있다. 또한 파커(Parker)는 여가를 "일과 생존을 위한 기초적인 욕구가 충족되고 남은 잔여시간(residual time)"으로 보고 있으며, 런던도시안내연구소(The City and Guides of London Institute)에서도 "일하는 시간이라고 인식되는 시간 외에 자신이 결정하는 활동에 참여할 기회를 제공하는 시간"이라 정의하고 있다.[8)]

여가의 시간적 정의는 여가 자체를 계량화하기가 용이하다는 이유로 인해 최근 들어 빈번하게 원용되고 있다.

2) 활동적 정의

여가에 대한 활동적 정의는 앞서 언급한 시간적 여가개념의 바탕 위에서 여가를 활동으로 인식하려는 것이다. 여가를 활동의 내용에 따라 정의하면, 여가는 자유시간 내에 이루어지는 활동이나 체험으로 정의할 수 있다. 프랑스의 여가학자 듀마즈디에(Dumazedier)는 많은 학자들이 내린 여가의 정의를 비교, 분석해 본 결과를 토대로 "여가는 개인이 노동, 가족 그리고 사회의 의무로부터 벗어나 휴식, 기분전환, 혹은 지식의 확대, 자발적 사회참여 그리고 자유로운 창조력의 발휘를 위하여 이용되는 임의적 활동의 총체"로 정의하였다. 그리고 여가의 결정요인은 활동 내용이 중요한 역할을 한다고 하였으며, 인간 활동을 보상적 활동, 가사활동, 사회 · 종교적 활동, 자기실현적 활동 등의 4가지로 구분하여 여가는 자기실현적 활동에 속한다고 하였다.[9]

또한 윌슨(Wylson)은 여가를 활동과 기회요소의 결합으로 인식하면서 "노동, 가정, 사회 및 기타 의무가 실현되고 난 후에 자신의 의사대로 할 수 있는 활동일 뿐만 아니라 휴식, 회복, 오락, 자기실현, 정신적 재생, 지식의 향상, 기술의 개발, 사회활동 참여를 제공해 주는 기회"로 정의하였다.[10] 이와 같이 여가는 개인이 생활의 만족을 위한 질을 추구하고자 자유로이 선택하는 활동으로서 수면, 식사, 노동과 같이 고도로 상례화된 활동(routinized activity)이 아닌 것을 말한다. 그러나 여가에 대한 활동적 정의는 관찰상의 용이성이 장점인 반면, 계량화를 시도하는 데 있어서는 다소 어려움을 지니고 있다.[11]

3) 상태적 정의

여가의 상태적 정의는 여가를 시간이나 활동의 개념으로 정의하는 데 다소의 문제점이 있다는 인식에서 출발하였다. 가령 스포츠의 경우 현상적으로는 활동으로서의 여가의 범주에 들어가지만, 만약 이것이 직업이나 의무로서 실시될 경우 스포츠는 일이 되며, 그 시간은 자유시간이 아니라 의무적 구속시간이 되기 때문이다. 이러한 문제점 때문에 여가와 비여가의 구별은 여가를 즐기는 행위주체의 동기나 목적이라는 주관적인 요인에 의해 여가를 정의하는 경우가 많다. 가령 뉴링거(Neulinger)는 "여가는 그 자체의 목적을 위하여 몰입하며, 그

것으로 인하여 기쁨과 만족감을 부여받게 되며 개인 존재의 깊은 내면세계와 관련이 되는 것"이라 정의하여 여가가 경험 및 마음의 상태임을 강조하였다.[12] 그리고 행복은 여가 속에 있다고 하여, 여가를 삶의 궁극적인 도달점으로 생각한 그리스의 철학자 아리스토텔레스(Aristoteles)의 정의도 여기에 해당된다.

또한 여가를 종교적 축제와 관련해서 정의한 피퍼(Pieper)는 여가를 마음(mental)뿐만 아니라 정신적 태도(spiritual attitude), 영적인 상태(condition of soul)로 정의하여 신체적, 심리적, 영적 자기계발의 기회로 보았다. 그의 저서 『여가-문화의 기초』에서 "여가를 가질 수 있는 능력은 인간의 영혼에 깃들어 있는 근원적인 능력"이라 주장하고, "여가의 본질은 자신의 진정한 존재와 일치해서 존재의 근원을 응시하는 데 필수적인 관상(觀相)의 상태"라고 하였다.[13]

이러한 점에서 여가는 시간도 아니고 활동도 아닌 마음의 상태(a state of being)인 동시에 자유의지(free spirit)인 것이므로 명상과 예배, 기도 등을 여가의 최고 형태라고 인식했다. 따라서 양적인 측면을 나타내는 자유시간과 질적인 측면을 강조하는 여가는 분명히 구분될 수 있으나, 여가의 상태적 정의는 관찰 및 계량화에 많은 어려움을 지니고 있다.[14]

4) 제도적 정의

여가에 대한 제도적 정의는 여가의 본질을 노동, 결혼, 교육, 정치, 경제 같은 사회제도의 상태나 가치 패턴과의 관련성을 검토하여 그 정의를 내리고자 하는 것이다.[15] 베블런(Veblen)은 1890년대 미국의 사회적 생산력의 증대가 엄청난 불평등 분배로 이어지는 사회체계와 구조를 관찰하면서, 역사적으로 피지배계급의 생산적 작업은 무익한 수고이고 나약함과 열등성으로 연결되는 반면에, 지배계급의 정신노동은 보다 효율적이고 바람직한 삶이라는 가치관을 탄생시켰다고 보았다. 이렇게 형성된 유한계급의 생활양식 속에는 여가의 영역에서 그들의 성공적 삶을 과시함으로써 그들과 구별되는 피지배계급으로부터 그들의 성공적 삶을 사회적으로 인정받으려 하는 경향이 생긴다고 하였다. 그리고 그는 여가를 사회적 신분을 나타내는 경제적 상징, 상류층과 근로자층의 생활양식을 구분짓는 상징(symbol), 금전과시적 소비(conspicuous consumption of money)를 함으로써 하류층에 비해 우위에 있다고 과시하는 태도, 임금을 매개로 하여 노동에 대한 보상의 형태로써 설명하였다. 한편, 여가는 노동과의 관계에 있어서도 중요한 의미를 지니고 있다. 철학자이자 심리학자인 마르쿠제(Marcuse)는 공장 자동화가 노동시간과 자유시간의 관계를 역전시킬 것으로 예측하였다. 노동시간은 점점 줄어들 것이고, 자유시간은 점점 증가할 것이며, 그 결과 급격한 가치변화와 전통적인 문화의 양립이 불가능한 생활양식이 등장할 것이다. 선진산업사회는 이러한 가능성으로 가기 위한 항구적인 준비상태에 있다고 예언했다.[16] 그리고 심리학자인 데이비드(David)와 필립(Philip)은 노동시간의 길이 자체가 쾌락의 원칙을 억압하는 현실의 원칙으로 강하게 작용한다는 주장을 하고 있다. 따라서 노동의 감축은 자유를 위한 첫 번째 전제조건임을 강조하기도 했다.[17]

현대사회에 있어서 여가의 의미는 역사를 창조하는 인간생활의 두 가지 측면인 노동과 여가의 함수관계라 할 수 있다. 환언하면 인간이 삶을 영위하는데 있어 노동으로부터 생기는 피로, 권태감, 압박감에서 해방되어 에너지를 보충하여 다시 노동이라는 생산의 수단으로 여가의 본질을 정의할 수 있다. 한편 이와는 반대로 보다 향락화되어 가는 현대사회에 있어서의 여가는 생활의 목적이 되고 있지만 노동은 여가생활을 가능하게 하는 수단적 역할로 변질되는 상황에 있다. 이와 같은 상황하에서 여가는 노동과 대립개념이 되지만, 이 두 가지 요소는 제도적인 차원에서 상호 밀접한 관계를 보이면서 보완적 기능을 하여야 할 것이다.

5) 포괄적 정의

여가에 대한 포괄적 정의는 앞서 언급한 네 가지 속성으로는 여가의 본질을 폭넓게 수용할 수 없다는 점에서 최근 들어 학자들에 의해 자주 시도되고 있다. 이는 여가의 요소들이 노동이나 놀이, 교육, 기타 사회적 영역에 이르기까지 인간행동의 모든 측면에서 나타나고 있기 때문이다. 그러므로 여가는 복합적이고 다양한 면을 가지고 있으며, 어느 한쪽 측면만으로는 여가의 본질을 충분히 설명할 수가 없는 것이다. 따라서 [그림 1-3]과 같이 여가는 시간적 · 활동적 · 상태적 · 제도적 요소가 적절히 배합된 통합적인 속성을 갖는다. 여가의 통합적인 개념은 노동, 놀이, 교육 및 기타 사회적 측면에 있어서 인간행위의 모든 측면에 걸쳐 표출될 수 있는 여가의 요소들을 이론적인 관점에서 종합한 것으로 간주된다.[18] 이러한 관점은 머피(Murphy)에 의해 주장되었는데, 여가의 포괄적 개념은 인간의 모든 행동 - 일, 놀이, 교육 그리고 다른 사회적 현상들에서 여가의 요소를 찾을 수 있다는 견해이다.[19]

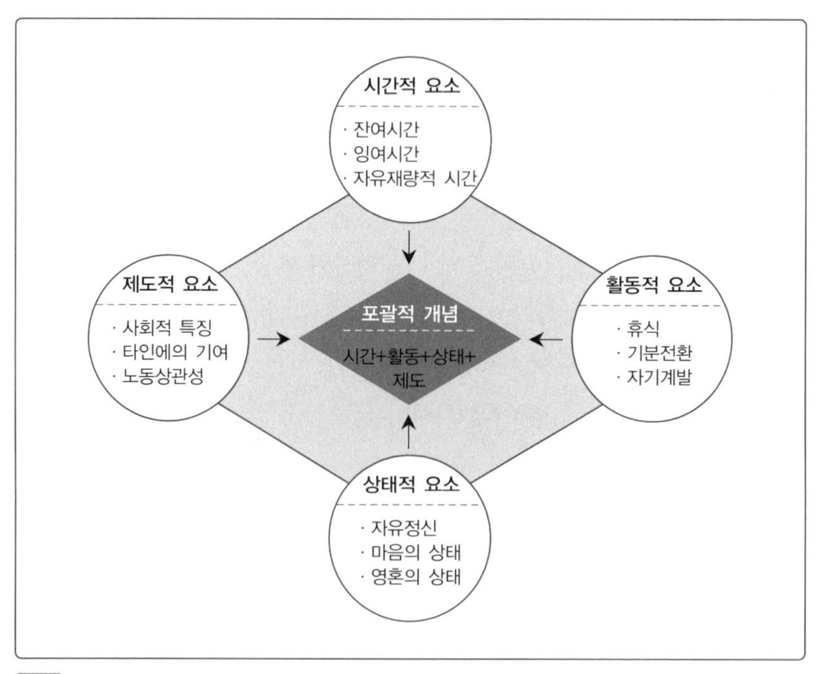

자료 김광득, 현대여가론, 백산출판사, 1995, p. 19.

[그림 1-3] 여가의 포괄적 개념요소

기스트(Gist)와 페바(Feva)는 여가를 개인의 노동이나 그 밖의 의무적인 일로부터 해방되어 자유로이 긴장을 풀며 기분전환을 하고 사회적 성취를 이루며, 또한 개인적 발전을 위하여 사용할 수 있는 시간으로 정의함으로써 여가를 활동 및 시간적 차원에서 설명하고 있다.[20]

따라서 여가의 포괄적 정의는 앞서 설명한 여가의 시간적, 활동적, 상태적, 그리고 제도적 요소가 적절히 배합된 속성을 갖고 있어 여가에 대한 개념정립에 역동적이고 유기적인 접근방법을 제시해 준다.

제2절 여가의 기본적 특징

1. 여가의 기본적 특징

1) 해방성(free)

여가는 무엇보다도 인간이 처한 여러 가지 의무나 구속으로부터의 해방이라는 속성을 지니고 있으며, 또한 무엇인가를 해야만 하는 것(have to), 즉 당위성과는 구분된다. 시간적 의미로 여가는 생계유지나 기타의 타율적 제약, 거기서 오는 심리적 압박에서 해방된 시간으로서, 노이메이어(Neumeyer)에 따르면 "여가는 어떤 활동을 할 수 있는 기회이며, 그것이 활발한 활동이든 아니든 간에 일상생활의 필요성에 의하여 제약받아서는 안 된다"고 주장한다.

인간은 훌륭하고 영광스러운 생활을 하면서도 때로는 지루함, 진부함, 단조로움과 같은 틀에 박힌 생활을 탈피하고자 한다. 이러한 여가의 해방성에 대하여 듀마즈디에는 다음과 같이 역설하고 있다.

"여가는 형식적, 제도적 의무에서 자유로워야 하는 특성을 기본적으로 지니고 있다. 그와 동시에 여가는 학교 교육과정에 포함되지 않는 것으로 학습으로부터 자유롭고, 직장의 피고용관계의 기본적 의무로부터의 자유가 보상되어야 한다."[21] 환언하면, 여가는 의무로부터 오는 사회적 구속이나 개인에게 충분한 만족을 주지 못하는 일상적 활동으로부터의 일시적인 이탈(escape)을 의미한다.

이와 관련하여 투렌(Touraine)은 여가가 규제로부터의 자유(freedom from rules)이며, 사회적으로 승인된 행동유형(models of behaviour)으로부터의 자유임을 강조하고 있다. 이러한 여가의 해방성에 착안하여 모(Maw)는 여가의 모형을 구속성의 정도에 따라 완전 구속적인 것으로부터 부분 구속적인 것까지 네 가지로 나누고 있다.

〈표 1-1〉 모(Maw)의 여가모형

완전 구속적			부분 구속적
필수적 생활	고도적 생활	임의적 생활	여가생활
필수수면	수 면	-	휴 식
건강 · 위생	자기관리	-	스포츠, 놀이
주식사	식 사	-	외식, 음주
필수쇼핑	쇼 핑	임의쇼핑	-
주된 일	일	잔업, 부업	-
필수가사 · 요리	가 사	집수리, 차 관리	만들기, 정원
학 업	교 육	추가교육, 숙제	-
-	문화, 통신	-	TV, 라디오, 독서
-	사회활동	정치, 종교, 양육	한담, 파티
통근 · 통학	여 행	-	산책, 드라이브

자료 R. Max, Construction of a Leisure Model, Official Architecture and Planning, 1969.

그에 따르면, 구속성이 배제된 여가생활의 유형으로 휴식, 스포츠, 놀이, 외식, TV시청, 독서, 한담, 산책, 드라이브 등을 들었다. 그러나 여가를 일상생활의 제약적, 구속적 요소와 완전히 단절된 상황하에서 행한다는 것은 극히 제한적이므로 최소 의무로서의 여가(leisure as a minimum of obligation)란 표현이 적절하다.

2) 자유선택성(free-choice)

인간은 자신에게 부여된 여러 의무나 제약에서 벗어나면 여가시간의 활용은 전적으로 자발적인 상황하에 놓인다. 그러한 점에서 여가는 자발적 활동인 것이며, 자발적 활동이란 자신이 좋아해서 즐겁게 참여하는 활동을 말한다.

여가에의 참여 여부가 전적으로 개인의 자발성에 근거하는 것이라면 여가생활에의 참여 패턴은 자유선택적 속성을 지니는 것이다. 따라서 참된 여가는 자유선택의 결과로 이루어지는 것이다. 그렇다고 모든 여가가 곧 자유라고 할 수는 없다. 여가를 즐기는 가운데서도 사회적 제약을 받으며, 대인관계의 의무나 집단적 규율을 지켜야 한다. 그러한 점에서 여가는 선택의 자유(freedom of choice)가 필수적이다. 여가활동의 특징 중 하나는 각자의 개성, 흥미, 욕구에 의하여 스스로 우러나는 활동을 선택한다는 점에 있고, 만약 타인으로부터 강요되어 참여하였을 경우 그것은 '준여가'로 볼 수 있으며 이때는 여가행위 속에 의무성, 목적성, 상업성 등의 비여가적 요소가 내포된 여가를 말한다. 이것은 특히 여가가 민주적이며 선택의 자유가 보장되어야 함을 의미하는 것이다.

이와 관련하여 켈리(Kelly)는 여가의 자유선택성을 두 가지 차원, 즉 자유재량성(freedom discretion)과 노동연관성(work-relation) 간의 함수관계에 따라 네 가지의 여가형태를 제시하고 있다.

첫째, 순수여가(pure leisure)는 행위자가 자유로운 선택을 하였으므로 노동과의 관계에서 독립성을 지닌다(전체 여가 중 31% 차지).

둘째, 보충적 여가(compensatory leisure)는 행위자가 자유로운 선택은 아니지만 노동과는 독립된 것이다(전체 여가 중 30% 차지).

셋째, 조정적 여가(coordinated leisure)는 행위자가 자유로운 선택을 하였지만 노동과 관련이 있는 것이다(전체 여가 중 22% 차지).

넷째, 준비 · 회복적 여가(preparation, recuperation leisure)는 선택의 자유는 없으나 노동과는 관계가 있는 것이다(전체 여가 중 17% 차지).

켈리의 여가유형별 속성 중 순수여가에 속하는 구체적인 예로는 순수취미활동이나 스포츠 활동을 들 수 있고, 보충적 여가에는 생리적 여가활동, 가족여행 등이 있을 수 있다. 조정적 여가활동으로는 TV시청, 독서, 사내 동호인 모임 등이 있을 수 있고, 준비 · 회복적 여가활동에는 점심시간, 휴식시간 내의 각종 활동이 여기에 속한다고 할 수 있다.

그러나 순수여가를 제외하면 나머지는 자유재량성이 비교적 결여되어 있다고 볼 수 있다. 따라서 여타 사회현상과 마찬가지로 여가의 본질 속에는 의무란 개념이 완전히 배제될 수 없으며 집단이나 조직 속에서 어느 정도 사회적 구속력을 지니게 된다.

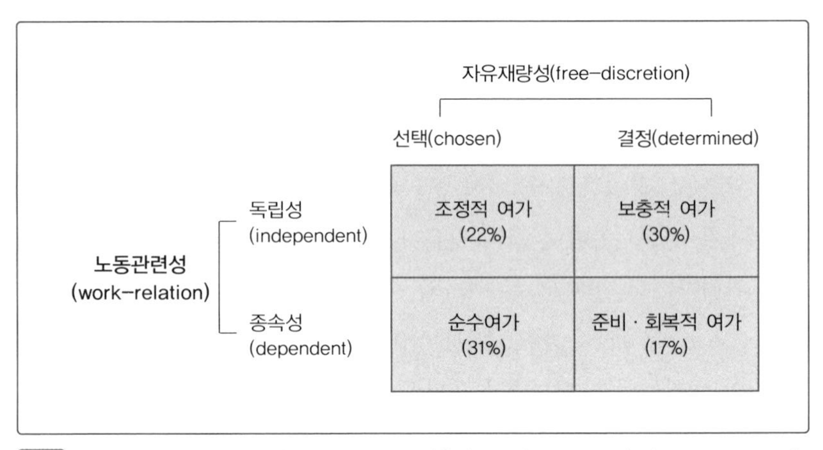

자료 John R. Kelly, Work and Leisure : A Simplified Paradigm, Journal of Leisure Research, Winter 1972.

[그림 1-4] 켈리의 여가 패러다임

3) 자기표현성(self-expression)

여가는 개인의 자아가 진실되게 표현된다는 속성을 지니고 있다. 진실하다는 것은 아무렇게나 행동한다는 것을 뜻하지 않는다. 흔히 여가라 하면 경박하고 진실성 없는 여흥으로 간주되기 쉽지만, 여가는 어떤 의미에서 하나의 수양이나 도를 닦는 행동처럼 진실된 면을 가지고 있다. 왜냐하면 진정한 여가는 참된 자아를 가장 잘, 그리고 아무런 제약 없이 충분히 표현하는 데서 더없는 만족을 느끼게 되는 활동이고, 인간이 참된 의미에서의 가치표현에 몰두할 때 가장 진실할 수 있기 때문이다.

그리고 여가가 자기표현적 활동이라고 할 때, 그것은 신체적, 정신적, 정서적인 자기표현을 뜻하는 것이다. 여가는 삶에 있어서 자기표현, 자기해방, 그리고 자기만족의 달성을 위한 수단(an outlet for self expression, for release, and the attainment of satisfaction)으로서 내면 지향적 동기와도 깊은 관련이 있다. 이와 관련하여 여가는 자유스러운 심성(free mind)을 배양시켜 주고, 비공리적 속성(non-utilitarian)을 지니며 가치표현을 향상시켜 준다.

특히 산업화와 도시화가 보다 가속화되고 있는 현대사회에 있어서 대중이 타락할 가능성이 커지고, 또한 조직화 · 규격화되어 가는 현실에 있어서 진실한 자기표현의 가능성이 축소되고 있기 때문에 여가를 통한 자기표현은 육체적, 정신적으로 성숙한 인간으로 진화시킨다는 점에서 중요한 의미를 갖는다.

4) 가치창조성(creation of values)

여가는 사회조직의 기본적인 의무나 제약에서 벗어나려는 성격을 지니고 있다는 점에서 개인의 욕구와도 긴밀한 관계가 있다. 따라서 여가는 쾌락 및 가치추구의 성격을 지닌다고 볼 수 있다.

행복은 여가와 직접 관련되어 있다고 단언하기는 힘들지만 현대사회에 있어서 여가를 통한 만족감과 쾌락은 일상적인 압박에서 벗어나 내면적 가치와 감정을 충족시켜 주기 때문에 여가의 기본적 요소가 되는 것이다.

여가는 순수한 즐거움(pure pleasure)을 얻기 위해서 영위되는 가치창조적 활동이다. 순수한 즐거움이란 즐거움 그 자체가 행위의 목적이 되는 것을 말한다. 인간은 자기가 추구하는 욕구가 충족될 때 만족을 느끼기 때문에 욕구충족에서 오는 만족의 근원도 다양하다. 가치창조적이라 함은 여가활동 참여에서 오는 삶의 보람과 의의를 한결 새롭고 힘차게 느껴지게 하고 삶의 내용을 더욱 풍요롭게 해주며, 밝고 명랑한 정신적 충족감을 느끼게 해주는 것을 말한다.

듀마즈디에는 일찍이 여가는 각종 제도로부터 개인을 구속하는 일상성, 정주성을 떨쳐버리고 자신의 운명을 지배하고 있는 가치에 자유롭게 반대하든가 또는 그것을 보상한다든가 하는 자기초월의 세계에 있게 해준다고 한 바 있다. 오늘날 지배, 자아존중, 도전, 자유, 성취, 지위 등은 자기충실을 위한 여가의 가치성향으로써 작용하고 있다는 점에서, 이러한 것들이 여가를 통해서 충족될 수 있는 기회가 제공되지 않는다면 인간은 도시화·산업화된 사회 내의 노동환경, 가정환경 등의 제약으로 인하여 좌절감을 느끼게 된다.

결과적으로 여가에 있어서 가치의 창조성이 중요시되는 이유는 개인의 삶의 질(quality of life)을 측정하는 수단으로서 여가의 역할이 증대하고 있기 때문이다.

5) 노동관계성(work-relation)

인간의 역사를 통해 볼 때, 여가의 중요한 특징 중 하나는 노동과의 긴밀한 상호작용관계에 있다는 것이다. 노동과 여가의 관계에 대하여 파커(Parker)와 스미스(Smith)는 〈표 1-2〉와 같이 확대관계, 대립관계, 중립관계로 나누고 있다.

첫째, 확대관계(extension)는 노동과 여가의 구분이 불분명하나 대체로 노동을 중시하는 형태이며, 노동환경에 고도의 자율성이 존재하고 노동을 통하여 자신의 능력발휘를 추구하며 진정한 만족감을 얻게 되는 형태이다. 이러한 유형에 속하는 대표적인 계층으로 사업가, 의사, 교사, 기술자 등을 들 수 있다.

〈표 1-2〉 노동과 여가의 상관모형

구　　분	확대관계	중립관계	대립관계
노동 · 여가의 내용(content)	유사함	어느 정도 상이함	아주 상이함
노동 · 여가의 구분(demarcation)	약	보통	강
주생활관심사(central life interest)	노동	여가	비노동
여가에 대한 노동의 각인(imprint)	분명	불분명	분명
노동자율화(autonomy)	고	중	저
도덕적 가치(moral value)	노동중시	노동회피	노동경시

자료 Stanley R. Parker and M. A. Smith, Work and Leisure, in R. Cubin, ed., Handbook of Work, Organization and Society, Chicago : Rand MacNally College Publishing Co., 1976, pp. 54-56.

둘째, 대립관계(opposition)는 노동과 여가의 구분이 뚜렷하며 생활의 주된 관심은 비노동 분야이다. 그 결과 노동에 있어서 자율성이 낮고 능력의 발휘가 소극적이다. 그리고 이에 해당하는 대표적 집단으로는 육체노동자나 선원, 광부 등을 들 수 있는데, 이들 계층은 노동 외적 활동을 통하여 생활의 만족을 얻고자 하며 노동에 대한 보상을 여가에서 얻으려는 경향이 있다.

셋째, 중립관계(neutrality)는 노동과 여가의 구분이 보통수준이며 생활중심을 여가에 두기 때문에 노동에 대한 자율성이 부족하고 능력발휘의 정도가 약하다. 여기에는 반숙련 육체노동자, 성직자, 소수의 전문가 등이 해당된다.

한편, 뉴링거(Neulinger)는 노동과 여가의 관계를 자유에 기준을 두고 그것을 인지하는가 아니면 제약(constraint)하는가를 중심으로 여가의 패러다임을 제시하고 있다. 그에 따르면, 자유를 지각하게 되는 순수여가, 여가화된 일(예 : 정원 손질), 여가화된 과업(예 : 게임, 도박)만을 여가라 할 수 있으며 순수한 일, 일반화된 과업, 순수과업 등은 여가로 볼 수 없다는 것이다. 따라서 노동연관적 여가의 특성은 일과 상호의존적인 관계에 있고 엄밀한 의미에서의 여가는 일과 휴식시간을 제외한 나머지 자유시간에 한정하는 것이 타당하며, 여가는 휴식시간과 같이 분리하거나 분할된 시간을 의미하는 것이 아니며 어느 정도의 자유로움을 느끼는가가 중요하다.

6) 생활양식성(lifestyle)

여가는 이제 인간생활에 있어서 보편적 현상으로 정착되어 가고 있고, 이는 인간다운 생활의 추구와 더불어 지속되어 온 현상이므로 삶의 중요한 영역이다. 이에 대하여 듀마즈디에는 여가는 하나의 사회적 행동범주(category)로만 볼 수 없으며, 어떠한 생활에서든 나타날 수 있는 행동양식(style of behavior)이라는 주장을 하고 있다.

이와 관련하여 생활 활동별 여가속성의 내재 정도를 조사한 쇼(Show)의 분석은 생활양식으로서 여가의 중요성을 잘 반영해 주고 있다.

그의 분석결과를 보면, 자유시간 부문이 여가속성의 86%로 가장 많으며, 다음으로 개인적인 부문에서는 여가속성이 59.7%이고, 자녀양육 부문에서는 여가의 속성이 42.5%를 차지하고 있다. 그 결과 개인 총 생활 중에서 여가의 속성은 거의 35%를 차지하고 있음을 알 수 있다.

한편, 세솜(Sessoms)은 여가생활양식(leisure lifestyle)이 3단계로 진행된다고 하였다.

그 첫 번째 단계에서는, 여가생활양식이 일과 여가에 대한 태도 및 전통적 가치체계의 영향을 받는 유형으로 여기에는 두 가지의 집단이 있다. 하나는 여가환경이나 여가시설물에 자신이 예속됨으로써 수동적인 행태를 보이는 집단이고, 다른 하나는 시설물을 이용하고 여가를 경험하면서 어떤 파괴성(vengeance)을 띤 극단적인 소비자주의적 집단이다.

두 번째 단계에서는, 여가생활양식이 그들의 여가시간을 여가답게 접근하려는 사람들에 의해 나타나는 유형으로 여가를 다양한 자기지향적 경험으로 특성화하며 자기의 성취감을 달성하기 위해 일과 여가에 똑같은 비중을 두는 것이다.

세 번째 단계에서는, 여가생활양식이 그 사회의 문화에 대한 역문화적(counter-culture) 집단에서 나타나는 유형으로 시간의 제약을 떨쳐버리고 자연의 리듬에 대항하며, 여가경험은 단지 그 자체를 행함으로써 삶의 의미를 부여하려는 것이다.

특히, 현대인에게 여가는 생활체계 속에서 노동이나 의무로부터 상대적으로 독립된 것으로 존재하면서 동시에 그것들과의 상호관계를 통하여 건전한 생활을 위한 긍정적 기능을 담당하고 있다. 따라서 여가를 어떻게 효율적으로 이용하느냐의 문제가 인간다운 생활을 영위하는 데 있어 관건이 된다.

〈표 1-3〉 생활부문별 여가속성의 빈도

순 위	생활부문	여가속성의 빈도(%)
1	여가시간 부문	86.0
2	개인적 일 부문	59.7
3	자녀양육 부문	42.5
4	노동 부문	23.9
5	가정 부문	18.9
평 균	전체 생활	35.0

자료 Susan M. Show, The Measurement of Leisure : A Quality of Leisure Issues, Society and Leisure, Vol. 7, No. 1, 1984, p. 95.

2. 여가와 대립되는 활동

듀마즈디에는 여가활동과 명백하게 대립하는 활동으로 ① 직업상의 일 ② 직업과 관련한 부수적 · 보조적 업무 ③ 가정에서의 일 ④ 생리적 활동 ⑤ 사교 및 종교활동 ⑥ 학습활동 등의 여섯 가지를 들고 있는데[22], 이에 대하여 구체적으로 살펴보면 다음과 같다.

1) 직업상의 일

여가의 본질이 구속성 및 제약성을 배제한 자유 및 심리적인 향락을 향유하는 것이라면, 이러한 속성을 지니지 않는 직업상의 일은 여가와 대립되는 활동이라고 할 수 있다.

2) 직업과 관련된 부수적 업무

직장 내에서든 직장 밖에서든 직업에 부수되는 일을 하는 것(예 : 판촉활동)이나 직업과 관련하여 행하는 보조적인 일(예 : 직장 동료의 업무보조)은 모두 여가활동과는 거리가 멀다. 또한 가정에서의 일, 생리적 활동, 사교 및 종교활동, 학습활동 등도 여가활동과는 대립되는 활동이다.

3) 가정에서의 일

통상적으로 가정은 일과는 거리가 멀고 여가의 일차적 공간으로 인식되고 있다. 그러나 가정에서도 가사노동(부엌일, 청소 등)을 비롯하여 정원 가꾸기라든가 가축을 돌보는 일, 가내 부업에 종사하는 일은 여가에 대립되는 일의 영역에 포함된다고 할 수 있다.

4) 생리적 활동

수면, 식사, 목욕과 같이 생명체로서 인간의 생리적인 활동에 속하는 것은 여가의 범주에서 벗어난다.

5) 사교 및 종교활동

남의 가정을 방문하거나 자기 가정에 초대한 손님을 맞이하고 사교하는 활동, 관혼상제를 치르거나 참여하는 활동, 그리고 종교적 행사에 참가하거나 기념식이나 정치집회에의 참가는 모두가 여가와는 대립되는 활동이라 할 수 있다.

6) 학습활동

교육기관에서의 정규수업이나 직업상의 시험을 위하여 학습을 하거나 교육활동에 참가하는 것은 여가와 동떨어진 범주에 속한다.

제3절 여가와 관련된 개념들

1. 여가와 레저의 관계

지금까지 여가에 관한 정의와 기능을 살펴보았지만, 우리나라의 경우 다른 나라와는 달리 영어의 레저(leisure)를 우리말로 어떻게 표기할 것인가에 관한 문제 때문에 용어사용에 혼란을 가져오는 것도 사실이다. 즉 어떤 때는 여가(餘暇)로, 또 어떤 때는 레저(leisure)로 표기할 것인가 하는 문제이다. 현재는 여가와 레저가 혼용되고 있는 실정이다. 그러나 여가와 레저라는 용어의 의미를 분명히 구분지을 필요가 있다.

엄서호와 서천범은 여가를 일과 수면, 식사 등의 생활필수시간을 제외하고 개인이 활용할 수 있는 가처분시간으로 정의한다. 이러한 점에서 여가는 레저가 발생할 수 있는 기회인 자유시간을 제공하며, 선진사회일수록 여가의 많은 부분이 레저에 할당되고 있다. 레저는 일의 영역 밖에 있는 여가시간 내에 발생하는 목적지향적인 여가활동으로 선진국에서 레크리에이션으로 정의되는 활동과 유사하다고 할 수 있다. 따라서 여가는 레저의 상위개념이고 레저의 필요조건으로 인정된다고 할 수 있다.

레저의 참된 의미는 참가의 주된 목적이 의식주 문제의 해결이 아닌, 집을 떠나 행해지는 자발적인 여가활동으로서 레저의 구성요소는 다음과 같다. 첫째, 여가시간에 발생하고 둘째, 집을 떠나 일어나며 셋째, 참가의 주된 목적이 의식주 문제의 해결이 아니어야 하며 넷째, 자발적으로 결정된 행동이고 다섯째, 육체적 · 정신적인 면에서 재충전시켜 주는 것이며 여섯째, 적극적 참여를 요구하는 활동이라는 점이다.[23)]

레저는 개인적으로는 심신의 단련과 회복, 가족의 화합과 촉진, 사회성 함양, 사교기회의 제공, 자연환경에 대한 관심고취 등 긍정적인 영향을 미치게 된다. 또한 사회적으로는 국민체력증진, 재충전에 의한 생산성 증대, 삶의 질 향상,

관광활동 유발과 관련용품 판매에 의한 경제적 파급효과, 그리고 부동산 가치 상승에 의한 지방자치단체 세수증대 등에 기여한다.

우리 사회에서 레저의 개념은 시간의 흐름에 따라 조금씩 변화되어 왔으며 앞으로도 이러한 변화추세를 보일 것이다. 레저는 사치스럽고 일부 계층만이 향유할 수 있는 여가활동이라는 의미로부터 모든 계층의 사람들이 즐길 수 있는 해외여행에서부터 산악자전거 타기, 스쿼시 등 다양한 신종 스포츠 활동들과 기초 지자체 주민자치센터에서 실시하고 있는 각종 교양프로그램에 이르기까지 그 종류는 다양해지고 있다.

2. 여가와 레크리에이션의 관계

영어의 레크리에이션(recreation)이란 단어는 라틴어의 레크레티오(recretio)와 레크레아레(recreare)에서 유래된 말로 전자가 '새로운 것을 창조하는' 또는 '새로워지는' 나아가 '회복과 재생'을 뜻한다면, 후자는 '축적'을 의미한다. 이 단어는 영어의 회복이나 부활(restoration), 회복이나 완결(recovery)을 의미하는 단어로서 에너지의 재창조(recreation) 혹은 능력의 회복을 암시한다.

레크리에이션이란 단어가 우리나라에서는 게임, 포크댄스, 스케이팅, 사이클링과 같은 개개의 레크리에이션 활동이 보급되면서 도입되었기 때문에, 레크리에이션은 어떤 특징을 가진 활동을 총칭하는 것으로 이해되어 왔으며 특히, 급격한 고도경제성장을 배경으로 레크리에이션의 개념은 노동에너지 재생산이라는 성격으로 인식되어 왔다.

자유시간에 즐거움을 추구하는 자발적인 활동이라는 점에서 레크리에이션은 여가와 공통적인 의미를 갖지만 레크리에이션의 도입과정을 보아도 알 수 있듯이 개인이나 사회에 유익한 여가활동이라는 가치론적 측면에서는 차이가 있다. 다시 말하면, 레크리에이션은 가족, 직장, 공동체와 같은 사회시스템의 결속을 강화하기 위한 하나의 사회적 목표를 동반한 활동으로 간주된다. 따라서 그라지아(de Grazia)와 같은 여가학자는 레크리에이션을 "인간이 휴식을 취하고 기분을 전환하여 노동을 재생산하기 위한 활동"으로 정의하는데, 이는 레크리에이션에 대한 매우 적절한 정의라고 할 수 있다.

여가와 레크리에이션은 양자 모두 비노동시간에 성립되는 활동이지만, 여가는 개인적 이익을 추구하는 것이고 레크리에이션은 사회적 이익을 추구하는 것이 다른 점이라고 할 수 있다. 앞서 언급한 바와 같이 여가와 레크리에이션을 가치론적 차원에서 구분할 때, 레크리에이션은 가치지향적이고 여가는 가치이탈적인 성격이 있다. 듀마즈디에(Dumazedier)가 말한 여가의 세 가지 기능과 비교하면 레크리에이션은 이들 세 가지 기능 중에서 무엇보다도 기분전환 내지 회복기능이 핵심이 된다.

여가와 레크리에이션의 차이점을 좀 더 상세히 살펴보면, 〈표 1-4〉에서 보는 바와 같이 여가는 포괄적이고 덜 조직적인 활동이자 개인적인 동시에 내적 만족을 추구하는 데 비하여 레크리에이션은 범위상 한정적이고 비교적 조직적이며 동시에 사회적 편익을 강조하고 있다.

〈표 1-4〉 여가와 레크리에이션의 차이점

여 가		레크리에이션
포괄적 활동범주	←——→	한정적 활동범주
비조직적	←——→	조직적
개인적 목적 우세	←——→	사회적 목적 우세
자유시간	←——→	자유시간 내의 활동
자유 · 내적 만족 강조	←——→	재생 · 사회편익 강조

자료 John R. Kelly, Work and Leisure : A Simplified Paradigm, Journal of Leisure Research, No. 4, 1972, p. 26.

또한 레크리에이션은 생활 속의 어떠한 욕구나 목표를 얻기 위해 에너지 · 힘의 재구축, 재충전, 재저장을 위한 활동이자 이를 통해 다시금 일터로 돌아가기 위한 단순한 정신적 시간, 활동을 의미하는 반면, 여가는 단순히 그런 회복만을 위한 시간뿐만 아니라 구속성을 지닌 생활의 필수적인 것들 이외의 시간이며, 즐거움이라는 심적 상태이자 생산활동을 왕성하게 하는 풍부한 감수성과 창조적인 태도를 중시한다. 나아가 여가가 쾌락과 자기표현을 위한 활동이라면, 레크리에이션은 활동과 경험의 직접적 결과로써 발생한다. 요약하면 레크리에이션은 시간, 공간적 의미보다는 감정적 상태(emotional condition)이며, 넓은 의미에서 합리화된 여가(rationalized leisure)의 한 형태로 볼 수 있다.

3. 여가와 놀이의 관계

놀이의 어원을 살펴보면, 그리스어에서는 '놀이'라는 단어와 '어린이'라는 단어의 어원이 같으며, 놀이를 뜻하는 파이디아(paidia)는 어린이 같다(childlike)는 뜻을 내포하고 있다. 이는 놀이가 진지한 것이라기보다 진지하지 않은 행동을 뜻하며, 이성적이거나 의무적인 행동이라기보다 본능적이거나 자발적인 행동임을 뜻한다. 영어의 놀이(play)라는 단어 속에도 가상적이거나 모의적인 것이라는 의미가 내포되어 있다. 이는 놀이란 일상적인 생활과는 다르다는 의식을 동반한 행동을 뜻한다.

우리가 사용하는 일상용어로서의 놀이는 직업이 없거나 태만하거나 일을 하고 있지 않을 때, 또는 먹고 사는 일이 아닌 그 밖의 일을 할 때, 가령 음악을 한다거나 춤을 추는 경우에 '놀고 있다'라는 표현을 한다. 그리고 아무 할 일 없이 먹고 노는 삶을 신선놀음이라 하여 먹고사는 일상사를 초월한 삶을 포함한 모든 것을 놀이 또는 놀이적이라고 생각했다. 이처럼 놀이를 일과 대립시켜서 노동이 아닌 것이라는 인식과 놀이의 의미영역을 타락이나 퇴폐적인 것부터 성스러운 것까지 포괄하는 것은 모든 문화권의 공통적인 현상으로 볼 수 있다. 그러나 하위징아(Huizinga)는 인간의 문화를 놀이의 연속으로 보며 놀이는 문화보다 우선한다(play is older than culture)고 주장하면서 '놀이하는 인간(Homo Ludens)'에서 놀이의 특징을 자유롭고 자발적인 활동이며, 놀이는 그 자체에 몰두하는 것이고, 일상적이거나 진실된 것은 아니라고 하였다. 또한 놀이는 시·공간의 한계가 없으며, 창조적이고, 놀이에는 질서와 규율이 있다고 하였다. 그리고 놀이는 불확실성과 사회성, 그리고 상징성을 지니고 있다고 하였다.

또한 동기에 의한 놀이의 정의를 살펴보면, 놀이는 과잉에너지의 발산 때문이라는 과잉에너지설이 있다. 이 이론의 근거는 사람들은 에너지의 결핍이 활동의 동기가 될 때 노동을 하고, 과잉에너지가 활동의 동기가 될 때 놀이를 한다는 것이다. 이것과는 반대로, 놀이란 노동을 한 다음에 발생한 피로를 회복하기 위한 것이라는 레크리에이션설이 있다. 이 밖에도 놀이는 어른으로서 활동하기 위한 본능적 연습이라는 본능적 연습설, 개체발생은 계통발생을 반복하기 때문에 성장기의 일련의 과정은 선조들이 활동해 온 반복과 재생이라는 반

〈표 1-5〉 놀이에 대한 제 학설

학 설	대표적 학자	특 징
과잉에너지설	F. V. Schiller, H. Spenser	놀이는 인간의 과잉 정력의 목적 없는 방출이다.
반복설	G. S. Hall, L. E. Appleton L. H. Gulick	놀이는 종족이 과거의 발달단계에서 경험한 활동을 일생 동안 요약해서 반복하는 활동이다.
생활준비설	K. Gross F. Frobel	놀이는 본능적이며 생활을 준비하는 것이기에 즐거워서 행하여진다.
정화설	H. A. Carr	놀이의 가치는 그것들이 우리들의 일상생활에 해가 되는 것을 발산시켜 조금이라도 해로운 것을 덜게 하는 데 있다.
본능설	W. James W. H. Kilpartrick	놀이는 인간의 본능에 의하여 흥분을 얻고자 하는 생활이다.
휴양설	J. F. Gutsmus W. Wundt	놀이에 몰입함으로써 신체적·정신적 피로가 즐거움과 만족으로 대체되는 가운데 휴양할 수가 있다.
자기표현설	E. D. Michell	놀이에 의하여 인간은 자기가 얻고 싶은 경험을 추구하고자 한다.

자료 김광덕, 현대여가론, 백산출판사, 1995, p. 24.

복재생설, 놀이는 장차 어린이에게 부과될 활동을 예시하는 것으로 그러한 활동을 학습하는 것이라는 생활준비설 등이 있다.

여가와 관련하여 놀이도 앞서 언급한 바와 같이 모두 자발적이고 자기목적적인 행동이라는 점과 일과 대립적 위치에 놓여 있다는 점에서 동일한 속성을 갖는다. 그러나 놀이는 일과 그 영역이 혼합되는 경우가 있는 반면에, 여가는 노동과 완전히 대립적인 위치에 놓여 있다. 때문에 여가를 비노동(nonwork)으로 간주하기도 한다. 하지만 피퍼(Pieper)나 그리스인의 여가관에서 보는 바와 같이 여가가 노동과 같은 차원의 대립적 위치에 있는 것이 아니라 노동과는 다른 차원의 것으로 간주되기도 한다. 그리고 놀이와 여가 모두 즐거움을 추구하는 행위이지만 놀이는 즐거움이 바깥으로 표출된 행동이고, 여가는 즐거움이 안쪽으로 스며드는 행동경향이 강하다. 가령 도가(道家)에서 말하는 무위(無爲)나 기독교에서 말하는 안식(安息)의 상태는 놀이보다 여가라고 해야 할 것이다. 그리고 놀이는 프로이트(Freud)가 말하는 현실의 원리보다 쾌락의 원리에 따르려는 속성이 강하기 때문에 간혹 도덕적인 지탄의 대상이 되기도 하고 퇴폐적인 것으로 인식되기도 한다. 이것에 비하여 여가는 이러한 인식으로부터 자유로운 위치에 있다. 또한 이용계층상 여가는 전 연령층, 레크리에이션은 성인층의 활동으로 볼 수 있는 반면, 놀이는 아동의 전형적인 활동으로 보는 경향이 있다. 따라서 놀이는 인간이 일차적으로 현실과 비현실, 진실과 가식의 벽을 분쇄하는 활동으로서 여가 몰입방식의 하나라고 할 수 있다.

4. 여가와 스포츠 및 게임의 관계

스포츠(sports)는 원래 'disaport'에서 분리된 것으로, disaport는 '일에 지쳤을 때 기분전환을 위하여 무엇인가 하는 것'이라 하여 생활에 열중함, 또는 슬픈 상황을 떠나서 기분전환을 하는 의미를 가졌었다.

19세기에 이르면서 스포츠(sports)라는 단어로 전 세계에 퍼지게 되었고, 운동경기의 뜻 외에도 오락, 위안 등의 의미를 가지게 되었다.

스포츠는 공식적인 규칙과 경쟁을 통하여 육체적인 노력을 행하는 활동으로 유·무형의 목표를 달성하고자 하는 사람들에 의해 이루어지는 활동으로 정의되고 있으며 경쟁적이고 제도화된 형태만을 스포츠로 간주하고 있다. 그러나 켈리(Kelly)는 개성적이고 비공식적인 활동까지 스포츠의 범주에 포함시키고 이미 정한 규칙과 형식하에서 상대방에 대응하는 육체적 노력을 통하여 그 결과에 대한 상대적 평가를 내리는 조직활동으로 정의하고 있다.

그러나 모든 스포츠가 여가에 해당되는 것은 아니다. 근래 프로야구나 프로축구와 같은 운동선수들의 행위는 그것의 승패가 경제적 가치를 지니는 것이기에 내적 만족을 추구하는 여가의 본질과는 상이한 점이 있다. 여가의 본질이 구속성 및 제약성을 배제한 자유 및 심리적인 쾌락을 향유하는 것이라면, 이러한 속성을 지니고 있는 스포츠만 여가에 포함시킬 수 있는 것이다. 그리고 스포츠가 여가활동의 하나라는 데는 개념을 같이하나 신체적 동작을 주로 하는 활동이며, 건강유지와 경기 및 기록을 중요시한다는 점에서 정신적인 활동까지를 포함하는 여가와는 많은 차이점이 있다.

한편, 여가는 게임과도 관련이 있다. 게임은 정상적 노동, 정신적 건강, 그리고 일상적 의무로부터 벗어나 휴식을 취하는 활동으로 해석되고 있다. 게임과 놀이는 서로 혼용되고 있지만, 두 가지 모두 여가의 한 가지 유형으로서 분명한 차이점을 가지고 있다. 놀이가 보다 본능적이며 자유스럽고 아동적인 여가활동이라 한다면, 게임은 보다 고도의 구조적, 조직적, 규칙적인 여가활동으로서, 나아가 경쟁적 갈등상황(competitive conflict situation)까지도 내포하고 있다. 따라서 게임은 힘이나 기술, 지혜 등을 겨루는 놀이, 오락, 지식게임 같은 정적인 것도 있고, 스포츠와 같은 동적인 게임도 있다. 또한 흥분, 도전, 정복으로 자유로운 게임이 있는가 하면 진지한 경쟁력을 통해 승부를 가르는 게임이 있고, 도전과 정복은 혼자서 하는 게임이 되나, 승리 목표적인 경쟁은 둘 이상의 적대적인 상대로 하는 게임이 된다. 그러므로 여가활동으로서의 게임은 정상적인 노동이나 일상적인 책임으로부터 벗어난 시간과 공간 내에서 자의적 즐거움과 흥미로 기분전환을 추구하는 활동으로 심신에 활력과 생활에너지를 축적하는 기능으로 정의할 수 있다.

5. 여가와 관광의 관계

관광은 동양에서는 그 용어가 『주역(周易)』의 "관국지광이용빈우왕(觀國之光利用賓于王)"에서, 서양에서는 투어(tour)라는 용어가 라틴어의 토르누스(tornus)에서 유래되었으며, 전자는 관광의 목적을 강조하는 데 비해, 후자는 관광의 행위를 강조하는 용어로 사용되고 있다. 일반적으로 관광은 일상생활로부터 일시적으로 이동하는 것을 기본적 특징[24]으로 하는 행위로서, 사람이 기분전환을 하고 휴식을 취하며 또한 인간생활의 새로운 국면이나 미지의 풍경을 접함으로써 경험과 교양을 넓히기 위하여 여행을 하거나 정주지(定住地)를 떠나 체재함으로써 성립되는 여가활동의 일종이다.

따라서 여가와 관광의 관계를 살펴보면, 여가와 관광 모두 의무로부터 벗어난 자유시간에 이루어지는 활동이라는 점에서 같은 속성을 갖고 있다. 그러나 여가는 일상적, 비일상적 공간 어디에서나 성립되지만 관광은 비일상적 공간에서만 성립되며, 특히 관광이 성립되기 위해서는 반드시 이동이 전제된다. 그리고 놀이와 여가, 관광의 관계를 살펴보면, 만약 놀이와 일을 양극의 대립되는 위치에 두고 좌표를 설정하면 여가는 일로부터 놀이의 방향으로 자유를 찾아가려는 역동으로서 위치하고 있으며, 이러한 역동의 한 좌표상에 관광이 위치하고 있다. 그러나 여가는 본질적으로 일상적인 의무로부터 벗어남이 강조되는 행동인 반면에, 관광은 일상으로의 복귀를 전제로 하는 행동이라는 점에서 차이가 있다. 이러한 관점에서 본다면 관광은 레크리에이션의 개념영역과 일치하는 부분이 많다. 이 밖에도 일상적인 언어사용에 있어서 여가는 시간적 의미가 강한 반면 관광은 활동적 의미가 강하다. 그러나 오늘날 외래어로써 널리

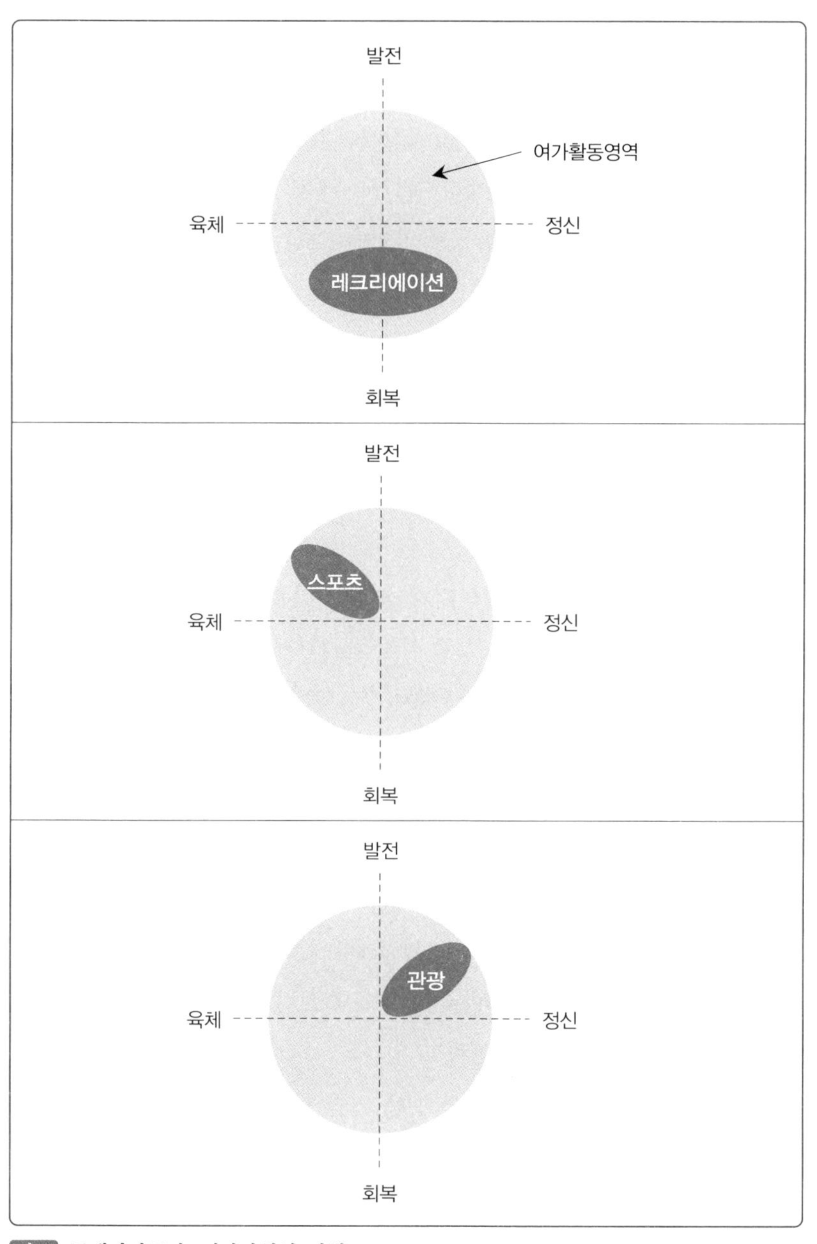

자료 국제관광공사, 여가사회의 여행, 1977, pp. 13-14.

[그림 1-5] 레크리에이션 · 스포츠 · 관광의 관계

통용되고 있는 레저(leisure)라는 단어는 여가의 원래 뜻과는 달리 레크리에이션과 구분 없이 사용되고 있으며, 활동적 의미로써 고착되어 있다. 뿐만 아니라 레저라는 단어 속에는 다분히 소비적이라는 뉘앙스가 내포되어 있다.

한편 여가활동을 기능적 측면에서 정신적 · 육체적 · 발전적 · 회복적이라는 2개의 축으로 구분하여 표현할 때 [그림 1-5]에서 보는 바와 같이 그 위치를 설정해 볼 수 있다.

레크리에이션은 여가활동을 폭넓게 포함하는 것으로 생각할 수 있으나 보다 적극적인 자기계발 및 신체단련과 같은 의미는 없는 것으로 생각할 수 있다. 노동 등으로 축적된 육체적 · 정신적 피로를 회복하는 휴양, 기분전환과 같은 것으로서 여가활동의 중심(重心)이 육체적 · 정신적 회복의 방향으로 치우치고 있다고 할 수 있다.

이에 대해 관광은 레크리에이션처럼 중요한 부분이지만 본래 관광(여행)을 한다는 것은 자기계발과 관련이 있고 심리적 측면에 영향을 주는 것이 그 본질이므로 레크리에이션과는 엄격히 구별되어야 한다. 물론 관광에도 레크리에이션 요소가 포함되어 있다. 스포츠는 주로 육체의 발전 영역에 속하며 심신(육체와 정신)을 단련하는 것이다. 결국 제로(零)에서 플러스(+)에 중점을 둔 활동이라고 생각할 수 있다.

톨킬드센(Torkildsen)과 같은 학자는 이들의 관계, 즉 놀이(play), 여가(leisure), 그리고 레크리에이션(recreation)의 머리글자를 따서 플레저(pleisure)라는 신조어를 만들었다. 그는 이들의 관계는 3부분의 합보다 더 큰 의미로 이해해야 하고, 그 핵심(core)은 같다고 주장하고 있다.

그러면서 톨킬드센은 가장 중요한 것은 이들 활동을 통한 경험의 질이고, 이 경험의 질도 참가횟수, 생애주기, 활동 그 자체 등에 따라 개인차를 고려해야 한다는 것이다. 이들의 관계는 [그림 1-6]과 같이 나타낼 수 있다.

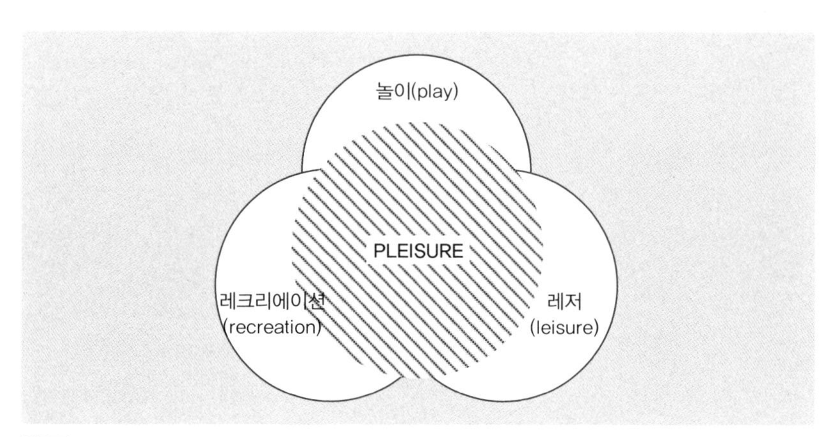

자료 George Torkildsen, Leisure and Recreation Management, 4th ed., E & FN SPON, 1999, p. 93.

[그림 1-6] 놀이, 레크리에이션, 레저 경험의 핵심인 플레저

이상에서 여가의 속성과 인접 유사개념의 관계 및 차이점을 살펴보았지만, [그림 1-7]과 같이 여가를 제외하면 이들 유사개념 중 어느 하나도 전체를 포괄하지 못한다. 따라서 여가는 인간의 즐거운 활동을 전체적으로 포괄하는 상위개념이라고 정의할 수 있으며, 특히 여가의 시간적 속성이 그러하다. 그리고 여가를 제외한 나머지 활동의 총체적 결합은 휴양활동(vacation 또는 resort life)이라 할 수 있다.

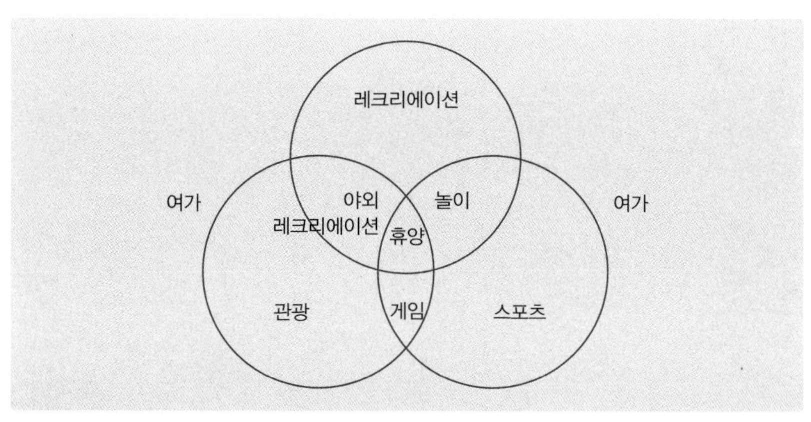

자료 김광득, 현대여가론, 백산출판사, 1995, p. 28.

[그림 1-7] 여가와 인접유사개념의 관계

제2장 | 여가의 역사

제1절 세계의 여가 역사

여가의 역사는 고대 그리스 · 로마시대의 헬레니즘사상(Hellenism), 중세시대의 그리스도교사상(Hebraism), 근대시대의 산업자본주의적 노동윤리(Protestantism, 청교도윤리)에서, 그리고 현대사회의 다양하고 복잡한 다원적 · 문화적인 입장에서 그 흐름을 살펴볼 수 있다.

1. 고대사회의 여가

고대사회에서 현대적 의미의 여가는 존재하지 않았으며, 자신과 가족들의 생존유지를 위한 활동만을 했다고 볼 수 있다. 당시의 여가는 고된 노동으로부터의 휴식과 의례적 성격의 정형화된 활동에 참여하는 것 등에 한정되어 있었다. 그러나 의례에 참가하는 참가자들에게는 노동으로부터의 잔여시간(여가시간)으로 간주되지 않았으며, 일상적인 삶의 일부분으로 인식되었을 것이다. 그러므로 고대사회에서는 의도적인 여가와 자기 선택에 의한 여가는 있을 수가 없었다. 다만 결혼식, 세례식, 생일 그리고 축제 등의 행사는 비록 의무적인 성격을 지니고 있었으나, 여가활동으로서의 기능 또한 가지고 있었다.

사냥을 하는 활동 속에서 레크리에이션의 성격을 지니고 있었으며, 일하면서 나누는 노래나 이야기들이 그러한 기능을 담당했다.[1]

원시사회의 여가기능을 살펴보면 다음과 같다.

첫째, 쾌락적 향락과 함께 회복적 기능을 지니고 있었다.

둘째, 사회적 관계에서 안전과 결속을 조정하고 치료적 기능을 지녔다.

셋째, 자기표현을 지향하는 창조의 기능을 지녔다.

넷째, 학습과 관습형성의 전달적 기능을 지녔다.[2)]

2. 그리스 · 로마 시대의 여가

고대 이집트의 여가를 즐길 수 있는 계층은 왕족, 귀족, 승려, 부호 등 일부 지배계층에 한정되었으며, 절대다수를 차지하는 농민과 노예들은 생산활동에 종사하면서 자유나 권리 또는 인권 등을 주장할 수 없었다.

그리스시대의 여가관은 정치, 철학, 교양활동이나 학문, 미술, 취미활동 아니면 종교 · 문화적 행사로서 제우스신의 영광을 찬미하는 축제, 경기대회나 올림픽과 같은 정기적인 제례의식, 행사참여가 주류를 이루게 되었다. 아리스토텔레스에 의하면, 음악과 명상만이 여가의 자격을 갖춘 활동이었다. 그중에서도 명상을 모든 인간 활동 중에서 가장 이상적인 여가행위로 간주하였다.

그러나 그리스 사회는 노예노동을 기초로 한 사회였기 때문에 플라톤이 자기계발과 자기표현을 위한 자유로운 시간으로 규정한 여가나 아리스토텔레스가 노동의 필요성으로부터의 자유로 인식한 여가는 오직 특권계층에만 국한되어 있었다.[3)]

고대 그리스에는 전쟁포로나 노예들이 농사 등의 생산 활동을 전담하였고, 일반백성과 귀족들은 정치토론이나 각종 기념행사에 참여하는 등 여유롭고 다양한 여가생활을 즐겼다. 그리스시대의 여가는 대중성을 지닌 여가라기보다는 노예와 자유인이라는 엄격한 신분사회에 바탕을 둔 유한계급의 여가였다. 당시 아테네에서는 자유인 1명당 노예가 4명이나 되었으며, 자유인의 여가는 이들 노예들의 희생의 대가로 이루어진 것이다. 120일의 휴일과 축제일이 있었다고는 하나 그러한 여가의 수혜자가 자유인이었고, 자유인 중에서도 남자에 국

한되었으며, 그중에서도 집권층과 부유층이 거의 독점하고 있었다.4)

또한 그리스인들은 여가는 시간이 자유로울 때 향유하는 것이므로 개개인에게 여가 기회 및 시설을 제공하기 위해서는 좋은 국가가 존재해야 한다고 생각했다. 이러한 흐름에 비추어볼 때, 그들은 독특한 여가윤리(leisure ethic)를 발전시켰으며 공공시설의 건설에 의한 공공적 여가가 성행하였다.

〈표 2-1〉 그리스시대의 여가관

구 분		여가계급	노동계급
문학 속에 나타난 인생관		호메로스(Homeros : 기원전 8세기 서사시인) (상류계급의 세계)	헤시오도스(Hesiodos : 기원전 8세기 그리스 시인) (서민계급의 세계)
플라톤의 철인정치 구조		(1) 통치자 (2) 전사	(3) 생산자
아리스토텔레스의 차별의식	국가구성	(1) 시민	(2) 노예, 노인
	권 리	시민권, 재산권	시민권 없음
	생 활	여가, 평화 관조적 생활 정신적 활동 창조적 생활	사업, 전쟁 실천적 생활 육체적 활동 천박한 생활
가치의식		미, 쾌락	속박, 필요

자료 篠田基行, レクリエーション哲學, 逍遙書院, 1975, pp. 71-72.

틸레테페에서 발굴된 황금 장식물　　틸레테페에서 발굴된 황금 장식물

자료 포털사이트 다음.

[사진 2-1] 헬레니즘시대의 장식물

한편, 시민군의 협조로 대로마제국을 건설한 로마의 집권층은 시민들의 잠재적인 불만을 해소하기 위한 정치적 목적의 수단으로 여가를 활용하였다. 야외극장, 스타디움, 공원, 체육관, 운동장, 실내 홀, 극장 등의 유흥시설이 공급되었으며, 특히 800개 이상의 목욕탕과 약 38만 명을 수용하는 대형 경기장을 비롯한 콜로세움 등은 로마제국 놀이문화의 상징이라고 할 수 있다. 로마의 유한계급들은 노예제도로 인해 연간 3분의 1 이상을 자유재량시간으로 할애할 정도로 많은 여가를 즐겼다.

로마시대의 여가는 참여에 의의를 두기보다는 소비에 더 큰 의의를 부여하였기 때문에 로마 몰락의 중요한 원인 중 하나가 되었다.[5)]

폼페이 사우나 / 마르쿠스 아우렐리우스의 청동기마상

콜로세움 / 원형경기장

자료 www.goole.co.kr

[사진 2-2] 고대 로마시대의 여가관련시설

3. 중세의 여가

사치와 향락으로 얼룩진 로마시대의 뒤를 이어 나타난 중세시대는 서로마제국의 멸망으로 인한 봉건제도의 등장과 가톨릭의 전파로 대표되는데, 이 두 가지가 중세시대를 지배하였으며 이 시기를 여가의 암흑기로 부른다.

봉건기사들이 정치적 · 세속적 지배층을 이루고, 성직자들은 종교적 · 정신적 지배층을 형성하고 있었다. 중세시대의 성직자들은 기독교의 근검절약 정신을 앞세우며 무절제하고 세속적인 향락을 경시하였다. 다시 말해, 당시의 성직자들은 내세를 준비하는 것이 인생의 목표라고 여겼기 때문에 숭배와 종교적 의식을 제외한 대부분의 여가행위를 금지시켰다. 또한 세금에 짓눌려 다만 그들이 살아 있다는 것 자체에 만족하며 살았다. 따라서 인간의 질서는 신이 정해준 것이며, 육체적 노동으로부터의 해방은 교회에 가서 안식을 구하는 것이 전부였던 시대였다.

한편, 중세시대를 지탱한 또 하나의 축인 영주와 귀족 그리고 기사들은 상류지배계층을 형성하면서 그들만의 독특한 여가문화를 형성하였다. 기사집단은 봉건영주를 위한 신체적 훈련인 승마술, 기마경기, 검술, 창술, 달리기, 뛰기, 투석 등을 행하였는데, 이는 오늘날 스포츠 활동에 해당되는 활동들이었다.

중세시대에 발달한 도시 수공업 조합인 길드(guild)에 속한 상공인들은 영주의 지배를 벗어난 자유인으로서 상당한 부와 자유시간을 향유하고 있었다. 따라서 이들의 관심이 차츰 성직자들이 강조하는 내세보다 현세의 안락한 생활과 향락으로 옮겨오면서 음악이나 운동경기 또는 여행 등의 다양한 여가활동을 즐기게 되었다.[6)]

4. 르네상스, 종교개혁의 여가

중세의 암흑기를 벗어나 문화발달의 여명을 비춘 문예부흥(Renaissance)이 이탈리아에서 비롯되면서 학문과 예술의 꽃을 피우게 한 인문주의가 새로운 시대를 풍미하였다. 따라서 근세시대의 유럽은 14세기에서 16세기에 이르러 2대 정신운동이 전개됨으로써 새로운 전환기를 맞이하였는데, 문예부흥과 종교개혁이다. 르네상스는 중세의 금욕에서 인간의 관능을 해방시키고, 종교적 교의로부터 인간의 이성을 해방시켰다. 특히 교회는 인간이 일상생활에서 행복을 추구하는 데 노동과 여가가 함께 필요하다고 인정하였다. 이 당시 무역, 상업, 금융업으로 많은 부를 축적한 사람들이 신중간계급으로 등장하였으며, 넉넉한 재력과 시간적 여유를 활용하여 취미와 여가생활에 투자하였다. 이 시기에는 수렵, 연회, 무도회, 오페라, 연극, 예술에 직접 참여하거나 재정적 후원을 함으로써 예술과 문학, 레크리에이션 부문의 발달에 기여하였고, 극장 및 오페라 하우스의 건설과 함께 교양적인 여가시설도 증가하였다.

하위징아(Huizinga)는 이 시대를 '놀이의 황금시대'로 평가하고 있는데, 르네상스는 금욕의 중세에서 인간의 관능을 해방시키고 종교적 규율로부터 인간의 이성을 해방시킴으로써 수세기 후 산업혁명의 기반을 구축하였으며, 근세후기 유럽 상류사회의 사교세계와 여가향유 풍조를 조성하였다.[7]

종교개혁은 르네상스와 마찬가지로 강력한 개인의식에 입각하여 중세 가톨릭교회를 비판하였으며, 자본주의 성장과 부르주아 사회의 발현이라는 유사한 경제적 배경 속에서 탄생하였다.

르네상스가 평민의 여가를 촉진시킨 데 비하여 종교개혁은 서구인의 노동생활태도에 더 큰 영향을 주었다. 즉 종교개혁의 기간 동안 노동이 인간생활의 궁극적인 것으로 신성시되고, 반면 여가는 죄악으로 간주되어 상대적인 중요성이 감소되어 이에 따른 여가윤리는 20세기까지 이어져왔다.[8]

5. 근대의 여가

18세기 영국에서 시작된 산업혁명은 유럽 전역으로 확산되면서 서구 근대사회 형성의 계기가 되어 생산력의 비약적인 발전과 함께 자본주의를 완성시켰다. 따라서 종래의 종교적, 초자연적인 사고에서 해방되어 진취적인 사고와 합리주의, 실용주의로 나타나게 되고 이러한 신사조의 영향을 받아 여가에 대한 재평가가 이루어지게 되었으며, 여가문화의 발전에 긍정적 영향을 미치게 되었다. 특히 산업혁명은 도시로의 인구집중과 생활양식의 변화, 도시근로자의 등장 등으로 노동시간과 비노동시간이 뚜렷하게 구분되었다. 여기에 새로운 동력원인 증기기관의 발명과 함께 접근성이 뛰어난 평지로의 공장지역 이동이 집중되면서 인구가 도시로 밀집되는 현상이 초래된다. 당시 엄청나게 긴 노동시간과 노동의 강도는 노동시간의 단축운동으로 전개되고 이에 따라 표준 노동일이 제정되었다.

봉건귀족계급이 노동의 가치를 천시하였던 반면에, 자본가계급은 노동의 가치를 크게 인정하였다. 더욱이 이들 자본가계급은 산업화가 계속되면서 양적으로 크게 증가하여 두터운 중산층을 형성하였고, 따라서 과거의 소수 특권계층에 국한되었던 고급여가문화를 계승하고 대중화시키는 데 일조하였다. 새롭게 형성된 고용주와 피고용인의 계급구조는 현대에까지 사회를 구성하는 가장 큰 인구구조 형태의 틀을 마련하였다.

대량의 노동자를 출현시킴과 동시에 생산이라는 경제활동이 사회화되어 생

대량생산시대의 노동착취　　가혹한 노동에 시달리고 있는 어린이들

자료 www.web.edunet4u.net, www.goole.co.kr

[사진 2-3] 산업혁명 당시의 노동양상

산에 관련된 행위가 사회적 가치로 확립되었다. 특히, 1900년대 초기부터 본격화되기 시작한 TV나 영화와 같은 영상매체의 등장으로 새롭게 형성된 대중오락은 종래의 계급지향적 성격에서 계급적 경계를 흐리게 하는 본격적인 대중문화시대로의 진입을 의미하게 되었다.

1870~1890년경에는 미국의 캘리포니아, 뉴욕, 미시간, 미네소타, 뉴저지 등에 국립공원과 공립공원이 생겨남으로써 근대 여가공간의 중요한 전기를 마련하였는데, 이들 공원이용의 활성화에 자동차 보급이 큰 역할을 하였다.

6. 현대의 여가

산업혁명으로 종래의 수공업과 가내공업이 몰락하고, 대량생산의 공장이 등장함으로써 문화양식이 변화하고, 농민이 노동자로 전락하는 등 산업구조와 생산방식, 그리고 생활방식에까지 변화를 가져왔다. 엄청난 속도로 발전한 과학과 기술로 인하여 일상생활영역의 전반적인 구조 변화와 변동을 역사적으로 체험하게 된다. 따라서 새로운 패러다임을 필요로 하는 일대 변혁 속에서 현대인들은 살아가고 있다. 이러한 후기산업사회는 현대화 과정의 산물인 합리주의적 · 개인주의적 사고방식을 통한 자유정신, 시간효율정신과 거대도시화 및 도시권의 생활, 기계화와 자동화를 통한 생활영역에서의 노동의 양과 질적인 측면에서의 축소 및 감소, 그리고 노동과 여가의 분리를 통하여 새로운 일상생활을 재구성하게 된다.

대중여가현상이 본격적으로 대두된 시기는 1960년대로 다양한 전자제품과 자동차의 대중화 등으로 소비 붐이 확대되기 시작했고, 이런 현상은 여가의식에도 영향을 미치게 되었다. 산업화 · 도시화 · 기계화 등으로 심신이 지친 이들은 이를 해소하려는 욕구가 날로 증대되고, 또한 상실되는 인간성 회복을 추구하기 위해 생활가치체계에 변화가 일어났는데, 이 중 두드러진 변화가 삶의 보람을 노동보다는 여가에서 찾으려는 성향으로 강하게 나타난 것이며, 이는 여가수요의 증대로 이어졌다.

노동시간의 감소, 노동시간 외의 휴식, 여유, 유급휴가 실시, 여가권리 보장, 여가시설 및 공간 서비스의 제공 등을 현대인들은 끊임없이 요구하고 있고, 정부나 민간기업에서는 정책적 · 제도적으로 그리고 산업차원에서 적극적으로 대처하고 있다.

현대의 여가는 목적화되고 산업화 경향이 뚜렷해지고 있는데, 현대 여가의 특징은 다음의 몇 가지로 정리할 수 있을 것이다.[9)]

첫째, 국가적, 나아가 국제적 차원의 사회정책적 대책이 요구된다.

둘째, 여가정책 및 개발 등에 있어서 관료체제의 현상이 두드러지고 있다.

셋째, 현대의 여가문명이 소비성과 직결되어 소비혁명이라는 특징을 지닌다.

넷째, 국가가 국민의 여가복지를 위하여 장기적인 차원에서 시설계획 및 대책을 수립하고 있다.

다섯째, 여가가 독자적 형태를 지닌 독립산업으로 등장하고 있다.

여섯째, 노동을 위한 휴식으로서의 여가에서 여가를 위한 노동이라는 인식으로 전환되고 있다.

일곱째, 여가현상의 무규제, 무규범으로 인한 가치혼란의 양상이 파생되고 있으며, 여가문제(leisure problem)가 심각하게 대두되고 있다.

〈표 2-2〉 레저사회로의 문화 변천과정

구 분	지역사회생활	노 동	자유시간
씨족사회	· 소규모, 고립된 동질성 · 고도의 결속력 유지 · 엄격한 사회구조 · 사회적 이동 저조	· 식량획득을 위한 노동 · 노동력의 이전 둔화 · 식량 과잉현상 없음 · 자급자족 경제체계	· 전통적 생활양식 · 신성, 신의 찬미 · 생활 일부로서의 레저
봉건사회	· 농업사회, 인구증가 · 소수 엘리트 · 이질적, 계층조직 · 지식인의 사회참여	· 다양한 직업 출현 · 통상, 교역의 증대 · 수공업 전문화 · 주문생산 방식	· 지배계급의 레저 추구 · 의식, 축제, 집회, 결혼식 등에 여가 활용

구 분	지역사회생활	노 동	자유시간
산업사회	· 공업사회, 인구급증 · 이질적 문화 · 유동적 사회구조 · 문맹퇴치 · 계약에 의한 생활	· 직업적 전문화 · 노동, 직업의 분업 · 기계생산, 자동화 · 고도기술, 대량생산	· 대중적 레저(mass leisure) · 별도의 시간으로 레저 인식 · 노동을 통해 획득한 레저 · 사회적으로 공인된 레저
후 기 산업사회	· 다원적, 협력적 관계에 바탕을 둔 의사결정 · 고도기술, 정보사회	· 풍요로운 경제 · 과학, 기술의 고도화 · 양보다 질적 우선 · 사회지향적 생산구조	· 기본권으로서의 레저 · 개성, 가치관 구현 · 개인적 욕구 충족 · 선택적 기회 활용

자료 James Murphy, Concepts of Leisure, Prentice-Hall Inc., 1981, p. 56.

제2절 우리나라의 여가 역사

과거 우리나라의 여가문화는 대체로 정적이고 관념적인 성격을 강하게 띠고 있다. 특히 전통적으로 농업이 우세한 지역에서는 농경과 관련된 의식과 행사가 연중 행해지면서 여가의 기능을 담당하고 있었다. 풍작을 기원하기 위해 만든 온갖 행사들이 행해졌으며, 기원하는 의식에서 놀이와 시합 등 그 집단의 여가문화가 정착되기 시작했다.

1. 해방 이전의 여가

1) 고대 부족사회

고대 부족사회 초기에는 공동체의 굿과 제사, 신제와 같은 종교적인 제의적 성격을 띤 여가행위가 존재하였음을 짐작하게 된다. 실제로 천신, 태양, 산수 등 자연을 숭배하는 샤머니즘 외에도 농경문화의 보편적 의식인 제례적 행사들이 여러 가지 형태로 발전하여 왔다. 농경사회로의 정착은 부족국가의 발생을 가져왔으며, 지배계층의 권력이 강화되었고, 사람들의 종교적 의식에 대한 욕구를 충족시키고 고된 농경생활에 대한 격려차원에서 농경문화의 보편적 의식인 추수감사제가 10월과 12월 사이에 행해졌으며, 이후 여러 형태로 발전하여 왔다. 이의 예로 부여의 영고, 고구려의 동맹, 동예의 무천, 삼한의 시월제 등을 들 수 있고, 이러한 의식에는 언제나 술과 음식 그리고 춤과 같은 집단놀이 형태의 행사들이 있었다.

2) 삼국시대

삼국시대에는 신분을 지배계층과 피지배계층으로 구분하였기 때문에 여가도 이러한 계층구조에 따라 이원화되기 시작하였다. 상류층들이 사교적 여가행사인 바둑, 투호, 활쏘기, 공놀이 등을 향유한 반면, 서민계층은 불교행사 및 무당행사, 그네타기, 연날리기, 씨름, 죽마 등의 여가활동을 즐겼다.[10)]

3) 고려시대

고려시대에는 대륙과의 교류와 문화유입으로 문물제도가 정비되고 다양한 불교행사가 성행하였다. 민간풍습은 대체로 삼국시대의 문화가 전승되었으나, 새로운 형태의 레크리에이션이 등장하기도 했다. 특히 정월의 설, 오월의 단오,

격구　　　　씨름하는 모습

자료 www.goole.co.kr

[사진 2-4] 고려시대의 전통놀이

팔월의 추석 등의 명절과 사월 초파일, 이월 연등일, 십일월 팔관회 등 불교행사가 국가적으로 성행하였다. 이 시기에 유한계급이 정착되고, 단오에는 상류계급과 서민계급의 놀이형태가 구분되었다. 상류계급에서는 격구와 투호를 했으며, 일반 부녀자는 그네뛰기를 그리고 남성들은 씨름 등 여러 가지 유희와 오락을 하였다.

4) 조선시대

조선은 유교사상을 배경으로 하여 사회적 계급이 뚜렷해지고 문민사상이 강하였으며, 주업이었던 농업을 비롯하여 상업, 수산업, 공업 등이 발달하여 현대화의 기반이 형성되어 갔다. 유림의 생활은 자연지향적인 칩거사상에 따라 자연을 예찬하며 낭만적인 여행을 즐기고 한가로운 생활을 영위하는 자연적인 여가형태를 반영하고 있다. 서민계급은 주로 농, 공, 상, 어업에 종사하며 후기에 접어들면서 양반사회에 대한 불만을 극으로 표현하는 다양한 놀이형태(오광대놀이)로 발전시키게 된다.[11] 이 시대의 대표적인 놀이형태로는 산유 · 농악 · 쥐불놀이 · 호미씻기 · 광대놀이 · 제기차기 등이 있다.

오광대놀이 쥐불놀이

자료 www.goole.co.kr

[사진 2-5] 조선시대의 전통놀이

5) 일제 침략기

일제세력의 침투와 강점기, 해방으로 이어지는 근대는 한국 전래놀이문화에 중대한 변화가 일어난 시기이다. 일본적 놀이문화가 강요된 것은 물론이거니와 물밀듯 밀려오는 서구 놀이문화가 어색하게 우리의 전래문화에 접목되어 동서의 어느 것도 아닌 혼합놀이가 만들어져 역사상 가장 빈약한 여가문화가 형성된 시기였다.[12)]

2. 해방 이후~1990년대의 여가

1) 1945~1950년대

일제의 암흑기를 지나 새로 대한민국 정부가 수립되면서 이 땅에 자유민주주의가 싹트기 시작하였다. 한국전쟁의 발발로 전국의 자연 및 문화유산의 파괴는 물론 국민생활을 완전히 파탄으로 몰아넣고 오직 생존에만 관심을 갖기 시작하였다.

1945년 9월 미군정에 운수국이 발족된 이래 1954년 교통부에 관광과가 설치되어 관광행정을 수행할 수 있는 체제가 갖추어지게 되었고, 1953년 노동자들에게 연간 12일의 유급휴가를 실시하도록 보장하는 「근로기준법」이 제정 · 공포되었다.[13)]

1950년대 말에는 정부가 '관광사업진흥 5개년계획'을 수립하여 민간호텔건설 시 정부가 재정융자를 해주었으며, 모범관광지 개발을 추진하기도 하였는바[14)], 이로부터 국민들은 서서히 국가의 여가정책에 관심을 갖게 되었다. 그러나 해방 이후 1960년대 초까지는 6·25전쟁으로 국토공간의 파괴, 그리고 정치 · 경제의 악순환으로 인하여 여가가 국가적으로 중요한 정책사항이 되지 못한 시기였다.

2) 1960년대

1960년대는 한국에 있어서 여가에 대한 개념이 생겨나고 여가 및 관광자원의 개발에 의미를 부여하기 시작한 시기였다. 이 시기에는 관광진흥정책의 추진과 함께 경제개발과정에서 쌓인 스트레스와 도시의 혼잡을 벗어나려는 도시민들의 일탈적인 여가형태의 비중이 높아지고 생활의 변화를 추구하려는 형태가 두드러지게 된다. 1963년 「국토건설종합계획법」이 공포되어 국민 여가시설의 개발 및 보호에 대한 종합적이고 기본적인 장기계획을 수립하는 계기가 되었다. 1967년에 지리산이 국내 최초로 국립공원으로 지정되고, 1968년에는 관광진흥을 위한 종합시책이 교통부에 의해 공표되었으며 관광지의 조성, 문화재의 관광자원화, 고도보전의 제도 확립, 온천장, 해수욕장의 개발 등으로 여가공간의 확충과 그 이용기회를 확대하였다.[15]

그러나 1960년대를 전반적으로 볼 때, 여가현상이 자연발생적인 수준에서 머물게 되었으며 국립공원의 지정, 여가행정조직 및 여가관련 법규의 정비를 통하여 1970년대에 대중화된 여가현상을 위한 기반을 구축한 시기였다.

3) 1970년대

1970년대는 경제개발계획의 성공으로 인한 물질적 풍요로 인간적인 삶의 질 추구에 대한 국민의 관심과 의식이 높아지기 시작하였다. 지속적인 경제성장에 따른 소득향상, 국토의 균형적 개발을 위한 도로교통망의 확충, 농촌생활수준의 향상과 전국적인 새마을운동의 확산 등으로 도시민의 여행 기회를 증가시킴과 동시에 농어민의 단체관광 및 시찰여행이 두드러지게 되었다. 또한 1970년대 후반에 놀이에 의한 스트레스 해소와 일상생활의 해방감을 누리려는 형태와 더불어 건전한 가족단위의 여가형태가 대두되었다.[16] 정부는 수도권으로 편중된 국민여가시설의 불균형을 해소하고 전국적으로 국민의 여가생활권을 확대시키고자 1974년부터 대규모 관광휴양지로서 경주 보문단지와 제주 중문단지를 개발하는 한편, 국립공원을 확대 지정하고, 안보유적지 15개소를 안보관광지로 지정하였으며, 한국관광진흥장기종합계획을 수립하였다.

1970년대는 여가행정조직과 법률의 정비가 추진되었으며, 아울러 여가자원의 개발유형이 다양화된 시기로서 한국 여가발전의 도약기라고 할 수 있다.

4) 1980년대

1980년대는 제2차 석유파동의 여파, 국내정국의 불안 등으로 한때 여가생활이 위축되었지만, 경제성장의 가속화와 국민의 여가에 대한 관심이 고조되어 국민의 의식구조는 물질충족의 단계에서 질적인 생활수준 향상으로 그 비중이 높아갔다. 그러나 1980년대에는 사치성 향락산업과 과소비적 여가형태가 늘어나면서 여가 및 유흥비용을 조달하기 위해 청소년의 비행이 급증, 전체 범죄의 17%를 점하기도 하였다.

1982년부터 시행된 제2차 국토종합개발계획 중 여가부문은 제1차 계획에서 파생된 문제점을 시정하고 급격히 증가하는 국민의 여가수요에 부응하여 자원의 보전과 체계적 개발의 조화를 위한 계획으로써 주로 자연자원의 지정확대와 휴양 · 위락지역 및 시설의 개발, 도시공원녹지의 확대개발, 역사 · 문화적 관광자원의 정화 및 관리 등에 관한 사항이 주축을 이루고 있다.

1983년에는 한국관광공사에서 2001년을 목표로 한 여가계획의 일환으로 국민관광장기종합개발계획을 수립하였는데, 그 주요 내용으로는 국내여행의 증가, 레크리에이션활동의 적극 추진, 드라이브 여행인구의 급증, 숙박시설의 고급화 경향, 실내여가의 증가, 장기여행의 증가, 신혼여행의 다양화, 해외여행 증가경향에 대비한 여가시설의 개발을 강조하였다.

1990년대 관광개발의 범위로 첫째, 관광지의 기능과 특성을 파악한 개발계획의 수립 둘째, 관광기반시설의 확충 셋째, 관광자원의 다양한 활용과 새로운 관광상품의 창출 넷째, 관광지개발촉진을 위한 지원제도의 강화 다섯째, 효율적인 관리운영제도의 도입 등을 모색하여야 할 것으로 지적되었다.

5) 1990년대

1990년대 후반기에 경제침체기가 일시적으로 있어 사회적으로나 경제적으로 위축되어 여가활동이나 수요가 감소하였으나, 자율과 개발 그리고 국제화·지방화시대의 전개에 따라 정부역할의 전환도 불가피한 것으로 받아들여지면서 정부는 여가생활의 추구, 사회적 형평성의 실현, 세계 속의 관광한국이라는 목표를 달성하기 위하여 각종 여가나 관광진흥정책을 수립하였다. 1993년부터 관광객의 유치촉진을 위하여 관광특구제도를 도입하였다. 관광특구의 개념은 종래 일정지역 내에서 자유로운 경제활동이 보장되는 자유지역의 개념에서 시작된 것으로, 여가선용의 기회를 제공하고 국가경제에 기여하는 중요한 산업으로 정책당국에 의해 재인식되었다는 점에서 의의가 크다. 여가에 대한 인식재정립, 국제화·지방화·자율화 추세에 주도적으로 대응, 국민의 여가와 관광욕구변화의 능동적 수용, 복지차원의 여가와 관광여건 조성 및 시장개방에 따른 여가나 관광산업의 경쟁력 강화 등의 각종 여가관련 정책을 수립·추진해 나갔다.

그 예로, 1993년 대전 EXPO가 개최되어 1,400만 명의 내·외국인 관람객에게 주변 관광자원을 관람할 수 있도록 엑스포 연계 관광코스를 개발하기도 하였으며, 1994년 우리의 전통문화를 세계에 알리고 관광재도약과 국제화 계기로 삼은 '1994 한국방문의 해'를 추진하였다.[17]

3. 2000년대 이후의 여가

2000년대에는 주 5일 근무제를 대부분의 기업이 도입하면서 바야흐로 여가황금기를 맞이하게 되었고, 개개인들은 보다 많아진 여가시간을 효율적으로 누리기 위하여 다양한 여가활동을 선호하기 시작했는데, 특히 체험형 여가활동이 활발하게 이루어졌다. 체험형으로는 주로 스포츠나 오락게임류, 그리고 문화예술류 등으로 순수 아마추어적 전문성을 지니고 있고, 이러한 여가활동을 즐기면서 자기충족적 삶을 누리기 위한 목적이 내재되어 있다. 따라서 현대인들은 이제 여가를 제대로 선용할 뿐만 아니라 나아가 자신의 발전을 도모하는 시대에 이른 것이다.

최근 해외여행의 급증추세에 대응하여 문화체육관광부는 '내나라 먼저 보기' 운동을 펼쳐 국내관광 활성화 정책을 펴고 있으며, 주휴 2일제가 국내관광산업 활성화에 획기적인 계기가 될 것으로 전망하고 있다. 한편 2000년 이후 급격히 활성화된 남 · 북 간의 정치 · 경제적 협력분위기를 바탕으로 1998년 금강산 관광 시작, 2002년 금강산 관광특구 지정, 2003년 금강산관광 육로 확대, 개성육로관광 협의, 일반인 단체 평양관광 실시 등의 성과가 이루어졌다. 또한 여가정책을 국민의 삶의 질을 향상시키기 위한 주요 정책과제로 인식한 만큼 소외계층을 위한 여가정책이 더욱 활성화되고 있는 추세이다.18)

주 40시간 근무제에 따른 여가시간의 증대로 레저, 스포츠 활동 외에 근거리, 단기간의 국내외 여행이 지속적으로 증가하는 동시에 휴가분산 확대로 숙박관광과 장거리 관광이 확대되면서 국민의 여가활용 및 여행 패턴이 크게 변화하고 있다. 2002 한 · 일 월드컵의 성공적 개최는 2000년대 국민여가생활에 있어서 중요한 의미를 갖는다. 기존에 3자적 입장에서 경기를 관람하는 데 그쳤던

래프팅 장면　　2002 월드컵 현장

자료 www.nate.com / www.wisia.com

[사진 2-6] 2000년대 국민의 여가활동유형

여가행태에서, 응원이라는 집단행위를 통해 적극적으로 경기에 참여하는 국민적 경험은 월드컵 이후에도 적극적인 스포츠관람활동의 활성화에 큰 역할을 하였던 것으로 평가된다.

〈표 2-3〉 한국 여가발전 과정의 단계 및 특징

<table>
<tr><th>연 대</th><th>1945년</th><th>1962년</th><th>1972년</th><th>1982년</th><th>1991년</th></tr>
<tr><td>단계구분</td><td>개념 미형성기</td><td>과도기</td><td>발아기</td><td>도약기</td><td>성장기</td></tr>
<tr><td>소득소비</td><td></td><td></td><td></td><td></td><td></td></tr>
<tr><td>여가의식</td><td></td><td>여가부정의 시대</td><td>여가인식시대</td><td>여가긍정시대</td><td>여가중시시대</td></tr>
<tr><td>여가욕구</td><td></td><td>생리적 안전욕구</td><td>기분전환 욕구</td><td>사회적 욕구</td><td>지적 · 교양적 욕구</td></tr>
<tr><td>여가활동</td><td colspan="2">시간소일형 여가활동</td><td colspan="2">재생산 시간소일형</td><td>가치창조적 여가활동</td></tr>
<tr><td>여가정책</td><td colspan="2">소수 특권층을 위한 정책</td><td colspan="2">대중을 위한 정책</td><td>저소득층을 위한 정책</td></tr>
<tr><td>여가개발 주 체</td><td colspan="3">국가 · 지방자치단체</td><td colspan="2">민간기업</td></tr>
<tr><td>시설개발 유 형</td><td colspan="2">단순여가시설</td><td colspan="2">극장, 영화관, 박물관, 민속촌, 관광단지, 국립공원, 어린이공원, 실내체육관</td><td>복합여가시설</td></tr>
<tr><td>주요 여가 시설개발</td><td>제의장, 왕실행사, 수렵장, 씨름장, 군사훈련장, 운동장</td><td>명산, 대찰, 관광호텔, 해수욕장, 박물관</td><td>국립공원, 관광지, 온천장, 테니스장</td><td>관광단지, 전적지, 헬스클럽, 유원지, 경마장</td><td>국민관광지, 콘도, 전자오락실, 스키장, 대중골프장, 보트장</td></tr>
</table>

자료 김광득, 현대여가론, 백산출판사, 1995, p. 59.

제3장 | 현대 여가의 트렌드

제1절 여가환경의 변화

1. 사회환경의 변화

1) 인구구조의 다변화

저출산과 고령화의 급속한 진행으로 사회 각 부문에서 노인의 삶에 대한 관심이 높아지고 있다. 1983년 합계출산율이 인구대체수준(2.1명) 이하로 하락한 이후 2005년에는 세계 최저수준인 1.08명을 기록하였으며, 2007년에는 1.26명으로 다소 높아지기는 하였지만 여전히 낮은 수준으로 저출산 현상이 지속되고 있다. 여기서 인구대체수준이란 한 가정에서 부모의 대를 이어가려면 최소한 자녀의 수는 2명이 되어야 함을 뜻한다. 이에 따라 전체 인구구성에서 유소년층이 차지하는 비율은 1990년대 이후 급격히 하락하고 있는 데 반해, 평균수명의 연장으로 노년층의 인구는 지속적으로 증가하여 2008년 현재 우리나라는 인구 10명 중 1명은 65세 인구인데 2060년이 되면 인구 10명 가운데 4명이 65세 이상 노인이 될 것으로, 통계청은 2015년 7월 8일 발표한 '세계와 한국인구의 현황 및 전망'에서 밝히고 있다.

저출산 · 고령화 추세와 더불어 결혼이나 가족에 대한 가치관 및 가족의 구성방식이 변화하면서 다양한 가족의 형태가 나타나고 있다. 결혼을 미루거나 결혼을 하지 않는 미혼의 독신가구, 노인 단독가구, 교육 및 취업 등의 목적으로 원 가족과 떨어진 독립가구, 모자가족과 부자가족을 포함하는 한부모가족,

결혼하여 맞벌이 생활을 하면서 자녀를 갖지 않는 1세대가족(DINK : double income, no kids) 등으로 가족구조가 다양해지고 있으며 점차 핵가족화되고 있다. 특히 1인 가구가 최근 들어 급격히 증가하면서 새로운 라이프스타일을 만들고 있다.

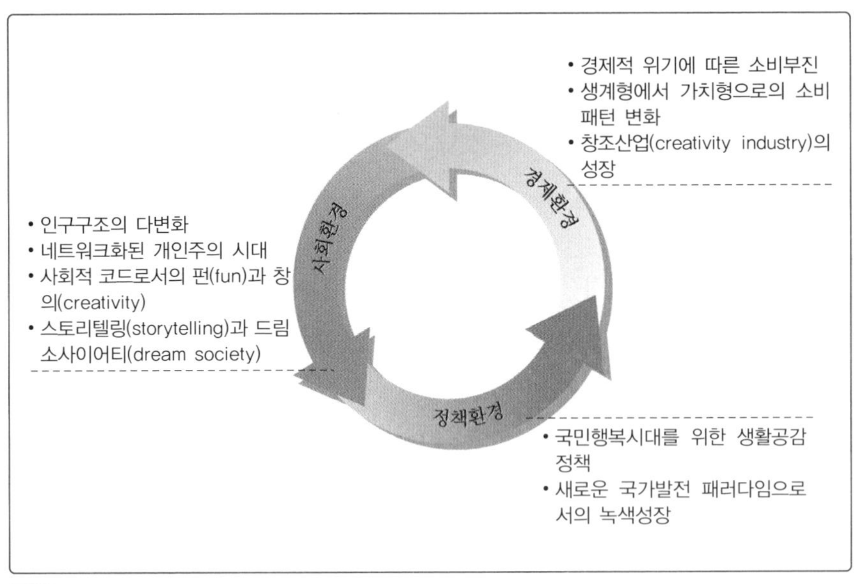

자료 문화체육관광부 · 한국문화관광연구원, 2008 여가백서, p. 1.

[그림 3-1] 국내여가환경의 변화

2) 네트워크화된 개인주의 시대

인터넷이 발달함에 따라 기존의 사회적 관계에 변화가 일어나고 있다. 공간을 달리하지만 디지털 네트워크를 통해 문화를 만드는 '따로또같이' 현상이 나타나면서 인터넷을 이용한 사회관계의 재생산과 변형이 두드러지고 있는 것이다. 인터넷상에서 개인들은 스스로의 문화를 창조하며 지극히 개인중심적으로 움직이지만 개인의 관심, 취미 등을 근거로 다른 사람들과 지속적으로 연결된 공동체를 형성하여 콘텐츠를 만들어 공유하고 상호작용하면서 단순히 개인화에 머무는 것이 아니라 개인을 중심으로 네트워크를 형성하고 있다. 이러한 네트워크화된 개인주의는 인터넷 블로그 및 카페를 통해 확산되어 많은 사람들이 개인 블로그를 운영하거나 커뮤니티 카페에 가입하여 다양한 동호회 활동을 하면서 개인의 관심사항과 취미 등을 공유해 나가고 있다. 이전에 오프라인 관계가 온라인으로 확장된 형태가 큰 비중을 차지하였다면 최근에는 온라인 모임의 오프라인화가 확산되면서 다양한 분야와 장르에서 모여 소통하는 소집단이 많아지고 있다. 이러한 소통은 쌍방향의 커뮤니케이션을 활성화하면서 흩어져 있던 익명의 개인들이 인터넷을 통해 공감대를 확인하고 온 · 오프라인에서 결집된 대중의 힘을 강화하는 데 기여하고 있다. 한국인터넷진흥원의 블로거 인터넷 이용실태분석을 살펴보면, 인터넷 이용자 중 블로그 혹은 미니홈피를 운영하고 있는 블로거가 2007년 6월 기준 40.0%인 것으로 나타났으며, 이는 2006년 6월 기준의 38.4%에서 증가한 수치이다. 또한 카페 · 커뮤니티에 가입하여 활동하는 비율도 블로거(67.9%)가 비블로거(21.3%)보다 세 배 이상 높은 것으로 조사되어 개인들의 네트워크화가 두드러지고 있음을 알 수 있다.[1)]

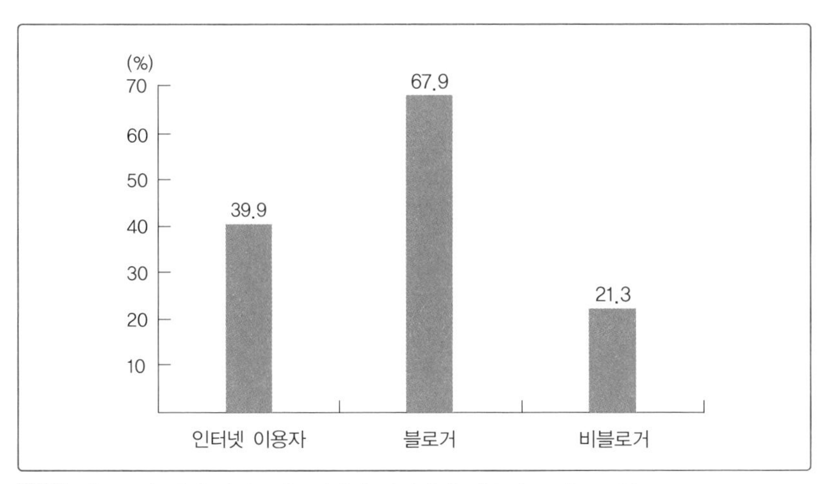

주 최근 1년 이내 카페 · 커뮤니티에 가입하여 이용하고 있는 경우.

자료 한국인터넷진흥원, 블로거 인터넷이용실태분석, 2007.12.

[그림 3-2] 인터넷 이용자의 카페 · 커뮤니티 이용 현황

3) 사회적 코드로서의 펀(Fun)과 창의(Creativity)

펀경영, 펀마케팅, 펀문화, 펀소비 등 사회 전반에 '웃음'을 화두로 하는 펀이 하나의 중요한 코드로 인식되고 있다. 기능성뿐만 아닌 즐거움과 재미, 웃음을 주는 소비가 새로운 소비코드로 급부상하고 있으며, 웃음이 경쟁력이라는 유머경영이 확산되면서 회사를 신나는 일터로 만들어 직원들의 사기를 높이고 이를 바탕으로 고객서비스를 향상시키려는 펀경영이 최근 기업 사이에 확산되고 있다. 직원들의 복리후생 및 능력개발, 문화생활에 대한 지원을 확대하고 가족들과 함께 시간을 보낼 수 있도록 배려하려는 기업들이 늘어나고 있으며, 이에 따라 근로자가 여가생활을 보다 다양하고 풍요롭게 즐길 수 있는 환경이 마련되고 있다. 일상생활에서뿐만 아니라 회사조직, 사회문화 전반적으로 무겁고 심각하던 분위기가 아닌 즐겁고 오락적인 것을 추구하는 성향이 짙어지면서 재미가 다양한 분야의 생산성과 질을 높이는 수단이 되고 있는 것이다. 또한 오늘날은 창의력으로 승부해야 하는 지식기반사회로서 새로운 창조력을 필요로 하고 있다. 새로운 문화를 생성하고 발전시키는 원동력으로서 창의가 개인, 기업, 국가의 핵심경쟁력으로 부상하면서 문화, 산업 전반의 핵심가치로 확산되고 있다.

4) 스토리텔링(Storytelling)과 드림소사이어티(Dream Society)

이전에 이성적 소비를 지향하던 사람들이 이제는 감성적 소비지향으로 변화하면서 자기실현의 욕구가 강한 감성의 시대가 도래하였다. 국민들의 소득수준이 높아지면서 제품의 기능보다는 그것에 담겨 있는 시대정신과 이야기, 라이프스타일을 중요하게 여기는 사람들이 늘어나고 있다. 이에 따라 정보화사회 다음으로 상상력과 독창성을 중시하는 드림소사이어티가 새롭게 다가올 미래사회의 모습으로 제시되고 있는데, 드림소사이어티는 기업, 개인, 지역사회가 지식이나 정보가 아닌 이야기를 바탕으로 성공하게 되는 새로운 사회이다.

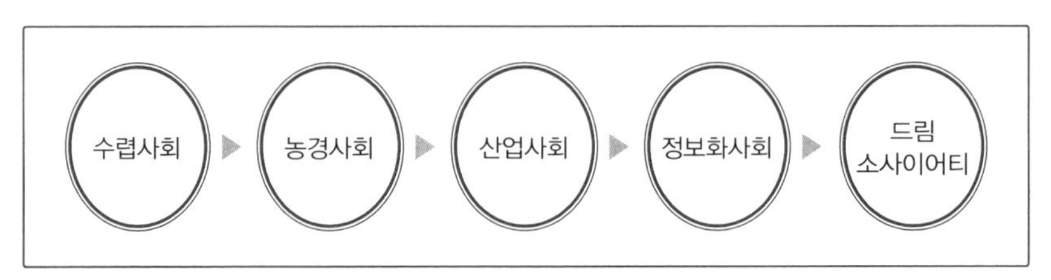

자료 문화체육관광부 · 한국문화관광연구원, 2008 여가백서, p. 1.

[그림 3-3] 인류역사의 발전과정

21세기의 소비자들은 상상력을 자극하는 이야기(story)가 담긴 제품을 구매하거나 서비스를 이용하고 있다. 이는 이성적이 아닌 감성적인 이유를 바탕으로 물질 이상의 다른 의미를 찾고자 하는 것으로 구매요인이 기능이나 편리함에서 즐거움으로 옮겨가고 있는 것이다. 제품의 기술과 기능이 중요하던 시대에서 감성이 중요한 시대로 패러다임이 급속하게 바뀌면서 디자인과 브랜드, 스토리텔링을 통해 고객들의 감성을 자극하는 기술이 새롭게 부를 창출하는 원동력이 되고 있다. 이러한 감성과 이야기는 정치 · 경제 · 사회 · 문화 곳곳에서 발견되고 있으며 새로운 브랜드를 만들어내는 경쟁력의 핵심요소가 되고 있다.

2. 경제환경의 변화

1) 경제적 위기에 따른 소비부진

소비자심리지수는 2015년 11월을 정점으로 계속 떨어지고 있는 실정에 있으며, 현재 생활형편과 생활형편전망, 가계수입전망, 소비지출전망 모두 비관적이다. 그리고 현재 경기판단, 향후 경기전망, 금리수준 전망도 수치가 감소하고 있어 비관적이다. 특히 금리수준 전망은 큰 폭으로 감소하고 있음을 알 수 있다. 흔히들 선진국형이라 부르는 제로금리시대로 우리나라도 가고 있음을 의미한다고 볼 수 있다. 정부 당국에서 제일 고민하는 것은 일본처럼 장기불황의 늪에 빠져 헤어나오지 못하는 게 아닌가 하는 것이다. 〈표 3-1〉에서도 알 수 있는 것처럼 여가와 관련한 항목인 교양 · 오락 · 문화비와 교통 · 통신비도 줄이겠다는 것을 눈여겨 볼 필요가 있다.

〈표 3-1〉 소비자동향조사 (p, %, %p)

지수명	2015							2016		(B-A)
	6월	7월	8월	9월	10월	11월	12월	1월(A)	1월(B)	
소비자심리지수	98	100	101	103	105	105	102	100	98	(△2)
현재생활형편	90	89	90	91	92	92	91	90	90	(-)
생활형편전망	96	99	98	99	100	100	98	96	96	(-)
가계수입전망	98	100	100	100	101	102	101	100	98	(△2)
소비지출전망	105	105	106	107	108	110	107	107	105	(△2)
내 구 재	92	91	93	93	94	96	93	94	92	(△2)
의 류 비	99	99	99	102	103	103	100	98	98	(-)
외 식 비	88	91	91	91	91	93	90	89	88	(△1)
교 육 비	105	107	106	108	107	109	108	109	110	(+1)
의료 · 보건비	112	112	111	113	112	113	112	111	112	(+1)
교양 · 오락 · 문화비	86	89	90	90	90	91	89	89	88	(△1)
교통 · 통신비	112	113	111	112	111	111	111	112	111	(△1)
주 거 비	105	106	106	108	108	107	106	105	105	(-)
현재경기판단	65	63	71	73	81	79	75	68	65	(△3)
향후경기전망	79	86	87	88	91	89	84	78	75	(△3)
취업기회전망	79	83	88	91	90	89	84	77	78	(+1)
금리수준전망	93	99	104	107	106	114	118	118	102	(△16)
현재가계전망	88	87	87	88	89	88	88	88	87	(△1)
가계저축전망	92	93	93	94	95	94	94	93	93	(-)
현재가계부채	104	104	103	105	104	104	105	104	103	(△1)
가계부채전망	100	98	98	100	99	99	100	100	99	(△1)
물가수준전망	131	133	132	132	131	132	134	135	132	(△3)
주택가격전망	120	119	116	117	119	113	102	102	102	(-)
임금수준전망	115	119	116	115	115	115	114	114	112	(△2)
물가인식	2.5	2.5	2.5	2.4	2.4	2.4	2.4	2.4	2.4	(-)
기대인플레이션율	2.5	2.6	2.5	2.5	2.5	2.5	2.5	2.5	2.5	(-)

주 1) 주 · 부식비, 음료 및 수도광열비 등 제외.

2) 소비자동향조사 : CSI = [(매우 좋아짐 × 1.0 + 약간 좋아짐 × 0.5 - 약간 나빠짐 × 0.5 - 매우 나빠짐 × 1.0) / 전체 응답 소비자수 × 100] + 100.

3) 소비자심리지수 CCSI(Composite Consumer Sentiment Index) : 소비자동향지수(CSI) 중 6개 주요 지수를 이용하여 산출한 심리지표로 장기평균치(2003년 1월~20015년 12월)을 기준값 100을 하여 100보다 크면 낙관적이고, 100보다 작으면 비관적임.

자료 한국은행, 2016년 2월 소비자동향조사 결과.

2) 생계형에서 가치형으로의 소비 패턴 변화

국민소득이 증가하면서 소비 패턴이 의식주에 관련된 생계형소비에서 선진국에서 보여주었던 전형적인 2만 달러 시대형 소비성향인 제품의 질을 중시하고 삶의 질을 추구하는 가치형소비로 점차 변화하고 있다. 우리나라는 소득 2만 달러 시대에 접어들고 주 5일 근무제 실시로 여가시간이 많아짐에 따라 삶의 질에 대한 관심이 어느 때보다도 높아지면서 점차 자신의 존재가치를 높이고 개성을 추구하는 소비행태를 보이고 있다. 기능뿐만 아니라 나만의 취향을 나타낼 수 있는 합리적 브랜드를 추구하면서 이성적 상품비교에서 감성적 상품의 선택으로 이어지고 있으며, 웰빙라이프 추구 및 쾌적한 환경과 좋은 품질, 높은 수준의 삶의 질 추구는 차별화된 가치를 통해 좀 더 고급스러운 생활수준을 향유하려는 소비성향의 확산으로 이어져 이전의 생활필수품 위주의 소비에서 외식, 교양, 오락 등의 다양한 서비스와 제품에 대한 수요가 증가하고 있다.

3) 창조산업(creative industry)의 성장

최근 들어, 창조산업은 선진국뿐만 아니라 개발도상국에서도 경제성장의 원동력으로 크게 주목받고 있으며, 이른바 굴뚝 없는 산업으로서 새로운 미래산업으로 대두되고 있다. 우리나라 또한 전통적인 제조업의 수익력을 제고하고 저생산성의 어려움을 겪고 있는 서비스업을 고부가가치형으로 전환하는 수단 및 고도로 다양화되고 있는 시장수요에 탄력적으로 대응하기 위해 창조산업이 부각되고 있다. 미래사회는 지식과 창의성이 가치창출의 새로운 원천이며, 산업에서도 창의성은 성장의 중요한 가치로 각광받고 있다. 이에 따라 창의성을 기반으로 한 창조산업은 미래 고부가가치의 원천으로서 특히, 우리나라처럼 좁은 국토에 자원이 없는 나라에서 적극 권장되고 있다. 아시아에 불고 있는 한류와 같은 미디어(언론, 방송) 영상제작, 패션, 출판, 음악, 영화 및 비디오, 레저소프트웨어, TV 및 라디오 등을 포함하는 창조산업은 삶을 즐기면서 여유를 가지고 생활하려는 라이프스타일이 확산되면서 그 수요가 더욱 증가되고 있다.

3. 정책환경의 변화

1) 국민행복시대를 위한 생활공감 정책

최근 세계 각국은 단순한 성장논리에서 벗어나 국민행복에 관심을 가지고 있으며 행복은 미래경제를 이끌어갈 핵심키워드로 부각되고 있다. 우리 경제는 고유가에 따라 물가가 상승하는 가운데 경기침체와 고용부진 지속 등 서민경제의 어려움이 가중되고 있는 상황이다. 이에 새정부는 작지만 가치 있는 생활공감 과제를 통해 국민들의 정책 체감도를 제고하고 생활불편과 어려움을 완화하여 국민의 행복지수를 제고하고자 개인의 행복을 국가경영의 중심에 두는 국정지침에 입각하여 국민생활에 밀착된 작지만 가치 있는 생활공감 과제를 범부처적으로 추진하고 있다. 생활공감 정책은 국민개개인의 자아실현을 지원하고 양극화경향에 대처하는 민생지원 및 삶의 활력을 높이는 능동적 복지 구현을 목표로 경제, 사회복지, 교육 · 문화 · 체육, 사회안전 등 각 분야에서 생활만족도를 제고하는 정책들을 발굴하여 추진하고 있다.

2) 새로운 국가발전 패러다임으로서의 녹색성장

세계는 지금 기후변화로 상징되는 환경 위기와 고유가로 대표되는 자원 위기에 동시에 직면해 있으며, 세계 각국에서는 이러한 기후변화 문제에 적극적으로 대응하기 위해서 기존의 경제성장 패러다임을 환경친화적인 녹색성장개념으로 전환하고 있다. 환경문제에 대한 고려 없이는 경제발전도 생각할 수 없다는 메커니즘 아래 선진사회의 정부 · 기업 · 시민 모두가 녹색국가를 표방하며 치열한 경쟁에 나서고 있는 상황이다. 새정부는 이러한 국제사회의 움직임에 동참하면서 동시에 지속적인 경제성장을 이루기 위하여 이명박 대통령의 8·15 경축사를 통해 '저탄소녹색성장'을 향후 60년의 새로운 국가비전으로 제시하였다. 녹색성장은 교통, 건축, 문화 등 모든 사회 · 경제활동과 시민들의 소비행태, 국민개개인의 라이프스타일까지 포함되는 광범위한 개념으로 온실가

스와 환경오염을 줄이는 지속가능한 성장이며, 녹색기술과 청정에너지로 신성장 동력과 일자리를 창출하는 신국가발전 패러다임이다. 이에 따라 예술·관광·스포츠 등에서도 환경친화적인 여가활동 수요와 저탄소형 여가산업의 역할이 확대되고 있으며, 문화를 통한 국민인식 제고 및 녹색성장의 토대를 마련하기 위하여 국민생활 전반에 대한 포괄적인 변화전략의 필요성이 증대되고 있다.

제2절 현대 여가의 기능

1. 여가기능의 개념

오늘날 여가현상은 노동, 가정생활, 문화 및 사회 전반에 걸쳐 여러 형태로 그 영향이 미치고 있으며, 그 기능 또한 다양하다. 여가기능이라 함은 개인이 가지고 있는 여가활동에 대한 주관적인 생각으로 비교적 일관성 있는 여가활동 능력으로 여가를 통해 나타나는 여러 가지 효과적인 결과를 의미한다. 여가의 기능 중에서 가장 널리 알려진 것은 듀마즈디에(Dumazedier)가 주장한 휴식기능과 기분전환기능, 자기계발기능이다. 그는 여가가 일상생활이나 근로생활에서 발생하는 육체적·정신적 소모를 회복시켜 주며, 또한 일상으로부터의 도피를 통해 정신적인 스트레스나 권태로부터 해방시켜 준다고 하였다. 그리고 여가는 개인을 일상으로부터 해방시켜 폭넓고 자유로운 사회활동에 참여케 함으로써 자아실현의 계기를 제공한다고 하였다.

1) 휴식기능

여가는 일상생활이나 근로생활로 인한 육체적·정신적 소모를 회복시켜 준다. 다시 말해, 여가는 노동으로 인한 긴장과 피로를 일시적인 휴식을 통하여 신체적·정신적으로 그 회복을 기대하고 노동 재생산을 위한 촉매, 촉진요소로써 작용하게 되며, 여가로 인해 일에 대한 보람과 성취감을 느끼고 삶의 즐거움을 추구할 수 있게 한다.

2) 기분전환기능

여가는 한정된 시간이나 공간의 범위 내에서 행해지는 인간의 창조적인 활동으로서[2], 일상적 · 직업적으로 받게 되는 스트레스나 긴장을 완화(relax)시키거나 원기회복(refresh)케 함으로써 삶의 정상적인 리듬을 유지하는 기능을 말한다. 여가활동은 현대인에게 세련된 의식과 태도를 나타내게 해주며, 새로운 활력의 충전과 새로운 경험의 축적, 그리고 충만한 인생의 기쁨과 행복을 기대하게 해준다.

3) 자기계발기능

여가는 인간활동과 인간발전에 기여하는 역할이 크며 건전한 레크리에이션의 체험은 기본적인 욕구의 충족과 사회적 책임의 완수 그리고 충실한 삶의 영위에 도움을 준다. 여가활동을 통해 현대인은 관습과 규율, 제도에서 벗어나 자신이 원하는 여가형태를 선택함으로써 자기발전, 자아실현을 기대할 수 있는 것이다.

〈표 3-2〉 여가의 기능

요 소	활 동 가 치
휴 식	· 노동에 의한 정신적 · 육체적 피로회복, 노동을 위한 에너지의 재생산 과정에 필요한 생리적 · 수단적 효용
기분전환	· 레크리에이션 활동을 통한 즐거움과 충실성 학습 · 고양의 기회, 일 · 노동 · 직업에 대한 충실감, 성취감 달성
자아실현	· 참여, 자기표현, 자기만족, 사회봉사 · 자신이 원하는 활동을 통해 자기발전

자료 강남국, 여가사회의 이해, 형설출판사, 1999, p. 87에서 재정리.

돈코빈(Doncobin) 등은 기능을 발휘하기 위하여 개인의 취미에 따라 수행하는 모든 활동을 여가라고 규정하면서, "여가는 개인적으로는 심리적·정서적 안정과 건강증진을 가져다주며 원만한 인간관계를 유지하고 촉진하는 데 도움을 주고, 새로운 생활양식을 접하게 하여 생활에 변화를 주며, 개인뿐만 아니라 사회 전체의 질적 향상에도 적극적인 기능을 하여 사회화, 재생산, 사회적 통합과 사회문제 해결기능을 한다"고 하였다.[3] 또한 필립(Phillip)은 여가기능을 휴식, 교육, 심리적 기분전환, 자기표현, 사회적 상호작용, 자기존경으로 분류하였다.[4]

김광득은 여가의 기능을 긍정적, 부정적 기능으로 구분하여 긍정적 기능으로 신체적, 심리적, 교육적, 사회적, 문화적, 자기실현적 기능을 제시하였고, 부정적 기능으로는 획일화 기능, 모방적 기능, 위장화 기능, 무감각화 기능, 향락화 기능을 제시하고 있다.[5] 또한 서태양과 차석빈도 여가의 기능은 다양하다고 주장하면서, 여가의 기능을 긍정적, 부정적 기능으로 구분하였다.[6] 그리고 김성혁은 여가의 기능을 개인 내 기능과 개인 외 기능으로 구분하였다.[7]

이와 같이 여가는 긍정적·부정적 그리고 개인적·사회적으로 다양한 기능을 가지는데, 이를 긍정적·부정적 기능으로 구분하면 다음과 같다.

2. 여가의 긍정적 기능

1) 신체적 기능

고도의 산업구조와 빈틈없는 조직적 집단체제 속에서 단조로운 기계적 노동에 시달리는 현대인들에게는 정신적·신체적 피로와 긴장이 축적되기 마련이다. 따라서 여가는 육체적 피로를 풀어주고 생명력을 순화시켜 재생산을 위한 에너지를 보충하면서 다시 일할 수 있는 힘을 회복시키는 신체적 기능을 가지고 있다.

러스트(Rust)는 여가를 "미래의 예방책"이라고 주장하였는데[8], 이것은 여가가 인간신체의 균형적 건강유지에 상당한 효과가 있기 때문에 여러 가지 질병 요인을 사전에 예방하는 역할을 한다는 의미이다. 이와 관련하여 신체적성(physical fitness)이라는 말도 여가와 관련지을 수 있다.

또한 피퍼(Josef Pieper)는 그의 책 *Leisure, the Basis of Culture*에서, "휴식이란 시간 그 자체에 가치를 부여하는 시대에 노동의 우월적 가치에 대한 하나의 반대가치라고 할 수 있으며, 묵상의 취미를 기르는 원천이 되기도 한다"고 하였다.[9] 스포츠와 같은 활발한 신체활동은 그 자체가 피로를 초래함에도 불구하고 여가에 폭넓게 도입되고 있는데, 이것은 신체운동에 중요한 생리적인 레크리에이션 효과가 있기 때문이다.

한국사회도 급속한 근대화와 관료화 속에서 인간성은 매몰되고 있으며, 조직의 합리성에서 비인간화되는 한국인들은 여가를 통하여 생체리듬을 되찾기를 원하고 피로회복과 생리의 원활한 작용을 추구하고 있다.[10]

2) 심리적 기능

인간은 산업화 이후 노동소외와 근로불만족으로 인해 노동을 통해서 얻을 수 있었던 인간적 · 심리적 즐거움을 박탈당하기 시작하였다. 과학기술의 진보와 작업의 분업화로 인한 세분화 · 전문화는 인간을 기계에 종속되게 만들었을 뿐만 아니라 정신적 긴장과 스트레스를 가중시키며, 특히 인간성 소외는 인간을 정서적으로 불안하게 만들어 고독과 좌절감에 빠지게 한다.

따라서 인간은 여가를 통하여 단조로운 작업의 반복, 노동의 기계화와 자동화에 의한 인간소외 및 근로불만족 등으로 인한 스트레스를 해소하여 성취감 및 심리적 안정을 취하게 된다. 달리 표현하면, 여가는 사회적 책임에서 오는 일상의 압력을 기분전환을 통하여 해방시켜 주고 개인에게 상상의 세계를 열어주며, 전문화되고 반복적인 노동에서 오는 권태감이나 지루함을 해소시키는 심리적 기능이 있다. 에딩턴 외(Edington, et al.) 등은 여가의 심리적 기능으로 개인적 발전, 사회적 연대, 심리적 치료, 신체적 안정, 자극추구, 자유와 독립,

향수 등의 일곱 가지를 제시하고 있다.[11]

3) 교육적 기능

개인의 지적 능력을 향상시키는 기능으로 여가는 노동 또는 학습과 상반되는 개념이 아니라, 오히려 그것이 자연스럽게 이루어지도록 하는 조성하는 기능을 가지고 있다. 여가의 궁극적 목적은 각자 재능이나 흥미를 발전시킬 수 있는 기회를 제공하고 인간의 평생교육을 위한 기회를 제공하는 데 있다. 여가는 인간이 사회에서 담당해야 할 역할을 제시해 주며, 사회적 · 집단적 목표를 달성하도록 도와주고 사회적 결속을 유지하는 기능을 담당한다.[12]

여가와 교육의 목표는 양극을 이루는 것이 아니다. 이는 양자 모두 인간의 삶을 풍요롭게 만드는 데 기여하기 때문이다. 만약, 학습이 즐겁고 그 자체가 만족스러운 것이 되면 그것의 효과는 빠르고 지속될 것이다. 그러한 의미에서 가장 훌륭한 교육적 경험은 여가 및 레크리에이션적인 성격을 갖는 것이다.

또한 인간의 사회화도 교육의 중요한 부분인데, 여가는 인간의 평생교육에도 중요한 역할을 한다. 그리고 사회화(socialization)는 인간의 태도, 선호, 기술, 행동양식, 역할기대, 가치 및 대인관계의 규범과 관련이 있으며, 또한 사회화는 이러한 가치와 규범 등의 내면화로 정의되기도 한다. 이러한 이유로 사회화를 위한 여가활동 및 스포츠, 놀이의 기능이 중시되어왔다.

4) 사회적 기능

여가는 자연스러운 사회관계 속에서 각자의 위치를 인식하게 하고, 사회적 역할을 배우게 하며, 인간관계의 올바른 태도와 기술을 익히게 하는 사회적 기능을 갖는다. 특히 여가를 통해 사회적 가치나 유형의 인식, 타인의 권리와 즐거움에 대한 이해를 높여주고, 사회생활 속에서 자신의 위상을 정립하는 가운데 사회에서 자신의 역할을 자각하게 하는 기능을 가지고 있다.[13] 그래서 여가는 건전한 사회생활을 리드하여 범죄예방은 물론 여가활동에 전 사회구성원이 참여함으로써 개인 간 · 집단 간의 벽을 허물고 자신을 부활시킴으로써 개성을 살릴 수 있다.

또한 유교적 이데올로기와 봉건질서에 오랫동안 의존, 구속되어 왔었고 개인주의 성향으로 인하여 집단과 사회생활에 적응하지 못했던 한국인들은 앞으로 여가를 통하여 사회 속에서 자신의 역할을 습득할 수 있을 것으로 예측되고 있다.

삶의 질은 여가선용의 결과로 나타나는 미래지향적 기능을 말하는데, 특히 이러한 삶의 질 기능은 후기산업사회에서 여가기능의 중심에 자리 잡게 될 것으로 예측할 수 있다.

여가의 삶의 질 기능은 주로 개인의 자아실현과 성취로 요약되고 사회문화적 차원에서 문화창달의 기능으로 집약할 수 있다. 여가는 인간의 삶 속에서 문화를 창조하고 전승하며 발전시키는 기본토양의 구실을 하는 것이다.

5) 문화적 기능

여가는 개인적으로나 사회적으로 문화를 창조하는 일차적 의미를 지니고 있다. 여가가 문화에 영향을 미쳤다고 믿는 데는 이유가 있다. 피퍼(Pieper)는 수년간의 연구 끝에 "문화는 여가의 존재에 의존한다"고 말했다. 그리고 인도의 시인 타고르(Tagore)는 "문명은 여가가 깊이 자라난 곳에서 수확되는 산물이다"라고 말했다.

현대사회의 여가는 개인이 시간적, 정신적으로 자유로운 상태에서 재창조와 자아발견을 하는 것으로 볼 때, 여가시간에 이루어지는 음악, 미술, 연극, 영화 등과 같은 예술활동은 문화를 건전하게 발전시키는 수단이 된다.

6) 자아실현 기능

여가는 상실된 인간성과 에너지를 회복시키기 위한 중요한 바탕이 되며 인간의 주체성과 인간성을 회복하는 기능을 가진다. 여가는 기계적인 일상적 사고와 행동으로부터 개인을 해방시키고 보다 폭넓고 자유로운 사회적 활동에 참여시키며, 실무적 · 기술적 숙련 이상의 의미를 갖는 감성과 이성을 가지게 해주며, 정신적 회복기능을 가지게 해준다.[14)]

노동과 여가의 시간적 · 관념적 분리가 확대되는 현실로 인하여 여가가 인간의 자기실현을 위한 역할의 상당 부분을 떠맡게 되었다. 현대인들은 경제수준의 향상에 따른 자유시간의 증대, 소득수준의 향상, 교통통신의 발달과 고속화로 인한 행동반경의 확대, 기계문명의 발달로 인한 도시의 과밀화현상에 따른 자연과 인간성의 회복추구 등을 배경으로 인간의 정신적 가치를 중시하기에 이르렀고, 전보다 새로운 것을 찾고 만들며 자신에게 잠재되어 있는 어떤 가능성을 발휘 · 계발해 가고 있다.

3. 여가의 부정적 기능

1) 획일화 기능

여가는 자기만의 개성적 시간이 될 수 있는데, 현대 여가는 대중성, 무개성, 동질성, 획일성 등이 지배적으로 작용하여 인간의 주체적 사고나 판단이 도외시되어 소외감을 느끼게 만든다. 따라서 너무 개성적이고 특수한 여가를 즐기는 것은 무가치한 것으로 간주되는 반면, 다수가 즐기는 여가활동이 오히려 값지고 보람 있는 것으로 간주되어 궁극적으로 각자의 인간성 상실을 초래할 위험성마저 있다.

이러한 여가생활의 획일성은 매스미디어의 영향과 여가의 상업화 추구가 불러온 파생물로 볼 수 있다. 자본주의 사회에서는 특정기업의 이윤추구를 위하여 각종 매스미디어를 통한 특정여가가 강요되면서 대중은 선택의 여지없이 획일적인 여가를 택할 수밖에 없다.

이렇게 획일화된 여가를 강요받았을 때 그러한 환경에 처해 있는 인간 또한 획일화되며, 매스미디어를 통한 획일적인 정보와 지식이 대중들에게 전달되어 대중은 사회적 유대를 상실하고 점차 동질화, 획일화되고 있다. 이러한 가운데 여가산업조차 이윤추구만을 목적으로 한 영리단체가 대부분이고, 매스미디어를 통하여 이윤이 많은 여가만을 집중적으로 광고하기 때문에 대중은 획일화된 여가만을 선택하고 있다. 이에 따라 여가는 자기 본래의 개성 발휘에 목적을 두기보다는 획일성이 강조되고 있다.

2) 모방적 기능

현대 여가는 유행심리에 따른 모방성으로 인해 지성적 사고보다는 정서적이고 맹목적인 행동을 유발하여 사회적으로 이러한 모방심리가 파급되고 있을 뿐만 아니라, 대중문화에까지 나쁜 영향을 미치고 있다. 프롬(Fromm)은 이와 같은 현대의 인간성을 시장지향형(market-oriented)이라 부르고, 이러한 시장지향적 가치체계는 교환가치에 의존하기 때문에 상품이든 인격이든 어떻게 하면 잘 팔리고 비싼 값으로 수요에 응할 수 있는가에만 관심이 있으며, 또한 다른 사람의 기호나 기대에 부응할 수 있는 자동인형적 순응태도가 좋은 처세방편이라 생각하게 되고, 또 그렇게 행동하게 만든다.[15)]

이와 같이 현대사회에 있어서 여가생활은 반드시 자기 자신이 지향하는 방향으로 영위되지 않고 주위의 여건과 사회환경에 의하여 많이 모방되고 있음을 알 수 있다.

3) 가식성 기능

사회의 유행심리 풍조로 인해 사람들은 자기의 행위를 실제 이상으로 과시하거나 위장시켜 다른 사람에게 잘 보이고 인기를 차지해 보려는 심리가 작용할 수도 있다. 특히 현대인의 여가생활에서 문제가 되는 것은 여가가 자아실현의 수단으로 이루어지기보다는 타인에게 자기를 나타내 보이기 위해 분수에 맞지 않는 사치와 낭비를 가져오게 하고, 소비성향을 자극할 위험이 내포되어 있다는 것이다.

4) 무감각화 기능

대중오락이나 여가의 오용으로 개인이나 사회의 의식을 불건전하게 만들고 삶의 의욕을 상실시키는 결과를 초래할 수도 있다. 여가에 대한 맹목적인 추구로 인해 정치적, 사회적 문제에 대해 무감각해지고 국민의 건전한 여가발전을 저해할 수도 있다.

몰트만(Moltman)은 "근대 정치가들이 스포츠를 장려한 이유는 국민들이 선수와 자신을 동일시하게 만들어 이를 통해 정치적 불만을 해소시키려 한다"는 주장을 한다. 그리고 현대정치의 대표적 놀이조작인 3S(sport, sex, screen)가 본래 로마시대에 세계통치의 도구로 삼았던 빵과 서커스의 연장 및 확대인 것처럼, 여가 자체가 정치조작의 수단으로 변질되고 있다는 데에 문제점이 있는 것이다.

5) 향락화 기능

현대 여가가 향락적인 것만 추구하면서 인간이 지금까지 지녀왔던 도덕관, 윤리관, 더 나아가 세계관과 역사관을 상실하게 되고 쾌락이 최고라는 향락제일주의가 만연하게 될 우려가 있다. 그 결과 향락지향적 여가산업의 기업화는 청소년 교육이나 국민의 가치관 형성에 역기능을 가져올 위험성을 지니고 있다.[16)]

영리추구에만 몰두하는 경우 사회적, 도덕적 책임감이 결여될 뿐만 아니라 청소년들의 안일주의적 사고와 퇴폐적 의식 형성을 저지할 통제기능을 잃게 되어 향락성을 극대화시킬 소지가 있다. 이러한 대중여가의 향락성은 매춘, 범죄, 퇴폐적 윤락, 청소년 비행 등의 근본적 원인이 되고 있다.

제3절 현대 여가활동의 유형

1. 유비쿼터스 여가의 활성화

미디어환경의 변화는 여가활동의 다양한 공간적 범위를 제공해 줌으로써 국민여가활동에 커다란 영향을 미쳤다. 여가활동은 이제 실내여가와 야외여가 그리고 무한대 공간인 사이버 여가로 구분될 수 있다. 인터넷과 모바일을 통한 여가활동의 증가는 시간적 · 공간적 제약 없이 자유로우며 콘텐츠의 제공이 매우 폭넓고 다양하다는 장점이 있다. 파주에 세계 최초로 유비쿼터스 도시(U-city, ubiquitous city)가 개발되고 서울시에서도 역을 선정하여 유비쿼터스 역을 시범적으로 운영하고 있다. 현재 우리는 시간과 장소에 제약을 받지 않고 자유롭게 인터넷을 즐길 수 있는 정보통신 환경을 이미 갖추고 있으며 이러한 환경에 어울리는 사이버여가의 중요성이 증대되고 있다.

인터넷을 통한 여가의 경우 가정의 PC보급이 일반화되고 정보통신기술의 혁신으로 초고속 인터넷 가입자의 수 [그림 3-4]를 통해 살펴보면 2003년부터 급격히 증가하다가 2010년대에는 정체 내지 감소세를 보이고 있고 컴퓨터 보급도 마찬가지 현상인데 그 원인은 스마트폰기술의 급격한 발전에 기인한 것으로 풀이할 수 있다. 이제는 스마트폰을 통한 여가활동이 더욱 높아지고 있는 실정이다.

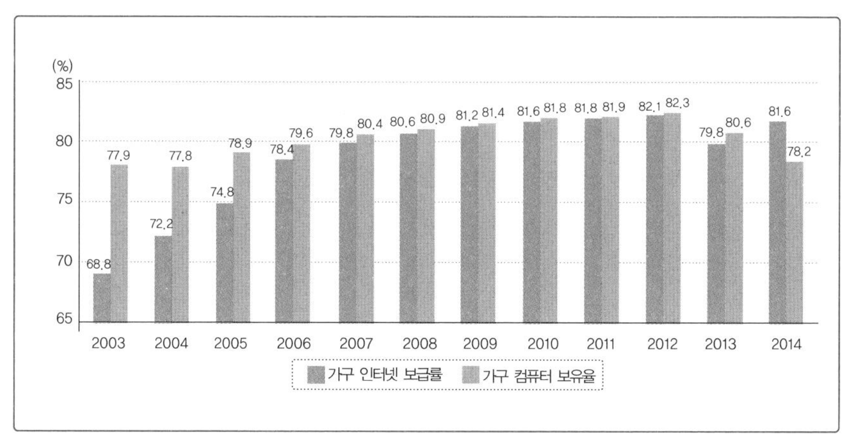

주 1) 인터넷 보급률은 가구 내에서 인터넷 접속이 가능한 가구의 비율(%)이며, 이동통신망을 통한 무선인터넷(이동전화 무선인터넷) 접속은 제외.
2) 컴퓨터 보유율은 전체 가구 중 데스크톱 컴퓨터, 노트북 컴퓨터 등의 컴퓨터를 보유하고 있는 가구의 비율.

자료 미래창조과학부・한국인터넷진흥원, 인터넷이용실태조사.

[그림 3-4] 가구의 인터넷 보급률 및 컴퓨터 보유율

이와 같은 미디어환경의 변화추세는, 국민여가활동 조사에서도 뚜렷하게 나타나고 있는 것처럼, 인터넷서핑/채팅, 게임, 미니홈피/블로그 관리와 같은 인터넷 여가활동 참여율의 꾸준한 증가로 이어지고 있다.

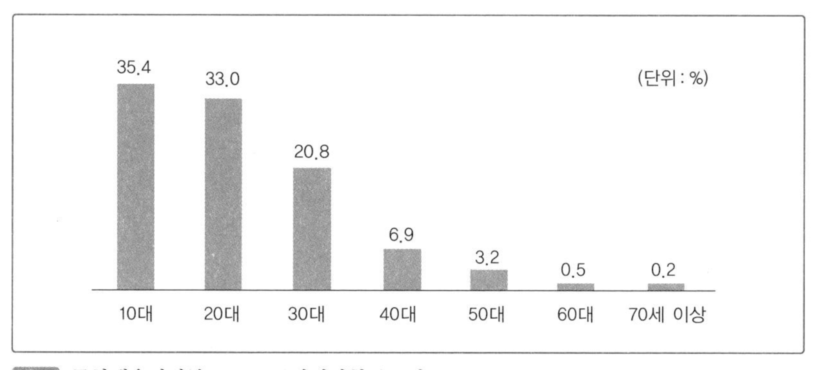

자료 문화체육관광부, 2012 국민여가활동조사, 2012.

[그림 3-5] 연령대별 디지털 여가활동 참여율

언제 어디서나 인터넷 접속이 가능한 스마트폰의 상용화로 인하여 일상 속 디지털형 여가가 더욱 본격화되고 있다. 2012년 미국 스트레티지애널리스틱스(SA)보고서에 따르면 우리나라 스마트폰 보급률은 67.6%로 세계 1위를 차지하고 있다. 이는 세계 평균 14.8%의 4.6배에 해당한다. 과거 아날로그형 여가는 직접적인 체험과 경험을 통하여 만족을 얻는 반면, 디지털형 여가는 조작과 가상의 기술로 인한 가상체험을 통하여 쾌감을 얻는 것이 특징이다. 또한, 디지털형 여가는 현실세계에서 벗어나 자신을 표현하는 효과를 경험하기도 하고 이를 통해 스트레스 해소도 가능하다. 연령대별 디지털 여가활동의 참여율을 [그림 3-5]에서 살펴보면, 10대와 20대를 포함한 젊은 세대를 중심으로 디지털 여가활동의 참여율이 점차 커지는 추세이며, 연령이 높아질수록 참여율이 낮아지고, 60대 이상의 경우 거의 참여하지 않는 것으로 나타나 여가활동 유형의 세대 간 차이를 보여주고 있다.[디지털 여가활동 : 미니홈피/블로그 관리, 인터넷 검색/채팅/UCC 제작/SNS, 게임(인터넷, 닌텐도, PSP, PS3 등)이 있음. 젊은 세대의 주요 활동인 게임, 인터넷서핑/채팅, 미니홈피/블로그 관리 등의 공간으로 집, 실외, 실내 등 전통적인 여가활동 공간이 아닌 사이버 · 모바일공간에서 이루어지는 여가활동을 말함]

자료 포털사이트 네이버.

[사진 3-1] 인터넷 여가활동과 DMB

2. 에코 여가활동의 증가

사람들은 여가활동을 통해 대인관계의 폭을 넓히는 것을 중요시하고, 삶의 다양성을 추구하며, 다양한 장소를 경험하고, 다양한 욕구들을 충족시키려는 욕구를 가지고 있다. 이러한 욕구를 충족시키기 위해 기존의 여가활동에서 눈을 돌려 더 새로운 것을 찾고 있으며, 여가 라이프스타일이 등장하면서 가족과 여가를 중시하는 쪽으로 이동하고 여가선용이 중요한 생활 이슈가 되고 있다.

기존의 여가활동 안에서도 새로움을 추구하는 움직임이 나타나고 있으며 아직 대중들에게 일반화되지는 않았지만 일부 계층에서 보이는 새로운 여가활동이 증대되고 있다.

그러한 예로, 최근 아웃도어 여가활동에 관심이 높아지면서 자연친화적인 생태관광 또는 체험여행상품 등이 각광받고 있다. 이는 주 40시간 근무제 시행의 영향으로 가족과 함께하는 기회가 늘어나면서 다양한 아웃도어 생활을 즐기는 문화가 성숙되고 있다는 증거이기도 하다. 집 주변 문화시설의 확대로 일상적인 산책에서부터 등산, 래프팅, 캠핑, 산악자전거(MTB), 전문산악에 이르기까지 아웃도어 활동 참여 인구는 폭넓게 늘어나고 있다. 또 이 같은 라이프스타일의 변화로 주말뿐 아니라 주중에도 아웃도어활동을 하려는 움직임도 나타나고 있다.

1) 캠핑 카라바닝

아웃도어 여가활동은 자연과 함께 호흡하며 마음의 여유를 찾을 수 있고 동시에 자신이 선호하는 여가활동을 즐길 수 있으므로 재충전을 필요로 하며, 아웃도어 라이프(outdoor life)를 꿈꾸는 도시근로자들의 욕구를 채우기에 충분하다. 아웃도어 라이프란 스포츠나 레저 등 주로 야외에서 행하는 활동과 관련된 생활을 의미하지만, 현재는 이런 제한성을 넘어 일상에서도 자연스럽게 향유하는 문화로 자리 잡았다. 초기 아웃도어 문화가 산악 등반 · 래프팅 · 스포츠 등

특별한 목적의 테두리 안에서만 제한적으로 형성된 반면, 현재는 취미활동 · 여가선용 · 건강추구 등의 형태로 바뀌어 생활의 일부가 되었기 때문이다. 그중 눈에 띄는 아웃도어 여가활동으로 캠핑 카라바닝(camping caravaning) 문화가 새로운 여가문화로 확산되고 있다.

우리나라에서는 아직까지 캠핑 카라바닝이라는 단어조차 생소하게 느껴지는 사람들이 많을 수 있지만, 이미 국내 포털사이트를 중심으로 많은 동호회가 형성되어 새로운 여가활동으로 캠핑 카라바닝을 즐기려는 사람들이 증가하고 있는 실정이다.

〈표 3-3〉 과거와 최근의 캠핑 트렌드 변화

구분	과거의 캠핑문화	최근의 캠핑문화
장소	- 서울 및 근교의 한정된 지역에 집중	- 제주도를 포함한 전국으로 범위 확대
기간	- 주말을 이용한 1박 2일 위주	- 금, 토, 일 2박 3일 이상 일반화
활동	- 집에서 가져간 음식을 먹고 오는 제한적 활동	- 낚시, 등산, 트레킹, 카약 등과 인근지역 관광, 맛집 탐방 등 다양한 활동 가능

자료 한국관광공사, 2011 가족여행실태조사-캠핑트렌드를 중심으로, 2011.

국내에서 세계 캠핑 카라바닝 대회를 2번이나 유치하는 데 성공했으며, 해마다 많은 동호인들이 참가하는 전국적인 규모의 페스티벌이나 동호회 대회 등이 개최되면서 캠핑 카라바닝의 저변을 확산시키고 있다.

캠핑 카라바닝이 여가생활에 미치는 영향도 적지 않다.

첫째, 소비자 측면에서 볼 때 자연과 함께하는 건전한 여가선용을 할 수 있게 해준다. 자연친화적인 여가활동을 하며 아이들에게 자연학습현장의 기회를 제공하고 일상의 스트레스에서 벗어나 건강한 삶의 가치관을 형성할 수 있게 도와준다. 또한 자연과 환경에 대한 관심을 가지게 하며, 가족단위의 여가활동으로서 긍정적 역할을 수행하며 건전한 여가수요 형성을 도와준다.

둘째, 사업체 측면에서 볼 때 신생 여가산업으로서 수요 증가에 따른 시장

확대를 들 수 있다. 아직은 캠핑카 산업이 시작단계이지만 국민소득의 증가에 따라 선진국의 대중화된 레저문화인 캠핑 카라바닝 여가활동이 자연스럽게 확산되면서 캠핑카 산업은 더욱 성장할 것으로 보인다.

셋째, 정부는 공공의 입장에서 캠핑 카라바닝의 관련 기반시설 관리를 해야 할 것이다. 캠핑 카라바닝은 국내외적으로 가족 중심의 친환경적인 여행문화의 선두주자 역할을 할 수 있는 여가활동이므로 공공의 입장에서 캠핑 카라바닝 문화를 공공관광시설이라는 장소적 관점으로 접근하여 관련 기반시설을 조성하고 관리해야 한다.

넷째, 매스미디어의 측면에서는 국내에 캠핑 카라바닝 문화가 대중화되는 과정에서 매스미디어의 역할을 무시할 수 없다. 따라서 다양한 매체, 프로그램과 캠핑 카라바닝 관련 업체와의 제휴를 통해 국내의 캠핑 카라바닝 문화를 확대해 나갈 필요가 있다.

자연친화적이며 가족중심적인 캠핑 카라바닝은 자연, 문화의 체험과 배움을

자료 포털사이트 네이버.

[사진 3-2] 캠핑 카라바닝

통해 건전한 여가수요를 생성할 것으로 기대된다.

2) 크루즈여행

국민여가활동조사를 통해 2006년부터 2008년까지 해양여가활동 참여율이 지속적으로 증가하는 추세임을 알 수 있다. 〈표 3-4〉를 보면 바다감상, 래프팅, 수상스키, 윈드서핑 등의 해양레포츠와 해양관련 여가활동의 선호도가 증가하는 것을 알 수 있다.

우리나라는 삼면이 바다로 둘러싸인 해양국가로서 해양여가활동을 즐기기에 최적의 조건을 갖추었다고 할 수 있다. 국내 크루즈관광 시장의 현황을 살펴보면, 운항하는 각각의 지역적 특성과 계절에 맞게 비·성수기 구분 없이 사계절 판매를 하고 있다. 국내 크루즈여행 관련 웹사이트는 http://www. cruise.co.kr/, http://www. cruiseall.co.kr/, http://www.cnc-cruz.com/ 등이 있다.

〈표 3-4〉 해양여가활동의 참여율 변화 (단위: %)

해양여가활동	2006	2007	2008
유람선 타기	5.1	10.0	12.4
래프팅	2.1	2.5	5.3
해수욕/바다감상	27.0	36.6	34.0
수상스키/윈드서핑	1.6	1.6	3.3

자료 문화체육관광부·한국문화관광연구원, 2006·2007·2008 국민여가활동조사.

크루즈여행이란 운송보다는 순수관광 목적의 선박여행으로 숙박, 음식, 위락 등의 관광객을 위한 시설을 갖추고 수준 높은 관광상품을 제공하면서 수려한 관광지를 안전하게 순항하는 여행이라고 정의한다.[17] 크루즈여행은 숙박이 가능한 선박을 이용하여 비교적 장거리의 항해를 하면서 때때로 경치가 수려한 항구나 관광지에 내려서 여행하는 것을 말한다.

우리나라는 한려수도와 제주도·울릉도 등에서 섬 주위를 맴도는 50~200톤

자료 포털사이트 네이버.

[사진 3-3] 크루즈여행 모습

급의 소형 유람선 운항을 시작으로 금강산관광선 취항이 본격적인 크루즈 시대의 막을 열었다고 할 수 있다.

크루즈여행이 이처럼 국내에서 급속도로 자리를 잡아가고 있는 것은 해상관광에 대한 인식의 변화와 크루즈사가 기존의 크루즈선만을 이용한 고가의 초호화 여행에서 중저가의 지역탐방 유형을 추가하고, 어린이와 노인을 포함한 가족단위의 여행객과 신세대 부부 등을 대상으로 한 여행상품을 개발하여 선보이고 있기 때문이다. 그리고 국내에서도 해외여행의 인구가 증가하면서 수준 높은 여행서비스를 원하는 소비자들의 욕구에 대한 충족이 가능하다는 이유로 크루즈여행이 주목받기 시작하였다.

다양한 크루즈 프로그램 개발과 크루즈선 정박 항구를 연계한 새로운 관광상품의 개발이 국내 크루즈여행을 떠나고자 하는 관광객들의 수요와 맞물린다면 큰 폭의 성장 가능성을 내포한 여가활동의 하나가 될 것이다.

3) 템플스테이

체험형 여가활동의 증가는 전문성을 가진 일반인들이 늘어남을 의미한다. 전문가들의 전유물로 여겨졌던 작품이나 매체를 통해서 간접적으로 경험하거나 감상하는 영역에 속했던 활동을 본인이 직접 여가활동으로 체험하는 경우가 늘고 있음을 의미한다. 템플스테이는 2002년 월드컵 때 부족한 숙박시설을 보충하기 위해 시범운영하여 시작된 것으로 이젠 사찰에서 하는 종교적 의미를 가진 머무름을 넘어선 국민들의 여가활동으로 자리 잡고 있다. 템플스테이의 실시로 인해 사찰은 불교인들만의 전유물이 아닌 우리나라 국민 전체에게 개방된 대중적인 장소로 거듭나고 있다.

〈표 3-5〉 문화유적관람 경험률 추이

문화유적관람	비율(%)		
	2006	2007	2008
문화유적방문(고궁, 절, 유적지)	17.5	25.7	38.2

자료 문화체육관광부 · 한국문화관광연구원, 2006 · 2007 · 2008 국민여가활동조사.

우리나라의 전통문화에 대한 정취를 느낄 수 있고 도시의 복잡함에서 벗어나 자연과 하나 되어 우리 문화유산을 접할 수 있다는 점이 템플스테이의 가장 큰 장점이라고 할 수 있다. 더군다나 건강과 복지를 추구하는 웰빙지향적 생활패턴에 따른 발효식품과 저칼로리의 웰빙음식인 사찰음식이 그 매력을 더해주며, 템플스테이는 한국의 특화된 문화관광상품으로 개발되어 현재 관광산업 활성화에도 기여하고 있다.

또한 템플스테이의 정착과 함께 사찰별로 주변 환경을 이용한 특색 있는 프로그램을 개발하여 시행하는 등 사찰 노력의 영향이 크며, 치열한 경쟁 속에서 생존하는 현대인들에게 심신의 피로를 줄여줄 수 있는 대안의 하나로 참선, 요가 등이 인기를 얻고 있다.

자료 템플스테이닷컴(http://www.templestay.com).

[사진 3-4] 템플스테이를 즐기는 모습들

템플스테이를 위해 개방하고 있는 사찰의 수도 눈에 띄게 증가하고 있으며, 일부 사찰에서는 그 사찰만의 고유한 프로그램을 개발하여 시행함으로써 사찰이 유명해지고 있다. 예를 들면 템플스테이 패밀리 브랜드로 아아-위로, 생생-건강, 여여-비움, 당당-꿈을 개발 · 운영하고 있고, 외국인 템플스테이 프로그램 진행사찰과 사찰음식을 개발하여 제공하는 특화사찰이 운영되고 있을 정도이다. 템플스테이를 지역별, 테마별로 검색할 수 있는 사이트로는 템플스테이닷컴(http://www.templestay.com/) 등이 있다.

3. 건강지향적 여가활동의 증가

건강이 사회의 중심적인 가치가 되고 우리나라 인구의 평균수명이 점점 늘어남에 따라 건강한 삶을 영위하기 위한 건강지향적 여가활동들이 증가하고 있는 추세이다. 건강과 관련 있는 여가활동인 등산, 찜질방, 다도, 요가 등의 참여율이 꾸준한 상승세를 보이고 있으며, 이는 많은 사람들이 여가를 선택할 때에도 흥미와 재미만을 추구하는 것이 아니라 건강한 삶을 위한 하나의 기준으로 삼는다는 것을 알 수 있다.

자료 포털사이트 네이버.

[사진 3–5] 건강지향형 여가활동들

산림청에서 발표한 임업통계연보에 따르면, 〈표 3-6〉처럼 산림휴양시설 수는 2011년 311개소에서 325개소로 매년 꾸준히 증가하고 있다. 또한, 산림휴양시설 이용자 수 역시 2011년도에 비해 2012년도에 약 1만 명 이상 증가하였다.

〈표 3-6〉 자연휴양림 운영 및 이용현황 (단위 : 개소, 천 명)

구분		2006	2007	2008	2009	2010	2011	2012
산림휴양시설 현황	전체	215	234	257	279	299	311	325
	자연휴양림	107	112	121	133	145	148	152
	산림욕장	108	122	136	146	154	163	173
산림휴양시설 이용자현황	자연휴양림	5,775	6,264	7,627	8,691	9,437	10,684	11,614

자료 산림청, 2006-2012 임업통계연보.

이와 같은 건강지향적 활동이 증가하는 것에 반하여, 대표적인 성인 여가활동의 하나였던 음주는 그 참여율이 꾸준히 줄어들고 있다. 1999년의 경우 전체 조사대상 42,000명 중 흡연자는 35.1%, 비흡연자는 64.9%였으나, 2003년에는 흡연자가 29.2%, 2006년에는 37.3%로 계속 감소하고 있는 추세이다.[18]

쉬어가는 페이지

전라남도, 자연친화적 국민여가캠핑장 27곳 운영

전라남도가 최근 가족 중심의 여가를 즐기려는 사람들이 늘어남에 따라 여행문화 행태가 다양화되면서 산과 강, 바다가 그림같이 펼쳐진 도내 자연친화적 국민여가캠핑장 홍보에 적극 나섰다.

국민여가캠핑장은 텐트, 캐빈하우스(통나무집), 방갈로, 캠핑 캐러밴(캠핑차) 등 숙박시설과 함께 화장실, 샤워실, 공동취사장, 체육놀이 시설을 갖춘 자연친화적 휴양시설로 전라남도 내 12개 시·군에서 27곳이 운영되고 있다.

이 중 여수세계박람회 개막 시기에 개장한 여수 굴전여가캠핑장은 캠핑시설 22면, 숙박시설 3동과 편의시설을 갖추고 있다. 지난 1999년 폐교된 학교를 활용해 국민여가캠핑장으로 새롭게 변신한 곳이다.

▲ 기차마을로 유명한 곡성에는 섬진강기차마을펜션이 있어 가족들이 이용하기에 편리하다.

고흥에는 팔영산 오토캠핑장, 염포 야영장, 해창만 오토캠핑장 등 4개소의 캠핑장이 있고, 특히 여수세계박람회 기간 중 캠핑장 21면을 갖춘 해창만 오토캠핑장은 무료 사용이 가능하다.

구례 마산면에 있는 황전 자동차 야영장은 오토캠핑장을 갖췄고 40면의 야영장이 있으며 주변에 화엄사와 지리산 반달가슴곰 생태학습장이 있다.

한편 문화체육관광부 공모사업으로 확정돼 조성 중인 광양 백운산 캠핑장은 2012년 말까지, 순천 서면 캠핑장과 보성 회천 율포 해수욕장 오토캠핑장은 2013년 말까지 완공 예정이다.

이기환 전남도 관광정책과장은 "편의시설이 갖춰진 국민여가 캠핑장을 가족과 함께 이용하면 만족도가 매우 높다"며 "오염되지 않은 물과 땅을 간직한 전남에서 자연과 더불어 시작하는 여행이 되길 바란다"고 말했다.

– 자료 : 포털사이트 네이버, 오현미 기자

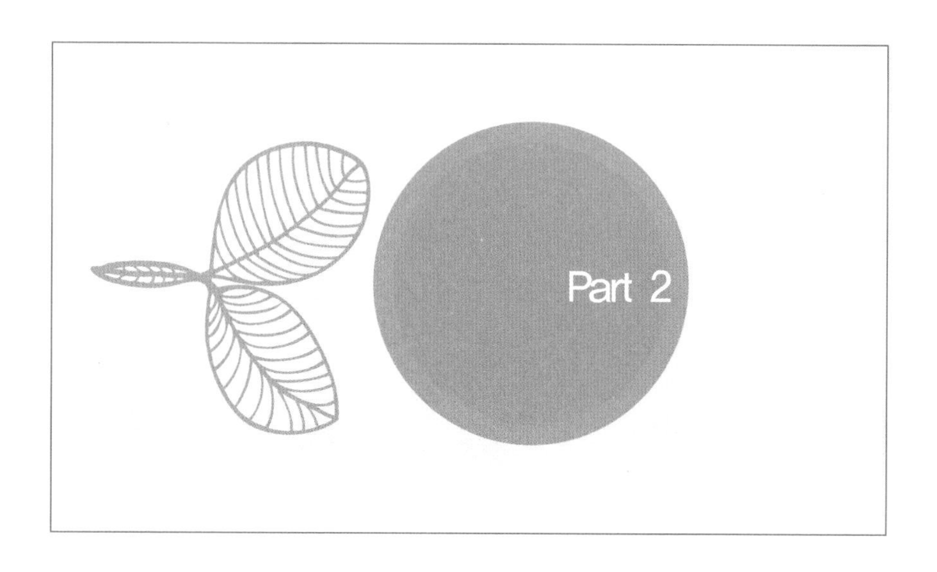
Part 2

여가생활의
실천

제4장 | 여가와 생애주기

제1절 아동기와 청소년기

생애주기는 모든 제도적 역할에서의 변화와 관계된다. 성장에 따라 활동무대와 환경의 폭은 넓어지며 사회적 역할은 증대된다.

인간의 삶은 아동기, 청소년기, 성인기 그리고 노년기 등의 네 가지 주요한 단계로 세분화된다.[1] 이러한 세분화 작업은 여가와 밀접하게 관련된 역할을 조사하는 데 유용한 틀(framework)을 제공하게 된다. 생애주기에 따른 여가활동, 관심사항, 개인생활에 미치는 여가의 영향 등을 살펴보자.

1. 아동기 여가

1) 아동기의 특성

성장주기에 의하면, 태어나서 약 2세까지를 유아기라 부르며, 대략 11세에서 12세 정도를 아동기라 한다. 정상적인 신생아는 70개 이상의 반사행동을 보이는데, 이러한 반사행동은 생존가치를 보여주기도 하고, 명확한 기능이 없을 수도 있다. 반사 이외의 다른 기초적 행동은 수면, 졸음, 경계 그리고 울음 등이다.

유아기의 행동적 특징은 연속적으로 자세운동을 모방하려는 노력을 하는 것이다. 앉기, 기기, 오르기, 그리고 걷기 등과 같은 유아의 미발달된 기술이 학습된다. 아동기는 성장주기로 구분하면, 성적 발달이 시작되는 11, 12세까지를 말한다. 초기 아동기는 대략 2세경에서 6세 정도로 구분한다. 이 시기 동안 아동은 달리기, 뛰기 등과 같은 기초적 운동기술을 계속 발전시키고 혼자서 노는 것에서 벗어나 협동성을 요구하는 또래들과 같이 노는 것으로 패턴이 변한다. 이 시기는 빠른 발달이 필요한 때이다. 학습은 행위의 결과이고 관련된 감각이 클수록 학습의 가능성도 증가한다.[2)]

아동기는 발달이 가장 빠른 시기라고 할 수 있다. 6세에서 12세 사이에 평균적인 아동들은 근육조직이 2배 이상 발달하고 운동이 발달의 중요한 구성요소가 된다. 아동들은 주의집중할 수 있는 기간이 짧다는 것을 기억해야 하고, 따라서 지도와 학습을 통한 규칙의 실천은 운동시간과 적절히 균형을 맞출 필요가 있다.

2) 아동기 놀이

이 시기의 여가선택은 경제적 · 시간적 측면에서 부모에 의해 제한된다. 아동기의 여가시간은 놀이로써 채워지는데, 의무감 없이 자유롭게 행해지는 활동으로서 놀이(play)란 용어로 사용된다. 이 시기의 놀이와 여가는 같은 활동을 의미한다.

아동기의 놀이는 성 · 연령 · 사회계층 · 문화 등의 변수에 의해 차이를 보이며, 그 밖에 양육방식 · 사회화방식 등이 놀이에 영향을 미친다. 아동기의 놀이로서 전기에는 달리기 · 뛰어넘기 등 흥미로운 운동과 관련된 시간들이며, 놀이패턴은 혼자놀이에서 병행놀이로, 연합놀이에서 협동놀이로 변한다. 이 시기의 놀이는 주로 어머니에게 의존하던 것을 같은 또래들에게 의존하도록 도와줌으로써 사회성을 늘려준다. 이 성장기간 동안의 주요 운동은 훌라후프 · 기구타기 · 공놀이 · 공기놀이 등이 있다.[3)]

어린이들에게 놀이를 통한 풍부한 경험이 주어짐으로써 사회적으로 상호작용할 기회를 제공한다. 레크리에이션 활동으로서 게임을 할 경우엔 주의집중시간이 짧기 때문에 적절한 훈련규칙 시행, 운동시간 등에 유념해야 한다.

그 밖에 어린이들을 위한 적절한 놀이터 조성 및 안전하고 다양한 시설확보, TV의 지나친 시청시간에 의한 갖가지 폐해문제, 어린이용 레크리에이션 프로그램 개방 등은 장차 깊이 연구되고 고려되어야 할 과제이다.

〈표 4-1〉 생애주기별 여가활동 패턴

구분	스포츠	사 교	문 화
10대	활동적 : 실내 · 외에서 격렬한 형태의 각종 위락활동에 참여함	부모의 보호 아래 비자발적 여가활동이 이루어짐	영화, 록 음악, 문화적 영웅들
20대	특히 각종 옥외활동에서 적극적 참여 : 배낭여행, 카누타기 등	외식, 술집, 나이트클럽 : 매우 중요한 동료집단과의 사회화	대중적 오락 : 결혼 후에 TV가 주요 오락물임
30대	옥외 위락활동들에 참여 빈도가 줄어들고 야영이 배낭여행을 대신함	가정에서 식사, 가족과의 파티, 친척이나 친구를 만나보기 위해 여행함	극장, 예술, 박물관, 각종 서적 : 만일 훌륭한 예술들이 계속 발전되고 있다면 아마 지금이 절정기가 될 것임
40대	보다 저수준의 활동에 참여, 보다 많은 구경 : 차나 밴(Van)야영이나 텐트나 슬리핑백을 대신함	가족지향적, 사회적인 활동이 절정기	여행 : 자녀들이 가정을 떠나 각국의 주요 문화중심지들이나 활동들이 매력을 끌게 될지도 모름
50대	대다수의 사람이 구경에 훨씬 더 큰 비중을 둠. 소수인은 신체적 조절을 다시 새롭게 시도함 : 볼링 등	가족, 손자들, 옛 친구들을 방문함	만일 여행 빈도가 감소한다면, TV가 중심적인 문화
60대	구경과 신체적 성격의 활동에 대한 참여가 감소됨 : 원예	가족지향적 : 자녀들과 손자들, 옛 친구들	은퇴의 시기로 사회활동이 감소함
70대	은퇴와 더불어 어떤 새로운 스포츠 활동들이 시작될 수 있음 : 골프, 수영, 게이트 볼 등	특히 새로운 어떤 이용이 새로운 환경들로 이루어진다면, 퇴직한 새로운 친구들, 카드놀이와 사회적 활동들	독서, 대중적인 문화적 행사들, 각종 서적과 잡지들이 새로운 중요성을 가질지도 모르며, 교회활동들도 마찬가지임

자료 G. Bannel et al., Leisure and Human Behavior, Iowa : Wm. Brown Company Publishers, 1982, pp. 232-233.

2. 청소년기 여가

1) 청소년기의 특성

청소년기는 유년기와 성년기 사이의 10대로서 이 시기에는 사춘기가 시작되면서 생식능력의 발달과 외형상으로 어른스럽게 달라지는 신체적 변화가 일어나고, 인지적 능력의 발달, 도덕적 발달과 함께 자아정체감 형성의 기반조성이 되어 간다. 이때는 성인으로 가는 과도기적 시기이다. 자아정체성이 무엇인지 고뇌하게 되고 정체성에 혼란을 가져와 의기소침, 절망감, 무의미함에 부딪힌다. 그러나 정상인인 경우 정체감의 혼돈은 일시적인 경우로 부모나 친구, 타인들과의 관계에서 공공적인 자아상이 정착되고 정체감이 안정되게 형성됨으로써 이성적인 성격과 사회적인 입장으로 전환하여 성인기로 접어든다.[4)]

청소년기의 여가는 가정적 요인에 많은 영향을 받는다. 부모와의 동거여부, 용돈의 제한이 여가선택에 상당한 제한요인으로 작용한다. 청소년들의 여가에 대한 전환기적 관점은 생활과 여가의 경향에서 나타나는 실질적 변화에 보다 많은 관심을 두고 있는 반면, 부모들은 사회화 과정에 보다 많은 관심을 두고 있다.

우리 사회에서 청소년들에 대한 문제의 걸림돌은 대학입시, 출세지향의 사회적 풍토의 만연과 학부모의 과욕적인 공부경쟁에 있다. 이러한 교육 전반의 문제가 해결된다면 그들의 압박과 스트레스는 상당히 완화될 것이며 보다 긍정적이고 적극적인 자기해결과 사회협동, 호의를 보일 것이다.

자발적인 여가 · 레크리에이션은 자주적인 가치관 형성의 인격체로서 건강한 신체적 발육, 풍부한 감성, 창의적인 자기정체감을 스스로 키워 가게 한다. 학교나 직장에서 하는 체육, 체조 등의 각종 스포츠 활동 이외에 흔히 레포츠라 불리는 야외 레크리에이션 종목으로 스쿼시, 래프팅, 수상스키, 빙상스키, 롤러블레이드, 동굴탐험, 서바이벌 게임, 오리엔티어링, 패러글라이딩, 오지여행, 농촌과 갯벌체험, 녹색캠프 등 다양한 프로그램을 접하는 기회를 제공해 주는 것이 중요하다. 가정과 학교에서의 공부와 숙제만이 전부가 아니라 상상과 창의력을 키워나가는 황금의 시기이다.

2) 청소년기의 여가활동 특성

10대 청소년들이 주로 하는 여가활동을 살펴보면, 성인들과는 달리 게임, 인터넷 서핑 / 채팅, 미니홈피 / 블로그 관리 등 온라인상의 여가활동 참여율이 높은 것으로 나타났다(〈표 4-2〉 참조).[5]

청소년들의 이러한 주된 여가활동은 주로 또래집단인 친구들과 하고 있었지만, 목욕 / 사우나, 등산, 외식 등의 여가활동은 대부분 부모님의 보호 아래 비자발적으로 하게 된다.

청소년의 여가목적은 개인적인 즐거움을 추구하는 바가 크다. 그중에서도 연령별 차이를 볼 때 고등학생의 경우 '스트레스 해소'의 목적을 가지고 여가생활을 하는 비율이 다른 연령대에 비해 높다.

〈표 4-2〉 청소년기 여가활동의 특성 (단위 : %)

여가활동 동반자 (N = 473)		여가활동 참여목적 (N = 473)		참여비율이 가장 높은 여가활동 상위 10가지(N = 473)	
혼자서	44.1	개인의 즐거움	41.9	TV시청	93.0
		건 강	10.4	목욕 / 사우나	81.8
가족 / 친척	21.1	스트레스 해소	18.7	영화보기	80.8
		마음의 안정과 휴식	10.5	게 임	80.3
친 구	34.5	시간 때우기	3.3	소풍 / 야유회	72.1
		자기발전	5.2	독 서	66.6
직장동료	0.0	대인관계 교제	6.6	외 식	64.7
		자아실현	2.1	음악 감상	64.5
동호회 회원	0.3	가족친목	0.2	인터넷 서핑	64.3
		정보습득	1.0	노래방	62.8
전 체	100	전 체	100	참여비율은 중복응답 누적수치임	

자료 문화체육관광부 · 한국문화관광연구원, 2007 레저백서, p. 109.

제2절 성인기와 노년기

현행 민법에 의하면 만 19세가 되면 우리는 성년으로 인정한다. 성년은 다른 연령집단들보다 더욱 자립적이다. 통상 법적으로 성년이라는 표현을 쓰지만 사회활동, 소비활동의 주체가 될 때는 성인이라는 표현을 많이 사용한다. 본서에서도 성인기로 사용하고자 한다.

성인기는 여가욕구와 형태에 급격한 영향을 줄 수 있는 많은 발달단계나 생애주기단계들을 가지고 있다. 따라서 이 시기는 위기 · 분열의 시기가 될 수도 있으나 성장가능성을 가지고 있기도 하다. 성인기의 사람들은 자신의 최대 기회와 능력을 경험하는 인생의 중심이며, 이러한 절정기의 의미에 여가가 크게 기여하고 있다.

많은 사람에 있어 완성과 통합의 시기인 노년기는 재정적 · 사회적 · 개인적인 여가자원의 상실을 내포한다.

1. 성인기

1) 성인 초기의 특성

성인기도 20대, 30대, 30대 중반에서 40대 중반, 40대 중반에서 후반, 50대와 은퇴 전 연령으로 구분하지만, 여기서는 성인기를 성인 초기와 성인 중기로 구분하여 서술하고자 한다.

성인 초기는 주로 20~30대를 말하는데, 이때부터 사회참여, 사회에서의 역할분담, 경쟁을 통한 사회환경에 적응하게 되고, 아울러 권리와 의무가 함께 부과된다. 이 시기의 여가는 적극적인 활동을 추구하며, 자아발견, 성년다운 놀이, 일하지 않는 시간을 즐겁게 보내는 방법, 금전적 소비방법 등을 터득하게 된다.[6]

이 시기의 성인들은 어느 다른 연령집단들보다 더 자립적이고 유동적이며 정치적 힘(political power)을 갖게 된다. 가정, 놀이터, 혹은 학교에 한정되어 있는 아이들에 비하여 실제적으로 다양한 공간을 활동무대로 한다.7)

2) 성인 초기 여가활동

입시부담에서 해방되고 자율권이 주어지는 20대의 경우, 새로운 여가활동에 적극적으로 도전하게 되는 시기이다. 특히 경제적 개념이 정립되지 않은 시기이므로 각종 옥외활동에 참여하는 경향이 높으며 가족으로부터 벗어나 친구들과 함께 다양하고 활발한 여가활동을 즐긴다.8)

20대의 경우 전체 여가활동 유형별로 봤을 때, 취미 · 오락활동에서 가장 높은 참여율을 나타내고 있으며, '개인의 즐거움'이나 '스트레스 해소'를 목적으로 여가활동에 참여하는 비율이 높은 것으로 나타났다(〈표 4-3〉 참조).

〈표 4-3〉 20대 여가활동의 특성 (단위 : %)

여가활동 동반자 (N = 473)		여가활동 참여목적 (N = 473)		참여비율이 가장 높은 여가활동 상위 10가지(N = 473)	
혼자서	36.9	개인의 즐거움	35.1	TV시청	94.5
		건 강	12.2	영화보기	85.9
가족 / 친척	15.8	스트레스 해소	19.7	목욕 / 사우나	83.6
		마음의 안정과 휴식	11.0	외 식	78.2
친 구	43.5	시간 때우기	3.8	낮 잠	77.8
		자기발전	3.8	쇼 핑	76.3
직장동료	2.1	대인관계 교제	11.5	신문 / 잡지보기	75.0
		자아실현	2.6	노래방	68.7
동호회 회원	1.6	가족친목	0.2	음 주	67.4
		정보습득	0.0	인터넷 서핑	66.7
전 체	100	전 체	100	참여비율은 중복응답누적수치임	

자료 문화체육관광부 · 한국문화관광연구원, 2007 레저백서, p. 110.

30대부터는 본격적인 사회활동이 시작되고 경제적으로도 독립적인 시기이기 때문에 적극적으로 여가활동을 즐기면서도 친구나 가족들 이외의 사람들과의 여가활동 비율이 높아지는 시기이다. 여가활동의 행태상으로는 10~20대에서 중년기로 이어지는 과도기적 특성들이 나타난다(〈표 4-4〉 참조).[9)]

〈표 4-4〉 30대 여가활동의 특성 (단위 : %)

여가활동 동반자 (N = 473)		여가활동 참여목적 (N = 473)		참여비율이 가장 높은 여가활동 상위 10가지(N = 473)	
혼자서	31.6	개인의 즐거움	28.0	TV시청	95.9
		건 강	18.1	목욕/사우나	84.3
가족/친척	37.1	스트레스 해소	16.0	낮 잠	82.1
		마음의 안정과 휴식	13.9	외 식	81.9
친 구	24.6	시간 때우기	4.0	신 문	81.1
		자기발전	5.0	영화보기	76.2
직장동료	4.4	대인관계 교제	11.1	가족 및 친지방문	70.6
		자아실현	2.8	쇼 핑	69.6
동호회 회원	2.3	가족친목	0.7	산 책	68.6
		정보습득	0.3	음 주	65.7
전 체	100	전 체	100	참여비율은 중복응답누적수치임	

자료 문화체육관광부 · 한국문화관광연구원, 2007 레저백서, p. 110.

3) 성인 중기의 특성

40~50대 연령에 속하는 사람들로 보편적으로 직업 · 자녀 · 가족을 가진 사람들이다. 통상 이 연령대를 중 · 장년기로 부르고 있다. 우리나라의 경우 이 시기를 건강과 직업에 있어서 위기로 인식하기도 하지만, 일반적으로는 소득이나 시간적 여유가 있으며, 인생의 행복(만족감, 즐거움)을 실천하는 데 여가가 큰 역할을 하고 있음을 인식하게 된다. 일상적인 일의 단조로움, 무료한 생활환경으로부터 도피하여 해방감을 맛보고 싶은 충동을 느끼는 시기로서 여가행태는

관광여행 · 취미생활 · 휴양 등을 내용으로 한 여가활동을 모색한다. 스트레스 · 번민 · 고뇌 · 고통 · 갈등을 해소하고 건강관리를 위한 투자에 관심을 갖기도 한다.

4) 성인 중기의 여가활동

40대는 청년기에서 중년기로 넘어가는 과도기로서 사회적인 활동의 범위가 절정에 이르는 시기로 친구나 직장동료들과의 등산, 음주, 계모임 / 동창회 / 사교모임 등을 즐기고, 가족들과 함께 여가활동을 즐기는 비중이 높다. 특히 외식을 하는 등 경제적인 여가활동이 자유롭게 이루어지는 시기이다(〈표 4-5〉 참조).[10]

〈표 4-5〉 40대 여가활동의 특성 (단위 : %)

<table>
<tr><th colspan="2">여가활동 동반자
(N = 473)</th><th colspan="2">여가활동 참여목적
(N = 473)</th><th colspan="2">참여비율이 가장 높은 여가활동
상위 10가지(N = 473)</th></tr>
<tr><td rowspan="2">혼자서</td><td rowspan="2">30.4</td><td>개인의 즐거움</td><td>23.0</td><td>TV시청</td><td>95.2</td></tr>
<tr><td>건 강</td><td>23.1</td><td>목욕 / 사우나</td><td>86.9</td></tr>
<tr><td rowspan="2">가족 / 친척</td><td rowspan="2">38.4</td><td>스트레스 해소</td><td>14.5</td><td>외 식</td><td>82.6</td></tr>
<tr><td>마음의 안정과 휴식</td><td>14.3</td><td>낮 잠</td><td>78.4</td></tr>
<tr><td rowspan="2">친 구</td><td rowspan="2">25.0</td><td>시간 때우기</td><td>4.1</td><td>신 문</td><td>77.2</td></tr>
<tr><td>자기발전</td><td>6.0</td><td>가족 및 친지방문</td><td>72.2</td></tr>
<tr><td rowspan="2">직장동료</td><td rowspan="2">3.7</td><td>대인관계 교제</td><td>10.5</td><td>산 책</td><td>71.2</td></tr>
<tr><td>자아실현</td><td>3.6</td><td>쇼 핑</td><td>66.6</td></tr>
<tr><td rowspan="2">동호회 회원</td><td rowspan="2">2.6</td><td>가족친목</td><td>0.7</td><td>목욕 / 사우나
(공동 9위)</td><td>64.7</td></tr>
<tr><td>정보습득</td><td>0.2</td><td>등산(공동 9위)</td><td>64.7</td></tr>
<tr><td>전 체</td><td>100</td><td>전 체</td><td>100</td><td colspan="2">참여비율은
중복응답누적수치임</td></tr>
</table>

자료 문화체육관광부 · 한국문화관광연구원, 2007 레저백서, p. 111.

50대는 신체적으로 쇠퇴하고 사회적 활동의 폭도 줄어들기 시작하며 자녀들의 교육비가 급격히 증가하는 시기로 여가활동에 있어서도 소극적인 참여율을 보인다. 50대의 경우 계모임/동창회 등의 모임과 등산 등의 사회참여율이 높다(〈표 4-6〉 참조).

〈표 4-6〉 50대 여가활동의 특성 (단위: %)

여가활동 동반자 (N = 473)		여가활동 참여목적 (N = 473)		참여비율이 가장 높은 여가활동 상위 10가지(N = 473)	
혼자서	34.2	개인의 즐거움	21.3	TV시청	94.9
		건 강	26.6	목욕/사우나	87.1
가족/친척	32.3	스트레스 해소	12.1	외 식	81.1
		마음의 안정과 휴식	14.8	신 문	78.2
친 구	27.1	시간 때우기	5.1	낮 잠	77.1
		자기발전	4.6	가족 및 친지방문	72.8
직장동료	3.9	대인관계 교제	12.3	산 책	72.0
		자아실현	2.3	계모임/사교모임	67.7
동호회 회원	2.5	가족친목	0.4	등 산	67.4
		정보습득	0.3	찜질방	62.0
전 체	100	전 체	100	참여비율은 중복응답누적수치임	

자료 문화체육관광부 · 한국문화관광연구원, 2007 레저백서, p. 112.

2. 노년기 여가

1) 노년기의 특성

노년기인 60대 이후는 직장에서 은퇴하고 가정에서도 뚜렷한 역할 없이 대부분의 시간을 무료하고 지루하게 보내고 있다. 강제적이고 의무적인 일에서 벗어난 노년기에는 이 모든 시간들이 여가시간이 될 수 있으며 그렇기 때문에 여가활동은 더욱 중요하다고 볼 수 있다.[11]

노년기 여가시간의 양과 질은 건강과 이동성이 중요 결정요소가 된다. 건강하고 자유롭게 움직일 수 있는 사람에게 은퇴는 더 많은 자유시간과 다양한 여가를 즐길 수 있는 새로운 기회로 작용하지만, 그렇지 못한 노인들에게 텅 빈 시간을 채우는 것은 쉬운 문제가 아니다. 노년기의 주요 여가활동으로는 독서 · 산책 · 취미생활 · 건강관리 등이 있다.[12)]

노년기에는 환경변화 적응력의 결여, 자기통합능력의 감퇴, 노화가 서서히 진행되고, 이러한 것들은 개인, 정신력, 건강상태에 따라 차이가 있다. 또한 시력 등 감각능력의 쇠퇴와 언어 · 수리 · 기억력 등의 생리적 기능이 저하되면서, 특히 사회적 활동과 일 자체를 적극적으로 수용하려는 흥미를 잃게 되고, 일상적인 생활에서도 원하는 만큼 이루어지지 않아 불만도 높아진다. 신체적 · 생리적 현상들은 적당한 일, 활동, 즐거운 여가, 놀이를 통해 안정과 만족된 생활을 영위할 수 있다.

2) 노년기의 여가활동

60대는 사회적인 은퇴기에 접어들고 신체적으로 쇠락하고 경제력도 감소하기 때문에 적극적인 여가활동은 줄어들지만, 늘어난 여가시간을 활용하기 위해서 TV시청 / 라디오 청취, 목욕 / 사우나, 낮잠 등의 소극적인 여가활동, 그리고 사적이고 익숙한 사람들과의 여가활동이 증가한다.[13)]

〈표 4-7〉 노년기 여가활동의 특성 (단위 : %)

여가활동 동반자 (N = 473)		여가활동 참여목적 (N = 473)		참여비율이 가장 높은 여가활동 상위 10가지(N = 473)	
혼자서	38.4	개인의 즐거움	21.8	TV시청	97.8
		건 강	31.3	목욕 / 사우나	88.1
가족 / 친척	29.4	스트레스 해소	7.1	낮 잠	80.8
		마음의 안정과 휴식	15.3	산 책	76.4
친 구	29.5	시간 때우기	6.3	외 식	68.7
		자기발전	3.8	가족 및 친지방문	66.9
직장동료	0.4	대인관계 교제	12.1	계모임 / 사교모임	64.9
		자아실현	2.1	신 문	57.6
동호회 회원	2.3	가족친목	0.1	찜질방	55.6
		정보습득	0.1	등 산	51.7
전 체	100	전 체	100	참여비율은 중복응답누적수치임	

자료 문화체육관광부 · 한국문화관광연구원, 2007 레저백서, p. 112.

노인의 여가활동은 많이 미흡한 실정이다. 노인일수록 평일 저녁에 TV를 시청하며 여가시간을 보내는 비중이 급증하는 반면 가족과의 대화, 운동 · 헬스는 감소하고, 주말에도 대다수의 노인들은 TV를 시청하거나 종교활동을 하며 시간을 보낸다. 연령대가 올라갈수록 주말에 여행, 스포츠 활동, 쇼핑, 외식 등의 여가활동을 하지 않는 것으로 나타나고 있다.

노인들에게 있어서 여가의 개념은 앞서 언급한 것과 같은 재생산의 수단 또는 심신의 피로회복 등을 목적으로 하는 젊은이들의 여가활동 성격과는 근본적으로 다르다고 할 수 있다. 노인들의 바람직한 여가활동은 취미, 오락 등만을 의미하는 것이 아닌 봉사활동, 교육, 훈련 및 문화적 활동을 포함한 다양하고 전반적인 것이 되어야 한다.[14)]

〈표 4-8〉 노인의 평일 저녁시간 활용 내용 (단위: %)

구 분	노 인
가 사	12.4
회사잔무 처리업무와 관련된 일	0.0
사설학원, 과외, 보충수업 등	0.0
운 동	1.4
동호회 활동	0.0
TV시청	74.7
가족과 대화	1.5
신 문	2.0
휴 식	7.1
컴퓨터게임	0.0
회식이나 술자리	0.3
비디오 보기	0.0
자녀 숙제 및 공부지도	0.0

자료 여성가족부, 가족실태조사, 2005, p. 387.

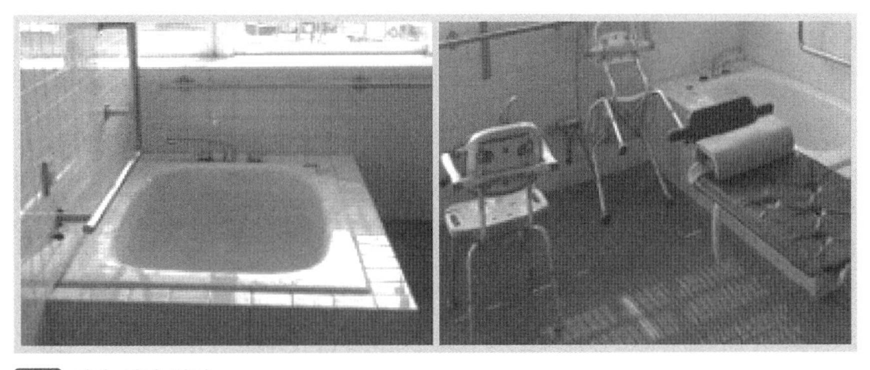

자료 저자 직접 촬영.

[사진 4-1] 거동이 불편한 노인들을 위한 목욕시설(일본)

자료 저자 직접 촬영.

[사진 4-2] 체계적으로 계획된 노인들을 위한 일일 프로그램(일본)

제3절 여가계획 세우기

통계청의 '10세 이상 인구의 하루 생활시간조사(1999)'에 의하면, 우리나라의 10세 이상 전 국민은 하루 평균 8시간 42분 일하고, 7시간 47분 잠을 자며, 세 끼 식사하는 데 1시간 33분, 세수하고 외출 준비하는 데 58분을 각각 사용하고, 5시간을 여가활동에 할애하는 것으로 나타났다. 결국 근무시간, 수면시간과 식사시간 등 필수생활을 위해 19시간이 사용되는 셈이고, 나머지 5시간은 TV시청(2시간 5분), 신문 읽기(7분) 등 대중매체 이용에 2시간 23분, 교제활동에 53분, 취미생활에 52분, 기타 여가활동을 하는 데 52분 등으로 쓰이고 있다. 하지만 취업자가 평일에 출퇴근 등 일과 관련하여 이동하는 데 걸리는 시간은 1시간 12분이며, 학생이 학습활동과 관련하여 이동하는 데 걸리는 시간은 1시간 16분으로 집계되고 있어, 보통 사람들의 평일 여가시간은 얼마 되지 않는다고 보아도 과언이 아니다. 때문에 한정된 여가시간을 창조적으로 활용하기 위해서는 무엇보다도 치밀한 사전계획이 필요하다.

1. 여가계획의 필요성

미국의 여가학자 Michael Chubb은 저서 *One Third of Our Time*에서 "일생의 3분의 1이 여가시간으로 남는다"고 규정하였다. 즉 내 생활의 1/3은 자유인 셈이다. 하지만 자신이 어떻게 활용하느냐에 따라 이 시간은 1/10이 될 수도, 1/2이 될 수도 있다. 여가시간은 개인이 가정에서의 일상생활, 직업적 노동 및 기타 사회적 의무로부터 벗어나 자유로운 상태에서 휴식, 기분전환, 자기계발과 사회적 성취를 이루기 위하여 활동하는 시간을 말한다. 결국 이러한 시간은 일상생활에서 좋든 싫든 항상 가지게 되는 시간이며, 이를 얼마나 자신에게 유효적절하게 사용하느냐가 인생 성패의 관건이 될 것이다. 보통 사람들은 연초가 되면 일 년 단위로 계획세우기에 몰두하곤 한다. 하지만 이들은 각종 시험과 자격증 준비, 승진 등을 위한 계획이 대부분이다. 진정으로 성공한 인생, 행복한 인생을 설계하기 위해서는 다른 계획과 더불어 여가계획 세우기도 게을리 해서는 안 될 것이다.

2. 여가계획 수립과정

어떤 일을 계획한다는 것은 그 일에 대해 충분히 숙지하고 파악한 후에 실행 준비과정을 자신의 방식대로 미리 정리해 보는 것이다([그림 4-1 참조]). 이는 여가를 계획함에 있어서도 마찬가지이다. 우선 가장 기본적으로 여가에 대한 자신의 의식 정도를 판단하고 그에 맞는 여가 스타일을 파악할 필요가 있다. 다이어트를 하게 되는 과정과 이를 비교해 보면 보다 명확한 이해가 가능해진다. 일단 다이어트를 시작하기 전에 자신이 살을 빼고자 하는 욕구가 어느 정도인지를 파악하는 것이 처음 단계이다. 사실 자신의 몸에 대한 생각은 극도로 주관적이기에 일반적인 기준을 적용하기란 불가능하다. 때문에 객관적으로나 수치상으로 날씬한 몸인데도 굳이 살을 빼고자 하는 사람들이 있는 반면, 체중이 아주 많이 나간다 할지라도 굳이 살을 빼려고 하지 않는 사람도 있다. 여가에 대한 생각도 마찬가지이다. 돈을 많이 벌지 못하더라도 여가를 제대로 즐기고자 하는 사람이 있는 반면, 여가다운 여가를 전혀 즐기지 못한다 할지라도 조금이라도 돈을 더 벌고자 하는 사람이 있을 것이다.

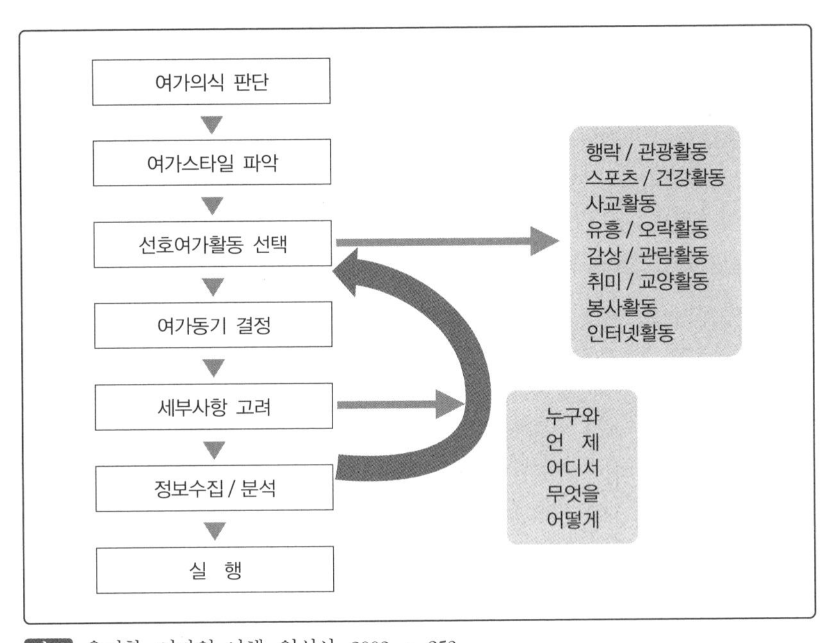

자료 윤지환, 여가의 이해, 일신사, 2002, p. 253.

[그림 4-1] 여가계획 수립과정

이렇게 중요성을 부여하는 정도에 따라 계획의 방향이 달라지게 된다. 그 다음에는 자신에게 맞는 여가스타일을 찾아야 한다. 살을 빼고자 할 때에도 자신의 성격이나 체질에 따른 스타일을 먼저 파악해야 효과적인 결과를 기대할 수 있다. 움직이기 싫어한다거나, 끊임없이 군것질을 한다거나, 혹은 식욕에 대한 자제력이 없는 것과 같은 평소 자신의 스타일을 파악하고 나서야 다이어트에 도움을 줄 만한 적절한 활동을 찾을 수 있기 때문이다. 스타일 파악이 끝난 후에는 다이어트에 필요한 여러 활동(조깅, 에어로빅, 수영, 요가, 검도, 식이요법,

스파 등) 중에서 자신이 선호하는 활동을 모두 골라본다.

마찬가지로 다양한 종류의 여가활동 중에서 자신의 스타일에 맞는 선호활동을 선택할 수 있어야 한다. 여기까지 차근차근 진행되었다면 이미 계획의 절반은 세운 셈이다. 하지만 여기까지 왔다고 하더라도 동기화되지 않는 이상 실행으로 옮기기가 쉽지 않다. 다이어트를 계획할 경우에도 살을 빼려고 하는 동기를 분명히 하고 되뇌어보아야 성공할 확률이 높다. 즉 건강을 위해서일 수도 있고, 날씬하고 탄탄한 몸매를 가지고 싶어서일 수도 있고, 자기만족을 위해서 혹은 애인을 위해서일 수도 있다.

이렇게 계획 중간에 동기를 주지시키는 까닭은 동기파악이 다음 단계인 세부사항 고려 시에 많은 영향을 미치기 때문이다. 건강을 위해서 살을 빼고자 하는 사람이라면 우선 무리하게 식사량을 줄이는 일은 피해야 할 것이고, 탄탄한 몸매를 가지고자 다이어트를 실시하는 사람이라면 운동을 평소에 꾸준히 하는 데 중점을 두어야 할 것이다. 일단 이 정도로 준비가 되면, 자신의 상황에 맞는 세부사항들을 고려하여 정보를 수집 · 분석하기가 용이해진다. 하지만 정보를 분석하는 과정에서 활동의 유형이 자신이 생각하는 바와는 다르다는 사실을 깨닫게 될 수도 있다. 이런 경우 선호활동 선택단계로 돌아가서 선호하는 다른 활동을 찾아 다시 계획세우기에 들어가면 된다.

1) 여가의식 판단

여가를 계획하기에 앞서 자신의 여가의식에 대해 우선 어느 정도 파악하고 있어야 한다. 여기서 여가의식이란 자신이 일상에서 여가에 부여하는 중요성의 정도를 뜻한다. 즉 나에게 있어 여가란 얼마만큼의 위치를 차지하고 있는가를 생각해 보아야 한다는 것이다. 물론 여가는 일상생활이나 근로생활로 인한 육체적 · 정신적 소모를 회복시켜줄 뿐만 아니라 세련된 의식과 태도를 학습시키고 다양한 경험을 쌓게 해준다는 점에서 일상에서 빼놓을 수 없는 중요한 몫을 점하고 있다. 하지만 우리에게는 누구나 나름대로 우선순위를 부여하는 기준과 순서가 있다. 때문에 자신의 가치관과 현재 상황에 비추어보건대 만약 여가생활보다 근로생활이 최우선 순위를 가진다면, 이에 맞추어 여가계획을 세워야 한다. 예를 들어, 여가시간을 최소한으로 줄이고 그 시간에 일을 함으로써 더 많은 소득을 원하는 사람이 있다면, 그는 여가시간에 전적으로 휴식을 취할 수 있도록 여가계획을 짜야 할 것이다.

2) 여가스타일 파악

나에게 여가가 얼마만큼 중요한지를 파악하여 전체적인 방향을 잡은 후에는 이제 자신의 생활양식에 따른 여가스타일을 알아볼 차례이다. 생활양식이라는 용어는 1939년에 처음 나온 것이다. 앨빈 토플러가 탈공업화 사회 속의 다양성이 증가됨에 따라 생활양식의 폭발을 예측하였다. 생활양식이란 쉽게 말해서 우리가 삶을 살아가는 방식이다. 이는 일상의 활동, 주변 사물에 대한 흥미와 사회적 · 개인적 문제에 대한 의견 등 세 가지 차원의 함수관계로 나타난다. 이처럼 생활양식은 철저하게 주관적으로 개인의 모든 행동을 결정하는 요소로서 여가를 계획하는 데 밑바탕이 된다. 왜냐하면 여가를 계획한다는 것은 궁극적으로 자신의 생활양식에 맞는 여가생활을 즐기기 위함이기 때문이다. 박시범은 일반적인 생활양식의 유형을 12가지로 나누어 각각의 유형별로 여가스타일을 설명하고 있는데,[15] 특히 이들 중에서 자기우월 표현형, 사회지향형, 감정지향형, 현실지향형, 모험지향형 등이 여가에 대해 상대적으로 긍정적인 인식과 높은 참여율을 보인다고 분석하였다(〈표 4-9〉 참조).

〈표 4-9〉 생활양식별 여가스타일

유 형	여가 스타일
자기우월표현형	대체로 여가활동 전반에 관하여 많은 관심을 가지고 있으며, 특히 사교활동과 스포츠 활동에 높은 관심을 기울인다.
보수주의형	별다른 취미가 없고 대체로 여가활동에 무관심한 편이다. 굳이 즐긴다면 소풍이나 박물관 관람, 연극관람 정도이다.
욕구불만형	사교활동에 속해 있는 여가활동을 대단히 싫어하며, 전반적인 여가활동에 대해 부정적인 반응을 보이고 있다.
소극형	비사교적이며 취미를 가지고 있지 못한 것으로 나타난다. 대체로 일반적인 여가활동에 대해 거의 무관심한 편이다.
자기만족형	대체로 무관심한 반응을 보이고 있으며 특히 사교활동에는 부정적이다. 여가활동 중에서 골동품 수집이나 낚시, 사냥 등에 관심을 보이고 있다.
가족지향형	비사교적이고 무취미적인 활동에 대해 부정적인 면을 가지고 있으며, 여가활동으로는 스포츠 활동, 예술활동에 다소 약하지만 선호한다.
사회지향형	대체로 전반적인 여가활동에 대한 관심이 많은 것으로 나타났으며, 주로 스포츠 활동, 시청각 여가활동, 야외활동 등을 아주 선호한다.
감정지향형	주로 시청각 여가활동과 야외활동, 비사교적 활동과 예술활동 등에 관심을 강하게 나타내고 있다.
내향형	여가활동에 대한 관심이 중간 정도이며, 사교활동과 비사교적 활동, 예술활동에는 부정적인 반응을 보이고 있다.
진취형	비사교적 활동과 예술활동을 제외하고는 대체로 선호하고, 정도는 비록 약하지만 여가활동에 대해 긍정적인 반응을 보이고 있다.
현실지향형	여가활동에 대하여 대체로 강한 선호경향을 보이고 있다. 단 취미 · 교양활동에 속하는 바둑이나 장기를 제외하고는 긍정적이다.
모험지향형	전반적인 여가활동에 긍정적인 반응을 나타내고 있으며, 특히 사교활동과 예술활동에 강한 반응을 보이고 있다.

자료 박시범, 생활양식과 레저활동 패턴에 관한 연구, 세종대 관광산업연구소, 1989.

3) 선호여가 활동 선택

생활양식에 따른 자신의 여가스타일을 파악했다면, 그를 바탕으로 여가활동에 어떠한 것들이 있는지를 살펴보아야 한다. 사실 여가를 즐기고 싶어도 어떠한 활동이 있는지, 또 그러한 활동이 나에게 적합한지 확신이 서질 않아서 선뜻 나서지 못하는 경우가 많다. 여가활동은 생각하기에 따라 그야말로 무궁무진하지만, 보통 여가시간의 활용목적, 참여유형, 동기 등에 따라 다음과 같이 유형을 나눌 수 있다(〈표 4-10〉 참조).

오늘날 인터넷의 사용이 일반화되면서 사이버 여가활동이 전체 여가시간에서 차지하는 비중이 늘어나고 있다. 특히 젊은 층을 중심으로 한 사이버 여가활동은 생활영역 전반에 걸쳐 있기 때문에 따로 분류할 수가 없다. 인터넷으로 감상 · 관람도 할 수 있고, 유흥 · 오락도 즐길 수 있을 뿐만 아니라 사교활동도 할 수 있는 등 다양한 활동이 가능한 것이 사실이다. 따라서 사이버활동 자체를 하나의 여가유형으로 다루었다. 이렇게 유형별로 나누어보면 자신이 선호하는 활동에 어떠한 것들이 있는지 파악하기가 수월해진다. 또 특정 유형만 고

〈표 4-10〉 여가활동의 유형

유 형	여가활동
행락 · 관광활동	야유회, 산업시설 관람, 유원지, 해수욕, 고향방문, 하이킹, 등산, 캠핑, 피크닉, 드라이브, 국내관광, 해외여행 등
봉사활동	주요 행사 진행 · 보조, 안내업무 참여, 교통정리, 생활상담, 육아원 교육, 병원환자 돌보기, 양로원 봉사활동, 각종 환경보존활동 등
스포츠 · 건강활동	축구, 배구, 야구, 특구, 테니스, 배드민턴, 볼링, 골프, 사이클링, 헬스클럽, 사냥, 사격, 궁도, 승마, 스케이팅, 스키, 윈드서핑, 스킨스쿠버, 수영, 요트, 보트 등
사교활동	클럽 활동, 친목회 활동, 친선체육대회, 댄스, 계모임, 이성교제, 파티, 연회, 축제, 수련회, 음주 · 유흥, 친구 · 친지 방문 등
유흥 · 오락활동	카지노, 경마, 경륜, 트럼프, 마작, 화투, 바둑, 장기, 사우나, 전자오락, 노래방, 디스코, 음주 등
감상 · 관람활동	영화 · 연극 관람, 스포츠 관람, 유적지 답사, 박물관 관람, 전승공예지 방문, 동 · 식물원 방문, 미술 · 음악 · 무용 감상, 비디오 시청, 라디오 청취 등
취미 · 교양활동	사색, 독서, 그림, 합창단 활동, 수집활동, 도예, 서예, 문예활동, 교양강좌, 꽃꽂이, 판소리, 탈춤, 수공예, 요리, 쇼핑, 사진촬영, 정원 가꾸기, 가사돕기 등
사이버활동	인터넷 서핑, 컴퓨터게임, 채팅, 화상전화, 온라인동호회 활동, 홈페이지 제작, 웹디자인, 정보검색, 영화감상 등

자료 윤지환, 여가의 이해, 일신사, 2002, p. 259.

집하기보다는 다양한 유형의 여가활동을 두루 포함시켜 계획을 세우는 것이 현명한 방법일 것이다.

4) 여가 동기 결정

어떤 일을 계획함에 있어 동기란 매우 지대한 영향을 끼친다. 동기는 행동을 유발하는 일종의 심리적 에너지인 셈이기 때문이다. 그래서 동기에 의해 유발된 행동은 뚜렷한 동기가 없는 행동에 비해 더욱 지속적이고 활발하게 나타난다. 마찬가지로 여가계획을 세울 때에도 동기를 한 번쯤 생각해 볼 필요가 있다. 여가동기가 높은 집단은 여가활동도 활발하고, 여가동기가 낮은 집단은 여가활동도 빈약하다는 사실이 입증된 바 있고, 또 같은 여가활동이라 할지라도 동기가 다르다면 계획 역시 상당부분 수정되어야 하기 때문이다. 크렌달(Crandall)은 실증적 연구 결과의 분석을 통해 여가 동기를 다음과 같이 분류하였다(〈표 4-11〉 참조).[16]

〈표 4-11〉 여가동기

구 분	동 기	세부 내용
1	휴 식	· 육체적으로 쉬기 위하여 · 마음을 잠시 동안 느긋하게 하려고
2	시간을 보내기 위해서	· 바쁘게 지내고 싶어서 · 무료함에서 벗어나고 싶어서
3	일상생활의 의무로부터의 탈피	· 나의 일상생활로부터의 변화 · 매일의 생활에서 오는 책임으로부터의 탈피
4	운 동	· 체력단련을 위해서 · 몸매관리를 위해서
5	자연을 즐기기 위해서	· 문명으로부터 잠시 회피하기 위하여
6	사회적 만남	· 다른 사람과 어떠한 일을 같이 하기 위하여 · 다른 사람들로부터 회피하려고
7	가족과의 만남	· 가족 간의 화합을 도모하려고 · 가족들로부터 잠시 회피하려고

구 분	동 기	세부 내용
8	이성과의 만남	· 이성과 같이 있고 싶어서 · 이성교제를 위해서
9	새로운 사람들을 만나기 위하여	· 새롭고 다양한 사람들과 대화하기 위하여 · 새로운 사람들과 우정을 형성하기 위하여
10	인정받기 위해서	· 할 수 있다는 것을 남에게 보이려고 · 남이 나의 능력을 인정하게 하려고
11	사회적 권한을 보이기 위해서	· 다른 사람을 조정하려고 · 권력의 위치에 서기 위하여
12	자극추구	· 환희를 맛보려고 · 스릴을 맛보기 위하여
13	자아실현	· 내가 노력한 결과를 보려고 · 다양한 기술과 재능을 발휘하려고
14	성취 · 도전 · 경쟁	· 내가 할 수 있는 것을 배우고 싶어서 · 나의 기술과 능력을 개발하기 위하여 · 경쟁심 때문에
15	창 조	· 창조력을 키우기 위하여 · 지성수준을 높이기 위하여
16	봉 사	· 남을 돕기 위하여 · 남에게 보이기 위해서
17	지적 심미주의	· 감수성을 위해서 · 나의 개인적 가치를 위하여

자료 윤지환, 여가의 이해, 일신사, 2002, pp. 261-262.

휴식, 시간을 보내기 위해서, 일상생활과 의무로부터의 탈피, 운동, 자연을 즐기기 위해서, 사회적 만남, 가족과의 만남, 이성과의 만남, 새로운 사람들을 만나려고, 인정받기 위해서, 사회적 권한을 보이기 위해서, 자극추구, 자아실현, 도전 · 성취 · 경쟁, 창조, 봉사, 지적 심미주의 등 17가지이다. 여기서 유의할 점은 여가를 즐기려는 동기는 한 가지가 아니라 여러 가지가 중복되어 작용한다는 것이다. 따라서 세부사항을 고려할 때 주요 동기에 맞추어 계획을 세워야 한다.

5) 세부사항 고려

자신의 여가스타일에 대한 전반적인 파악을 하고 동기까지 생각해 보았다면, 이제 본격적인 계획 세우기에 들어간다. 여가를 보다 효율적으로 활용하기 위해서는 몇 가지 세부적인 계획을 차례대로 세울 필요가 있다(〈표 4-12〉 참조). 세부적으로 꼼꼼한 사항까지 기입해 놓을수록 이를 종합하여 최종계획을 완료하기가 보다 수월해질 것이다. 그러므로 기본적으로 육하원칙에 따른 사항들을 우선 고려해 보아야 한다.

〈표 4-12〉 여가계획 시 고려사항

고려사항	세부사항
누구와	혼자 · 친구 · 연인 · 부부 · 자녀동반 가족
언　제	평소 · 공휴일 · 주말 · 장기휴가
어디서	해외 · 시외 · 클럽 · 휴양시설 · 경기장 · 유원지 · 집
무엇을	여가활동 유형 참조
어떻게	예산, 이동방법, 교통수단, 숙박시설

자료 윤지환, 여가의 이해, 일신사, 2002, p. 263.

우선 여가를 누구와 즐길 것인지를 정해야 한다. 여가활동에 참여할 때 함께하는 동반자를 살펴본 결과, 2012년 만 15세 이상 우리나라 국민들의 여가활동의 동반자 조사를 보면 '혼자서' 여가를 즐기는 사람이 49.4%인 것으로 나타났으며, '친구와 함께'라고 응답한 비율이 28.3%인 것으로 나타났다. 10대와 20대의 경우 다른 연령대들에 비해 '친구와 함께'한다는 비율이 58.2%로 나타났으며, 50대의 경우 '배우자와 함께'한다는 비율이 다른 연령대에 비해 높은 15.9%이고, '혼자서' 여가활동을 하는 비율이 가장 높은 연령대는 70대인 것으로 나타났다(〈표 4-13〉 참조).[17]

〈표 4-13〉 여가활동 동반자 (단위 : %)

구분	사례수	혼자서	부모	배우자	자녀	형제자매	친구	직장동료	동호회	기타
전체	5003	49.4	1.9	10.8	5.0	1.0	28.3	2.1	1.2	0.3
10대	532	52.3	6.0	-	-	3.2	38.2	-	0.2	-
20대	622	48.3	3.6	1.2	0.9	1.7	42.4	1.4	0.4	-
30대	1031	45.2	1.2	14.9	10.1	0.4	24.3	2.7	0.9	0.2
40대	1027	47.0	1.0	15.3	7.2	0.6	22.9	3.7	1.7	0.5
50대	876	48.6	1.0	15.9	3.9	0.5	25.3	2.6	1.8	0.3
60대	467	53.6	10.	10.5	3.0	0.5	27.7	0.8	1.4	1.4
70대 이상	448	60.8	1.3	6.6	2.5	0.8	25.4	0.1	1.0	1.6

자료 문화체육관광부, 2012 국민여가활동조사.

누구와 여가를 보낼 것인가를 가장 먼저 결정해야 하는 이유는 인원 수에 따라 여가활동 유형과 예산을 결정해야 하기 때문이다. 친구나 연인과 함께 즐기기 위해서는 상대방이 선호하는 여가활동을 참작해야 하고, 가족과 보내기 위해서는 주로 자녀들 위주의 활동을 찾아야 한다. 그래서 만약 여가를 혼자 보낼 생각이라면 계획을 세우기가 아주 간편해진다. 왜냐하면 자신이 하고 싶은 활동을 예산이 허용하는 범위 안에서 그야말로 마음껏 즐길 수 있기 때문이다. 이때 좀 더 현명하게 즐기기 위해서라면 자신이 좋아하는 여가활동을 유형별로 나누어 놓고 적절히 조합해 볼 수 있다.

다음으로 여가를 즐길 수 있는 시간이 문제가 되는데, 사실 여가시간은 만들기 나름이다. 문화체육관광부의 '2014 국민여가활동조사' 보고서에 따르면, 2014년 만 15세 이상 우리나라 국민들의 하루 평균 여가시간은 평일 3.6시간 휴일 5.8시간으로 2012년보다 각각 0.3시간, 0.7시간씩 증가하였다.

점심식사 후 남는 30분 동안 또는 사흘간의 연휴기간을 어떻게 여가시간으로 활용할 것인지는 자신이 계획하기에 달려 있는 셈이다. 계획을 세우는 목적이 시간을 좀 더 효율적으로 활용하고자 하는 데 있으므로 여가활동에 따라

일주일, 한 달 또는 일 년 단위로 나누어 계획하는 것이 도움일 될 것이다. 이를테면 당일이나 이틀 정도 여행을 떠난다면 적어도 월초에, 일주일 이상 여행을 떠난다면 몇 달 전에 계획을 세우는 것이 좋다.

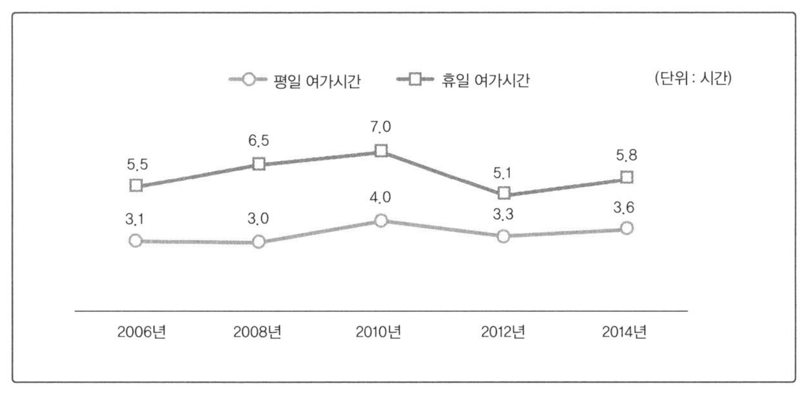

자료 문화체육관광부, 2014 국민여가활동조사, 2014.

[그림 4-2] 우리나라 국민의 평균 여가시간

우리나라의 공식적인 공휴일은 〈표 4-14〉과 같이 주휴일과 공휴일을 포함해서 69~119일이고, 여기에 각 기업마다 차이가 나긴 하지만 월차휴가와 연차휴가를 더하면 평균 91~144일이 된다. 이를 주요 선진국들의 휴가일수와 비교해보면 프랑스 145일, 미국 121~162일, 독일 137~140일 등으로 휴일 일수가 적은 것은 아니다.

〈표 4-14〉 각국의 휴가 및 휴가일수 비교

구 분	한국 (주44시간제)	한국 (주40시간제)	일본	영국	독일	프랑스	대만	미국
주휴일	52	104	104	104	104	104	78	104
공휴일	17	15	15	8	9~12	11	22	10
월차휴가	12	-	-	-	-	-	-	-
연차휴가	10~20+	15~25	10~20	24	24	30	7~30	1~7주(단협)
계	91~101+	134~144	129~139	136	137~140	145	107~130	121~163

자료 문화체육관광부 · 한국문화관광연구원, 2008 여가백서, p. 28.

그러나 국가별 여가시간의 국제비교를 위하여 각 국가의 생활시간 조사를 살펴보면, 우리나라의 2004년도의 하루 평균 여가시간은 2000년 네덜란드, 노르웨이와 2002~2003년의 스페인의 여가시간보다도 낮은 수준으로 나타나 전반적인 여가시간이 적음을 알 수 있다(〈표 4-15〉 참조).

〈표 4-15〉 각국의 여가시간 비교(하루 평균)

국 가	기준 연도		여가시간 (항목조정)	여가시간 (국가별 기준)
한 국	생활시간조사	2004	5시간 32분	5시간 32분
	국민여가활동조사	2008	4시간 49분	4시간 49분
뉴질랜드	1999		4시간 38분	4시간 38분
스페인	2002~2003		6시간	4시간 40분
이탈리아	2002~2003		5시간 59분	4시간 23분
캐나다	2005		5시간 52분	3시간 48분
미 국	2006		5시간 46분	5시간 46분
영 국	2005		6시간 35분	5시간 8분
네덜란드	2000		6시간 24분	6시간 249분
노르웨이	2000		6시간 14분	6시간 14분

자료 문화체육관광부 · 한국문화관광연구원, 2008 여가백서, p. 24.

반면, 대학생들의 경우 짧게는 공강시간부터 약 3개월에 달하는 여름방학까지 다른 사람들과 비교하여 상당히 많은 여가시간을 가지고 있다. 여가시간이 많기 때문에 여가시간의 중요성과 소중함을 인식하지 못하고 자칫 잘못하면 무의미하게 지나갈 수 있으므로 항상 계획하는 습관을 가져야 할 것이다.

6) 정보 수집 / 분석

집안에서 하는 TV시청, 음악 감상, 독서와 같은 실재 취미활동을 제외한 기타 여가를 즐기기 위해서는 비용이 들기 마련이다. 때문에 무엇보다도 예산계획을 잘 세워야 기분 좋게 여가를 즐길 수 있고 만족도도 높아진다. 우선 자신이 조달할 수 있는 예산범위를 파악하고 그 범위 내에서 할 수 있는 여가활동에 관한 정보는 수집 · 분석하여 상대적으로 저렴한 비용으로 같은 여가를 즐길 수 있다면 그 효과는 배가될 것이다. 특히 테마파크나 패밀리레스토랑 등은 평일과 주말, 오후시간과 저녁시간에 따라 가격 차이가 나기 때문에 시간을 잘 맞춘다면 예상 외로 저렴한 가격에 즐길 수도 있다. 또 각종 카드로 누릴 수 있는 혜택이나 포인트 적립제도, 쿠폰 등을 적극 활용하면 영화나 연극 입장권, 축제 입장권 등을 싸게 구입하는 것은 물론이고, 상시 할인혜택을 받을 수 있는 특권을 가질 수 있게 된다.

상당한 비용 지출이 예상되는 해외여행을 계획할 때에는 비수기에 떠나면 항공비와 호텔 숙박비 등에서 많은 절약을 할 수 있고, 시중에 나와 있는 패키지 여행상품을 잘 살펴보고 이용한다면 더더욱 예산절감에 효과적일 것이다. 새로운 것을 배우고자 할 때에도 문화센터, 교양강좌, 무료강의 등을 이용하면 저렴한 가격에 즐길 수 있을뿐더러 자신에게 맞는 여가활동인지도 판단할 수 있는 기회로 이용할 수 있다. 그러므로 여가와 관련된 정보를 수집 · 분석하고 공유함으로써 여가비용의 절감은 물론 여가생활의 질을 한 차원 높일 수 있을 것이다.

제5장 | 여가와 가족

제1절 여가활동과 가족

1. 여가활동과 가족관계

가족은 사회생활의 기본단위인 동시에 가족구성원의 정서적 결속의 중심고리이다. 가족 간의 여가활동은 단란하고 서로 사랑하는 분위기를 조성함으로써 건전한 가정을 형성하는 데 그 목적이 있다.

우선 개인생활시간을 노동시간, 생활필수시간, 자유시간의 세 가지로 구분할 때, 가족은 개인의 자유시간 행동내용을 가장 강력하게 구속하는 집단이라 할 수 있다. 일반적으로 노동시간은 기업 등에 의해서 구속되고, 생활필수시간은 생리적 필요에 의해서 구속되기 때문에 이 시간들은 개인의 생활시간에 있어서 구속적 시간이 된다. 그리고 그 밖의 시간은 비구속적 시간으로 볼 수 있다. 이처럼 가족을 여가와 관련해서 생각하면 가족여가를 개인생활에서 구속적 의미와 비구속적 의미로 해석해 볼 수 있다.

다음은 가족여가에 대한 두 가지 접근방법이다.[1)]

1) 여가시간의 청구자

가정생활 속 가족들과 생활하다 보면 가족관계에서 지켜야 할 의무감이 존재하게 된다. 가정은 우리에게 마냥 자유를 제공하기보다는 가족 간에도 지켜야 할 예의와 임무를 요구한다. 가족을 구성하는 것도 작은 사회이기 때문에

서로의 의무와 역할이 있고, 그러한 것들을 실천하기 위해서는 자신의 자유를 일부 반납해야 하는 경우가 생활 속에서 빈번하게 발생한다. 예를 들어 성인남자의 경우 가족을 위해 주말에 집안목공일은 한다든지, 자녀의 학업을 돌보는 일, 가사일에 동참하는 등의 업무를 하게 될 때 가족은 자신의 여가시간을 구속하는 집단이 될 수 있다.

2) 여가기회 제공자

가족이 여가행동의 수단 및 장소, 그리고 기회의 제공자가 될 수 있음을 뜻한다. 가족이 있기 때문에 가족 여가계획을 세우고 여가활동을 공유하게 된다. 또한 가족구성원들의 결혼 및 생일, 제례 행사 등은 가족 간의 축제인 것이다. 가족이 없다면 이러한 여가활동은 존재할 필요가 없을 것이다. 경쟁이 치열한 현대인에게 가족의 여가시간은 즐겁고 행복한 여가기회를 제공해 주는 안식처의 역할을 하게 된다.

가족 여가활동에 관한 연구는 여가에 관한 가족의 복합적 성격을 이해해야 한다. 단란한 가족이란 의미는, 듀마즈디에가 얘기한 여가기능으로서의 휴식 및 기분전환, 그리고 남편과 아내의 관계까지도 포함될 수 있다. 앞서 언급한 정기적인 가족행사로서 결혼기념일 및 가족구성원의 생일 등은 의식적이기보다도 가족 내의 집단적 여가활동으로서 제도화되어 있다고 볼 수 있다. 이제 여가는 가족에게 있어 일상적인 의례(family ritual)가 되어가고 있다. 그 밖에 가족여행, 가족 전원의 쇼핑 및 외식 등도 가족구성원에게 여가기회를 제공한다고 하겠다.

이처럼 가족을 여가시간의 청구자인 동시에 여가기회 제공자로 생각할 때, 지금까지 살펴본 가족 자체의 여가활동과 가족구성원 개개인의 여가활동과의 관계가 문제로 대두되게 된다. 본래 무엇에도 구속받지 않고 자유로운 선택을 기초로 한 개인의 여가활동이 가족의 일원이 되었을 때 어떠한 영향을 미칠 것인가가 문제가 된다. 왜냐하면 가족은 절대적인 집단이 아니고 변화하는 집단이기 때문에 더욱 그렇다.

이처럼 가족의 여가활동도 가정 내·외적인 환경의 제약 때문에 여가가 갖고 있는 본래의 기능이 가족에게 긍정적·부정적으로 작용할 수 있다.

그러므로 가족이 함께 즐길 수 있는 다양한 여가활동이 개발되어야 하고, 이를 위하여 다음의 문제들이 해소되어야 한다.

첫째, 가족들이 함께 여가활동을 즐길 수 있는 분위기 조성, 특히 부모와 자녀 간의 거리감 해소가 필요하다.

둘째, 명절·제사 등의 전통적 행사 시 가족이 함께 어울려 즐길 수 있는 재미있는 가족공동의 여가활동이 개발되어야 한다.

셋째, 가족중심의 여가활동이 정기적으로 이루어져야 한다. 이를테면 여름이나 겨울의 휴가, 생일, 각종 기념일 등에 이루어질 수 있는 여가활동이다.

넷째, 가족행사에 머무르지 말고 친구·친지·이웃 등과도 친목을 도모할 기회를 마련한다.

다섯째, 가족구성원 개개인마다의 적성, 능력개발을 할 수 있는 취미활동의 개발 및 고양에 가족 모두가 적극적으로 지원해 준다.

2. 가족 여가활동의 유형

가족은 여가시간을 통하여 부부와 자녀, 모든 구성원 간에 커뮤니케이션으로 친밀한 유대감과 결속력을 다지고 가정의 전통과 생활방식, 행동양식을 하나로 단합, 유지, 강화해 간다. 그러나 여가시간에 남성끼리 또는 여성끼리 보냈다든지 혹은 가족구성원이 하나하나 따로 여가를 보내게 된다면 여가를 통해 가족의 결속력을 떨어뜨릴 수도 있다. 가족에 있어서 유형은 다음과 같이 5가지로 나누어볼 수 있다.[2)]

1) 가족 갈등적인 여가

가족구성원의 지나친 개인적 여가활동이 가족구성원과의 관계에 갈등을 가져오게 된다. 예를 들어 가장이 개인적인 여가에 너무 열중하여 가정을 돌보지 않는다면 가족 전체의 여가에는 방해를 주게 된다.

2) 가정 서비스적인 여가

가족을 위하여 개인적인 활동을 줄이고 가족의 여가를 위하여 자신의 흥미와 상관없이 가족과 여가를 보내는 경우이다. 부모가 자녀들을 데리고 동물원, 체육대회 등에 갔을 때 아이들이 충실하게 즐기며 놀 수 있도록 도와주고 봉사하는 경우이다.

3) 가족 협조적인 여가

가족구성원이 모두 같은 TV프로를 보고 싶어하는 경우 채널에 대한 다툼을 하지 않고 타 구성원의 여가욕구를 만족시키기 위하여 자기욕구를 억제하는 경우이다. 이때 가족구성원의 여가욕구가 일치하지 않으나 어느 한쪽이 일방적으로 자기 개인의 욕구를 억제하여 가족구성원의 관계를 원만히 하면서 가족구성원 전체의 만족을 추구하는 경우를 말한다.

4) 가족 공헌적인 여가

집안 내의 사사로운 물건의 고장수리, 집안의 청소, 일요목공이나 취미활동을 가족이 같이하고, 또한 TV보기, 게임하기, 여행, 쇼핑, 외식 또한 서로간의 건전하고 발전적인 활동이나 대화 등을 하는 여가이다.

5) 가족 일치적인 여가

부부 간이나 자녀 간에 서로 같은 취미나 여가욕구가 하나로 일치되어 조화로워지는 경우이다. 가족구성원 간에 같은 장르의 영화를 좋아하여 영화감상을 같이 한다든지 혹은 여행을 좋아하는 취미가 있어 서로 의논하여 같은 지역을 여행한다든지 가족구성원의 여가욕구가 일치하여 함께 여가를 즐기는 경우를 말한다.

가족여가 제 유형 분류에 있어서 松原治郎는 가족여가 유형으로 가족협조적 여가, 가정서비스적 여가, 가족공헌적 여가, 가족갈등적 여가로 구분하고, 행동 패턴을 집합적 · 개인적으로, 여가욕구충족 패턴을 집합적 · 개인적으로, 가족기능 공헌유무에서 유 · 무로, 그리고 제 유형에 대한 구체적인 예를 〈표 5-1〉과 같이 제시하고 있다.

〈표 5-1〉 가족여가 제 유형

패턴	여가유형	행동패턴	여가욕구 충족 패턴	가족기능 공헌유무	예
I	가족협조적 여가	집합적	집합적	유	가족여행, 가족외식, TV 채널 양보
II	가정서비스적 여가	집합적	개 인	유	동물원, 유원지 등 자녀와 함께 견학
III	가족공헌적 여가	개 인	개 인	유	일요목공, 분재가꾸기
IV	가족갈등적 여가	개 인	개 인	무 (집단으로서 가족에게 긴장 및 갈등 야기)	골프, 낚시

자료 松原治郎, 餘暇社會學, 垣内出版, 1986, p. 155.

제2절 가족유대 원천으로서의 여가

1. 여가와 가정 안정

홀만과 에퍼슨(Holman & Epperson)은 부부가 여가시간을 공유할 때 그렇지 못한 부부보다 결혼생활에 보다 많은 만족을 느낀다고 말한다.[3] 팔리시(Palisi)와 같은 연구자는 오스트레일리아, 영국 그리고 미국 부부들의 결혼생활에 관해 전국적으로 조사한 결과 부부가 여가활동에 공동으로 참가함으로써 부부행복 및 부부복지에 유의한 관계를 가지는 것으로 나타났다. 가족들에게 가족 여가활동이 미치게 될 또 다른 영향으로는 시간공유는 하되 상호작용의 실질적인 부분이 결여된 경우이다.

예를 들어 TV시청과 영화감상이 그 경우이다. 오스너(Orthner)는 평행된 이런 활동들은 부부 사이를 긍정도 부정도 아닌 중간 정도의 영향을 미친다는 결과를 제시하고 있다. TV시청 정도가 높은 가정일수록 가족 간의 긴장 정도가 높게 나타났지만, 가족 간의 갈등량은 적은 것으로 나타났다.

가족 레크리에이션 촉진을 위한 속담 가운데 "가족이 같이 놀면 같이 머물게 된다"라는 말이 있다. 이 속담은 여가경험이 가족만족은 물론 상호작용을 보다 촉진시켜 가정안정에 도움을 주게 됨을 뜻한다. 이런 의미에서 가정안정은 인간관계(relationship)를 통한 행복감보다 장기간 지속되고 보다 강하고 유익한 것으로 해석된다.

여기서 가정안정이란, 부부별거 혹은 이혼할 확률이 감소하거나 아니면 관계의 지속성을 의미한다. 사회학자들은 결혼을 통한 관계만족과 가족안정을 서로 독립적인 것으로 이해해 왔다. 힐(Hill)은 공유된 시간과 부부안정성 간의 관계에 관한 연구에서 부부의 레크리에이션 활동에의 참가는 부부안정성에 가장 강한 영향을 미치는 것으로 나타났다. 결과적으로 여가시간의 공유를 통해 부부 간의 만족도 증진은 물론 가정안정에도 크게 기여함을 알 수 있다.

2. 가족 여가활동

가정은 개인이나 가족에 대한 여가활동의 기본적인 원천이 되고 있으며, 아이들은 그들의 유일한 놀이터로서 줄곧 가정을 이용하여 왔다.

정원, TV시청, 신문, 잡지, 악기 등을 이용할 수 있으며, 생일잔치, 명절, 경축일 등을 이용하여 온 가족이 모여 레크리에이션을 즐길 수 있는 장소이다.

오늘날 가정에서 여가를 보내는 경우가 과거에 비해 증가한 것은 생활수준의 향상으로 인해 가정의 규모 및 가정 내의 각종 오락시설(TV, 비디오, 컴퓨터 등)의 증가로 인해 가정 내에서 레크리에이션을 즐길 수 있는 기회가 많아졌기 때문이다. 그리고 이러한 가족여가현상의 보편화는 가족구성원의 잠재능력을 개발하는 기회로 작용할 뿐만 아니라 가족의 유대를 강화시킨다. 왜냐하면 가족 여가활동은 가정에서 일어나는 사소한 일들을 알 수 있게 해주며 다른 가족 구성원에 대한 배려를 할 수 있게 해주기 때문이다.

가족 여가활동에 가장 큰 영향을 미치는 것은 자가용과 TV이다.[4]

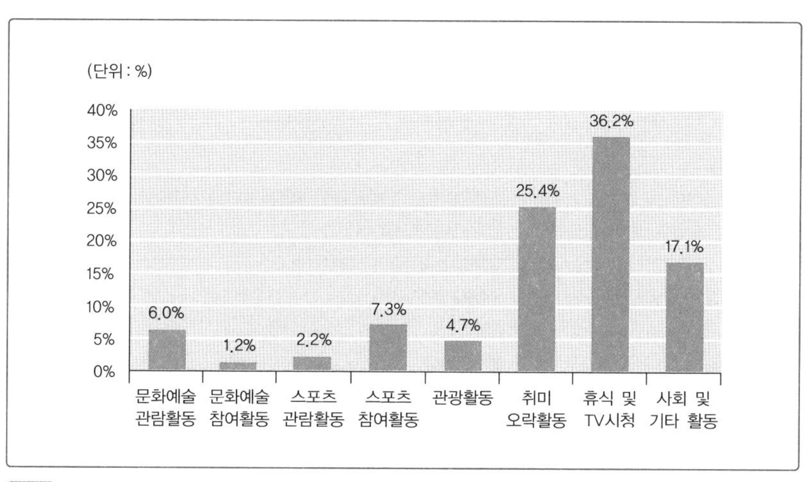

자료 문화체육관광부, 2010년 국민여가활동조사.

[그림 5-1] 여가활동 유형별 참여비율

자가용이 옥외여가활동을 유도하는 반면, TV는 여가시간을 집안에서 보낼 수 있게 하므로 이들의 영향은 서로 상반된다고 지적하고 있다. 그러나 양자 모두 가족구성원을 한곳에 있게 하고 가족의 일체감을 강화시키는 데 도움을 준다.[5] 가족여가는 사회로부터의 긴장, 스트레스, 조직 내의 갈등을 해소시키는 회복적 기능이 높다. 이는 가족여가를 통하여 상호우호적인 관계를 유지하며 또한 대화를 통하여 이를 해소시킬 수 있기 때문일 것이다.

따라서 가족의 건전한 여가는 건전한 사고를 불러와 사회적으로 건전한 생산성을 제고시킬 수 있다. 그러므로 가족여가를 즐길 수 있는 사회적 여가시설이나 여가공간의 확충이 매우 필요하다고 할 수 있다.

3. 가족 중심 여가활동 증가

주 40시간 근무제 시행에 따른 긍정적인 변화로 '가족과 함께하는 시간의 증가'를 가장 많이 꼽았다. 이러한 응답은 주 40시간 근무제 적용을 가장 많이 받는 연령인 30~50대에서 높게 나타났다. 주 40시간 근무제 도입에 따라 '가족 중심형 여가활동'이 증가하는 것이다.[6)]

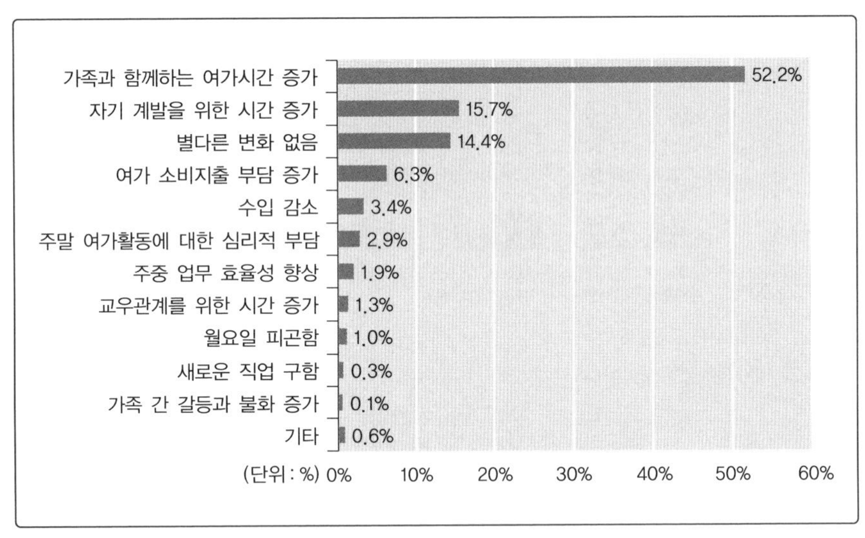

자료 문화체육관광부, 2010년 국민여가활동조사.

[그림 5-2] 주 40시간 근무제로 인한 긍정적인 변화

주 40시간 근무제 실시 이후 증가하는 대표적인 가족형 여가활동인 외식의 경우 친구들과의 여가활동 비율이 높은 20대를 제외한 나머지 연령층인 30~50

대, 그리고 그들의 자녀 연령층인 10대에서 모두 '가족들과 함께' 외식을 한다는 반응이 높게 나타나고 있다.

〈표 5-2〉 연령대별 외식 여가활동 동반자 (단위 : %)

동반형태	10대	20대	30대	40대	50대	60대
혼자서	3.6	0.0	0.6	1.4	1.3	1.2
가 족	85.7	45.9	82.6	93.8	88.6	73.5
친 구	10.7	50.0	14.2	3.4	8.9	22.9
직장동료	0.0	4.1	2.6	1.4	1.3	2.4
동호회 회원	0.0	0.0	0.0	0.0	0.0	0.0

자료 문화체육관광부 · 한국문화관광연구원, 2007 레저백서, p. 131.

가족이 여가활동의 단위로 재정립되어야 할 시급한 과제와 개선책은 다음과 같이 제시할 수 있다. 전통적으로 우리나라의 가족관계는 유교의 '효' 윤리에 많은 영향을 받았다. 부모와 자녀의 관계가 수직적 관계로 이해되었으며 도덕적, 윤리적 측면이 강조되었다. 그 결과 부모와 자녀의 대화가 부족하거나 대화의 내용도 자녀의 교육성과에 국한되는 경우들이 많았다. 이러한 상황은 부모와 자녀 사이의 이해 부족을 낳고 세대 간 차이에 따른 갈등을 야기했다. 가족이 함께하는 여가활동이 증가하면 부모와 자녀의 공감대 폭이 넓어지며 자연스럽게 대화할 수 있는 기회가 늘어난다. 부모와 자녀의 의사소통 향상은 가족 내 세대 간 차이 극복과 함께 사회적으로도 세대 간 통합에 기여할 수 있다. 또한 부모가 자녀들에게 여가활동의 역할모델을 수행함으로써 자녀들의 여가활동 습득과 함께 건전한 가치관 형성에도 기여할 수 있다. 이와 같이 가족 중심형 여가활동의 증가는 사회화 기제로서 여가활동이 가지는 의미가 커지며 다른 가족들과의 원만한 관계를 유지하는 사회적 재생산에 여가활동이 기여하는 바가 확대되는 것을 의미한다.

가족 중심형 여가활동 증가에 따른 또 다른 과제로는 가족형 여가활동의 기회를 갖기 어려운 청소년의 경우에서 발생한다. 부모가 주 40시간 근무제의 혜택을 보지 못하기 때문에 여가시간의 제약이 크거나 부모가 이혼이나 별거 등으로 인해 자녀들과 여가활동을 갖기 힘든 경우에 처한 청소년들에 대한 정책적 배려가 필요하다. 사회적으로 가족형 여가활동이 증가할수록 이러한 환경에서는 청소년들이 여가활동에서 느끼는 상대적 박탈감이나 소외감이 커질 가능성이 크다.

최근 중요하게 부각되는 일과 생활의 균형(Work-Life Balance) 문제에서도 직업생활과 가족생활의 병행이 핵심을 차지한다. 가족 중심형 여가활동이 사회적으로 긍정적 기능을 수행한다는 점에 대한 사회적인 공감대를 확산시키고 이를 확대하기 위한 정책 개발에 보다 적극적으로 나서야 한다. 위에서 거론된 일과 생활의 균형(WLB)은 근로자가 일과 생활을 모두 잘 해내고 있다고 느끼는 상태를 의미하며, 일과 생활 간의 균형을 맞추기 위하여 설계된 제도를 'WLB program'이라고 하며 '가족친화적 제도'로 부르기도 한다.

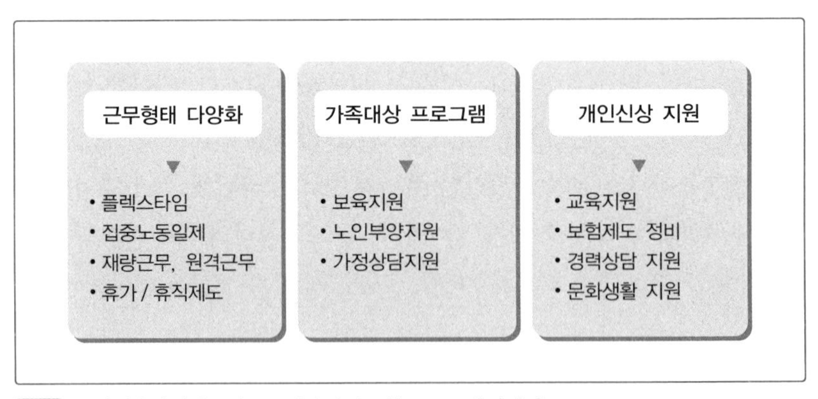

자료 문화체육관광부 · 한국문화관광연구원, 2007 레저백서, p. 132.

[그림 5-3] 일과 생활의 균형(WLB) 프로그램

제3절 가족여가의 공유 및 활동 종류

2004년 7월 근로자 1,000명 이상 사업장에서 주 5일 근무제가 본격적으로 시행되면서 우리의 주말 생활풍속도가 많이 달라지고 있다. 사회적으로 가족구성원 간 이해와 소통을 원활히 할 수 있는 매개로 가족 여가활동이 모색되고 있다. 다양한 가족의 등장 및 핵가족화 등으로 인한 가족의 유대관계 약화 등 가족관계의 변화를 경험하는 상황에서 가족여가는 새로운 부부 관계, 부모-자녀 관계, 성인자녀와 노부모 관계에서 상호이해를 높이고 친밀감을 증가시켜 가족결속의 근원이 된다. 또한 부부가 맞벌이인지 홑벌이인지에 따라 가족여가의 모습이 달라진다.

이러한 배경에서 우리 사회는 여가활동의 재편성, 가족중심의 여가문화 조성에 많은 관심을 두고 있다. 그러나 여가에 대한 중요성, 사회적 관심은 매우 큰 데 비해, 과연 우리 사회의 가족 여가문화는 어떤 유형으로, 얼마나 함께 누리고 있으며, 가족 내 여가문화는 어떻게 향유되고 있는지 면밀히 고찰해 볼 필요가 있다.

1. 가족 여가의 공유

2010 가족실태보고서에 따르면 가족 여가의 분석대상 가운데 휴일저녁 가족과 함께 보낸 하루 평균 여가시간은 평균 3시간으로 나타났다.

가족과 함께하는 시간은 적지 않지만 그 시간을 얼마나 적극적이고 능동적으로 사용하는지를 살펴봄으로써 가족시간의 질적 평가를 내릴 수 있을 것이다.[7)]

〈표 5-3〉 휴일저녁 가족과 함께 보내는 시간 (단위 : 분, %)

구분	1시간 미만	1~3시간 미만	3~5시간 미만	5시간 이상
전체	11.0	40.9	27.2	20.9
평균(분)	182.8			

자료 여성가족부, 가족실태조사보고서, 2010.

주말 가족 여가활동으로 TV시청을 많이 선택하고, 산책과 외식활동이 두드러졌다. 주말에는 스포츠 활동에 참여하는 비율도 유의할 만한 변화이다. 그렇지만 전반적으로 평일이나 주말에 큰 변화 없이 대부분 TV시청으로 수동적인 여가시간, 가족시간을 가지는 형태 일변도로 나타나고 있다. 2003년 "전국가족조사"에서도 TV시청이 가장 높은 비율로 나타나 여가에 대한 관심과 수요는 증가하였음에도 불구하고 여가의 사용방안, 여가관련 기본시설, 환경제공 등은 여전히 미흡하다(여성부, 2003). 이는 우리의 가족여가의 콘텐츠가 그만큼 빈약하다는 것을 의미한다. 가족시간을 갖는 것이 중요한 만큼 확보된 가족시간을 적절히 사용할 수 있도록 프로그램 개발과 능동적인 여가시간의 사용노력이 절실하다.

〈표 5-4〉 주말 가족 여가활동 (단위 : %)

구분	1순위	1+2순위
문화예술관람	3.4	7.0
여행가기	5.6	8.8
(놀이)공원 가기	4.7	8.3
주말농장	1.5	3.4
등산	8.7	14.9
산책	10.6	25.2
스포츠활동	1.7	4.6
스포츠경기관람	0.4	1.4
자원봉사활동	0.1	0.8
종교생활	5.9	9.2

구분	1순위	1+2순위
쇼핑	4.2	10.7
게임	1.2	3.6
TV시청	42.0	56.2
비디오 보기	1.2	3.2
외식하기	5.4	19.4
목욕/사우나/찜질방	2.2	9.9
노래방	0.0	0.3
기타	1.1	13.1

주 '1+2순위'는 가장 많이 참여한 여가활동을 순서대로 응답한 비율을 합한 것임.
자료 여성가족부, 가족실태조사보고서, 2010.

2. 가족과의 여가시간

1) 배우자와 함께하길 희망하는 여가활동

가족 여가활동에서 배우자와 함께하길 희망하는 여가활동 2가지를 선택하라는

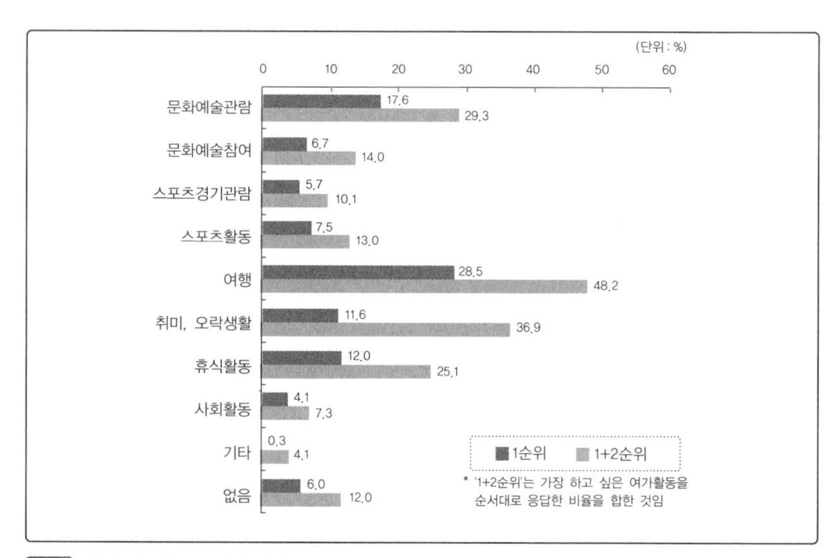

자료 여성가족부, 가족실태조사보고서, 2010.

[그림 5-4] 배우자와 함께하길 희망하는 여가활동

질문에 대한 결과, 여행(48.2%) 이외에 취미 · 오락활동(36.9%)과 문화예술관람활동(29.3%) 요구가 높게 나타났다.

2) 부모-자녀가 함께하길 희망하는 활동

가족 여가활동에서 부모-자녀가 함께 참여하길 희망하는 활동에 대해 질문한 결과, 여행(29.4%)이 가장 많았으며 그 다음으로 휴식활동(14.7%), 문화예술관람활동(12.7%), 취미 · 오락활동(12.5%), 스포츠관람(6.7%), 스포츠활동(6.4%) 등의 순으로 나타났다.

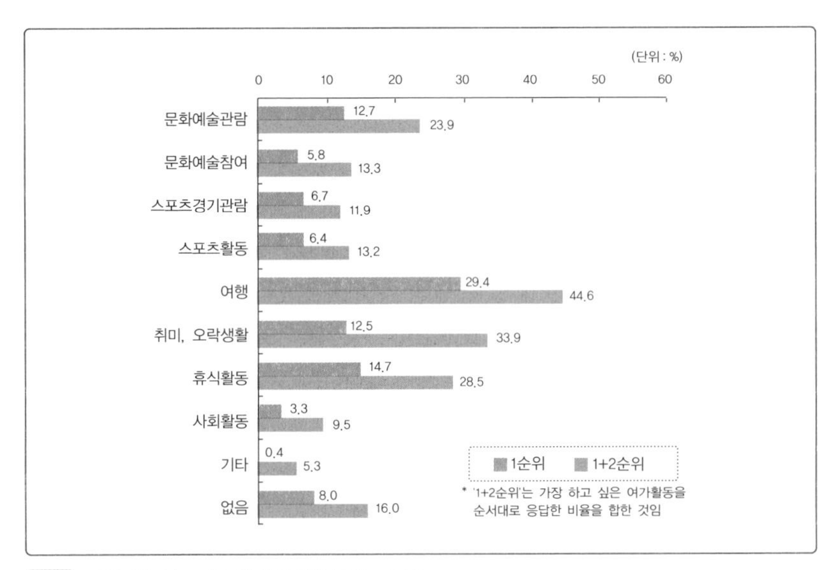

자료 여성가족부, 가족실태조사보고서, 2010.

[그림 5-5] 부모-자녀와 함께하길 희망하는 여가활동

3) 가족 여가활동에 대한 인식

가족 여가활동의 의미에 대한 인식을 알아보기 위해 5가지 문항에 대해 질문한 결과, 응답자 가족원의 부분은 가족 여가활동이 가족원의 결속과 신뢰감

을 형성하고(67.9%), 가정교육의 한 방법(64.7%)이며, 부부관계의 질과 만족을 향상시키는(63.5%) 긍정적인 기능에 동의하였다. 그러나 가족 여가활동이 개인시간을 희생하고(43.5%), 의무감이나 강제적으로 부여된 시간(30.9%)으로 인식하는 경우는 상대적으로 낮았다. 이는 대부분의 사람들이 가족 여가활동에 대해 긍정적인 기능을 잘 인식하고 기꺼이 가족과 함께하는 여가활동에 참여하고자 하는 의사를 반영한 것이라 분석된다.8)

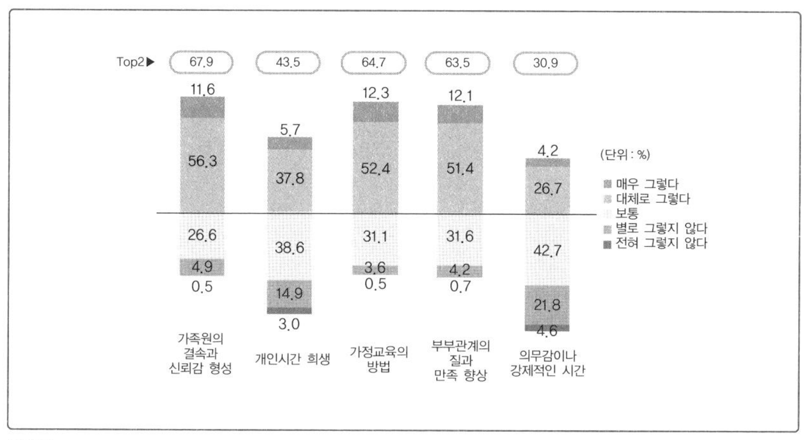

자료 여성가족부, 가족실태조사보고서, 2010.

[그림 5-6] 가족 여가활동에 대한 인식

쉬어가는 페이지

행복 포트폴리오, 소득 못지않게 여가생활도 중요

누구나 '퇴직 이후'를 걱정하지만 막상 '어떻게'에 부닥치면 막막하다. 이럴 때 전문가의 도움이 절실하다. 아쉽게도 국내엔 아직 은퇴 플랜에 대해 조언받을 만한 연구기관이 많지 않다. 지난해 초 설립된 삼성생명 은퇴연구소 이창성 생애설계센터장을 만나 '인생 2막'을 어떻게 준비해야 하는지 들어봤다. 그는 "나이 50에 선 자신의 인생에서 줄일 건 줄이고 더해야 할 건 더하는 '재고파악'부터 해야 한다"고 조언했다.

50대가 '다이어트'해야 하는 대표적인 지출은

"50대의 가장 큰 고민은 자녀 교육비와 결혼자금이다. 한국은 자녀에게 어린 시절부터 재무교육을 시키지 않다 보니 젊은이들이 결혼할 때 수천 만 원 들여 호텔에서 하는 걸 예사로 여긴다. 대학 졸업도 모자라 집 사주고 고가의 혼수를 해주는 건 가족 전체 라이프 플랜으로 봤을 때 무리다. 부모에게 짐을 지우면 훗날 자녀에게 부양 부담이 돌아온다는 인식부터 해야 한다. 결국 은퇴자금이 먼저냐, 교육비와 결혼자금이 먼저냐 우선순위를 어디에 두느냐다. 철저히 현실적이 돼 절충점을 찾아야 한다."

추가 지출을 예상해야 하는 항목은

"많은 사람이 간과하는 항목이 의료비와 간병비다. 뇌혈관·심혈관 질환, 암 등 건강보험으로 해결되지 않는 질병에 걸렸을 경우 지출이 상당하다. 목돈을 미리 모아놓든지 보험을 들든지 꼭 신경 써야 한다."

가처분소득을 마련하는 방법으론 뭐가 있을까

"부동산을 줄이는 것도 하나다. 규모를 줄이거나 집값이 싼 지역으로 옮겨 현금을 최대한 확보해야 한다. 만 60세 이상부터는 주택연금을 활용하는 것도 권하고 싶다. 주택연금은 실시 5년밖에 안 됐는데 곧 가입자 1만 명을 돌파한다. 최근 1년여 사이 가입자가 급증했다. 노후에 대한 자각 때문일 거다."

돈 외에 '인생 2막'에서 중요한 요소는

"은퇴 시기 결정과 재무구조 점검이 끝났다면 뭘 하면서 살 건지를 정해야 한다. 통상 '행복 포트폴리오'라고 부르는데, 1번은 소득, 2번은 가족관계, 3번은 건강, 4번은 취미나 여가, 5번은 사회활동을 통한 자아실현이다. 1번 못지않게 나머지도 조화를 이뤄야 한다. 특히 4번과 5번을 강조하고 싶다. 그동안의 생활이 나와 가족을 위한 것이었다면 은퇴 후엔 사회를 위해 공헌할 게 없는지를 찾아보는 게 좋다. 미국 샌프란시스코에 있는 로스무어라는 은퇴 커뮤니티를 방문한 적이 있다. 할머니들이 부지런히 뜨개질을 해 만든 옷을 병원에 기증하고 아프리카에 보내는 식으로 '은퇴 = 봉사'라는 개념을 당연시하는 게 인상적이었다."

취미나 여가활동도 중요한데

"은퇴했다고 배우자하고만 종일 지낼 순 없다. 새로운 인간관계를 찾아야 한다. 그동안은 회사를 중심으로 모든 인간관계가 이뤄졌기 때문에 은퇴와 동시에 단절이 올 수 있다. 그걸 보완하려면 취미활동이 필수다. '제2의 회사'를 찾는다는 심정으로 동호회 활동 등에 적극 참여하길 권한다. 가볍게 즐길 수도 있지만 진지하게 접근해도 좋다. 취미 분야에서 프로가 된다면 성취욕이 생기는 건 물론 소득으로 연결될 가능성도 생긴다."

– 삼성생명 은퇴연구소 생애설계센터장, 기선민 기자

제6장 | 여가와 일

일은 생계확보의 수단이며 노력이다. 따라서 여가는 일과 반대되는 개념으로 이해하기 쉬우며, 여가는 일 이외의 시간으로 정의되기도 한다. 불과 얼마 전까지만 해도 노동의 본질을 재산, 부, 성공에 두었고, 그것을 이루기 위해 근면, 규율, 의무감, 질서의식 등이 필요요건으로 강조되었다.

그러나 현대는 일을 바라보는 시각이 금전지향성보다 시간지향성으로 무게 중심이 옮겨지고 있고, 물질적 소유보다 자기실현의 수단으로 여가시간이 더 크게 강조되고 있다.

따라서 본 장에서는 여가와 밀접하게 영향을 주고받는 일의 개념과 여가와의 관계에 대하여 살펴보고자 한다.

제1절 일의 의미

1. 일의 개념

일의 어원에 대해서 살펴보면, 희랍어 'Ponos'는 노동이라는 뜻을 지닌 동시에 형벌이라는 뜻을 지니고 있으며, 불어 'Travil'은 노동의 개념을 포함하고 있는데, 라틴어 어원에서 '고문용 기구'라는 뜻을 가지고 있다.

위의 단어에서 알 수 있듯이 과거 전통사회에서는 일이라는 개념은 부정적인 의미를 지니고 있었다. 고대에서 중세에 이르기까지 일은 비천한 것으로 여겨졌고, 노예에 의해서 주로 수행되었기 때문에 천시될 수밖에 없었다. 고대 그리스인들은 일과 여가가 아무런 상관이 없다고 생각했으며, 그들에게 있어서 일은 삶을 위한 필요악(必要惡)이며 여가계급에 속하는 엘리트 계층은 일을 하지 않아도 되는 특권을 가지고 있다고 인식했다. 부르크하르트(Burckhardt)에 의하면, 그리스에서는 귀족계급뿐 아니라 시민계급까지 일, 즉 노동을 경멸했다.

중세가 지나고 인본주의가 사회의 중심을 이루는 르네상스 시대를 거치고 나서야 일은 고통이고 일종의 저주라고 생각했던 부정적인 노동관이 배척되고, 도덕적이고 종교적인 의미로서 긍정적 의미를 지닌 노동관이 부각되기 시작했다. 독일의 종교개혁자 마틴 루터(Martin Luther)는 일할 수 있는 사람은 누구나 땀흘려 일해야 하며, 태만은 자연의 순리에 반하는 사악한 도피라고 규정하면서 일은 '생활의 기초이며 열쇠'라고 하는 근대적 노동관을 처음으로 제시하였다. 인간의 운명은 신에 의해 이미 결정되어 있다고 하는 캘빈(Kelvin)의 예정조화설에서도 인간의 태만한 사고는 넓은 의미에서 여가의 범주에 포함되는 종교적 행위와 세속적인 노동행위 사이에 존재했던 커다란 단층을 사라지게 했다는 점에서 중요한 의의를 갖는다.

다시 말해, 고대사회 이래로 지배적인 가치관으로 자리 잡아 왔던 육체노동과 정신노동, 노동과 여가 사이에 존재했던 커다란 단층이 사라지고, 오히려 천시되어 오던 일이 긍정적인 의미로 전환하면서 사회적 기능을 획득하고 부상하게 되는 계기를 제공하였다.

일은 경제적 · 사회적 가치의 결과이며 생산적인 활동으로 인식된다. '생산적인 활동(productive activity)'이란 사회에 공헌하는 경제적 · 사회적 가치를 지닌 결과(outcome)를 의미한다. 일에서 재화나 서비스를 생산하는 것은 부수적인 활동이 아니라, 활동의 목적이 된다. 일은 사회에서 반드시 필요한 의무적인 활동이다.

반면에, 여가는 비교적 자유롭고 자발적인 것이다. 여가는 반드시 필요한 활동이지만 의무적인 것은 아니다. 여가는 요구되고 학습되지만, 여가의 의미는 경험에 초점을 두고 있다. 여가활동을 통해서 상품을 생산할 수 있지만, 반드시 경제적이고 사회적인 가치를 지니는 물질을 생산하는 결과를 수반하지는 않는다고 생각하고 있다.[1)]

2. 일의 보상

일은 '재정적인 보수를 얻기 위한 활동'이다. 즉 노동이란 인간에게 의·식·주를 제공하는 활동 전부를 말한다.

일의 보상은 외적 보상과 내적 보상으로 구분되며, 구체적인 내용은 다음과 같다.

첫째, 외적 보상, 즉 금전적 보상은 일을 객관화시켜 일한 정도에 따라 금전으로 노동의 대가를 지급한다. 그러나 이런 보상은 꼭 일의 양과 일치할 수 없다. 사회적인 불평등과 여타의 조건에 의해 노동자는 자신의 업무량에 비해 더 많거나 대부분의 경우에는 더 적은 보상을 받게 된다. 또 내부적 또는 심리적인 원인에 의해 가지고 있는 돈이 충분해도 계속 일하고자 하는 욕구가 있을 수 있으며, 자신이 받는 보상에 따른 최소한의 노동보다 더 많이 일하려는 욕구가 나타나기도 한다.

둘째, 내적 보상이 있는데, 이것은 자기만족이나 자아실현의 다른 표현으로 결국 여가적 성격을 갖는다. 노동의 보상에도 외형적·사회적 보상과 함께 내부적 보상이 있고, 이런 내적 보상은 노동자에게 진정한 만족을 주고 그것 자체가 목적이 된다.

제2절 여가와 일의 관계

1. 일에 따른 여가 효과

영어의 레저(leisure)의 경험과 일에 대한 태도는 여러 측면에서 여가에 영향을 미친다. 일의 계획에 따라 여가시간이 결정되며, 일의 내용이 어떠한가에 따라 여가에 사용되는 에너지의 양과 유형이 영향을 받기도 한다. 또한 문화의 차이와 직업의 차이에 따라 여가에 대한 인식이나 여가유형이 상이할 것이다. 어떤 직업은 다른 직업에 비해 일을 하면서 여가를 동시에 즐길 수 있는 환경을 만들어주기도 하고, 또 어떤 직업은 보다 다양한 여가활동과 연관을 맺고 있기도 할 것이다.[2)]

리스만(Reissman)에 의하면, "사회적으로 높은 지위에 있는 사람들이 낮은 지위에 있는 사람들보다 더 활동적이고 다양한 여가활동에 참여한다"고 하였으며[3)], 그라햄(Graham)의 연구에서도 "전문직에 종사하는 사람이 비숙련공보다 2배 정도의 활동적인 운동에 참여하고 있다"고 밝혔다.[4)]

로버트(Robert)는 이러한 다양한 직업유형에 따른 여가활동의 차이를 나타내는 원인을 밝혔다. 그에 의하면 "육체노동자는 많은 시간과 정력을 소모하므로 활동적인 여가활동이 어렵고 둘째, 육체노동자는 신체적으로 힘든 활동으로 인해 그들의 여가 추구에 있어 휴식이나 원기회복 등을 선호하게 되며 셋째, 경제적으로 궁핍한 사람들은 클럽 가입이나 연주회 관람, 스포츠 장비 등에 대한 여유가 없으므로 가정 밖에서 일어나는 옥외 여가활동에 참여하기가 어렵고 넷째, 화이트칼라는 교육의 혜택으로 인해 육체노동자들의 영역 밖에 있는 여가활동을 즐길 수 있다"고 하였다. 그러나 이와는 반대로 쿠닝햄(Cunningham)의 연구에서는 직업유형과 여가활동 사이에 차이점이 존재하지 않는다고 주장하였다. 그러므로 여가에 대한 일의 영향은 직업의 유형과 병행하여 직무에 대한 만족도와 여가와의 관계를 병행함으로써 보다 정확한 관계를 규명할 수 있을 것이다.

또한 여가는 사회경제체제적인 관점뿐만 아니라 개인의 행동에서도 일에서 생긴 결핍욕구를 추구하는 데 이용된다. 즉 여가를 통하여 자아발전의 계기를 마련하는 것이다. 여가는 본질적으로 자발적인 의식을 전제로 한다. 왜냐하면 인간은 자신이 하고 싶은 일을 하면 보다 능동적이고 성취감 및 자아발견을 하기 쉽기 때문이다.

파커(Parker)는 "일의 장(場)에 여가활동을 도입하거나, 혹은 일을 즐거운 활동으로 생각하게 함으로써 서로 대립되는 일과 여가를 보다 근접화할 수 있다"고 하였다. 다만, 일과 여가의 완전한 통합이라는 것은 사회적 요구와 개인의 욕구에 차이가 있는 한 개인에게 어떤 구속이 가해지는 것은 불가피하기 때문에, 일과 여가의 분화에 어느 정도의 인정은 필요하다.[5] 그러나 일의 여가화로 일을 즐겁게 함으로써 어느 정도 일과 여가를 통합할 수 있을 것이다. 인간은 일이 고통스러울지라도 가치 있는 보상이 있거나 설령 보상이 없을지라도 자신을 즐겁게 할 수 있다면 가치 있는 것으로 인식하게 된다.

그리고 현대의 정보통신의 발달은 일과 여가의 구분을 명확하게 하는 데 어려움을 주는 경우가 많다. 컴퓨터를 통한 전자게임이나 채팅 그리고 정보검색 등은 창의력이나 사고영역의 확대 등에 커다란 영향을 미치고 있으므로 이를 단순히 여가활동이라고 단정하기에는 무리가 있다. 그렇다고 일로 분류하기에는 더욱 많은 문제점을 내포하고 있다고 볼 수 있다. 현대는 일의 여가화가 급속도로 진전되고 있다.

2. 여가에 따른 일 효과

일에 대한 여가의 영향은 일이 점차 여가의 성격을 띠게 됨을 의미한다. 이는 여가에 대한 인식의 변화로 일하는 시간이 점진적으로 줄어들면서 보다 구체화되었다고 할 수 있다. 그리고 오늘날 정보통신의 발달로 인하여 여가시간동안 컴퓨터와 관련된 오락이나 검색은 일의 성격을 갖게 되기도 한다.

오늘날 일과 중 휴식시간이 과거보다 더 많아졌으며 점심시간도 과거보다 평균적으로 늘어났다. 안식년제도가 더 이상 대학 등 교육계 종사자들에만 주어지는 특권이 아니며 다른 분야에도 확산되고 있다.[6] 유급휴가제도 및 국가의 복지관광(social tourism) 도입 등으로 오늘날 여가는 급격하게 늘어나고 있다.

이와 같은 변화는 현대사회가 일 중심에서 여가 중심으로 옮아가는 전반적인 흐름을 보여주는 것이라 할 수 있다. 이것은 여가사회(leisure of society)로 발전해 가는 과정에 놓여 있다는 주장과 연결된다. 듀마즈디에는 "현대사회에서 여가가 일에 미치는 영향이 그 반대의 경우(일이 여가에 미치는 영향)보다 훨씬 강해졌다"고 주장하면서, 이를 뒷받침하기 위해 프랑스에서 그가 수행한 연구를 통하여 많은 자료를 제시하고 있다.[7] 이 연구에서는 많은 젊은이들이 직장을 선택함에 있어 여가의 가능성을 타진하고 있는 점, 경영진의 간부사원이나 그들의 부인이 일과 후 여가생활이 여의치 않은 지방에서의 근무를 거부하고 있는 점, 회사조직 자체가 스포츠의 핵심요소인 협동, 경쟁의 원리에 기초하고 있다는 점, 수많은 직업훈련방식과 직무향상의 방법이 스포츠 지도자에게 잘 알려진 방법에 의해 개발되었다는 측면 등이 포함되어 있다. 듀마즈디에는 이와 같이 주로 여가의 긍정적인 측면을 부각시키고 있지만, 부정적인 측면에 대해서도 언급하고 있다. 그 부정적 측면이란 레크리에이션 활동을 즐기는 것이 회사 또는 조직체에 대한 충성심을 저하시키는 경우를 의미한다.

여가가 일에 미치는 영향은 인구를 구성하고 있는 상당부분의 사람들이 여가산업에 종사하고 있다는 사실에서도 살펴볼 수 있다. 이것은 오락, 스포츠, 도박시설 등을 제공하는 산업, 휴가시설 및 취미생활과 연관된 상품, 운송업의 상당부문, 출판, 정원가꾸기, 애완동물 기르기 등에 종사하는 다른 사람들의 여가생활을 돕는 것이 자신의 일이 된다는 역설적 입장에 처하게 된다. 대부분의 일반 직업에 비해 여가산업에 속한 직업은 인간적인 역할이 중시되며, 대중 앞에서는 어떤 권위나 제재가 밖으로 드러나지 않는 속성을 가지고 있다.

3. 일과 여가의 관계 개선

1) 일과 여가의 상호관계 유형

일과 여가의 관계는 연장(extension), 대립(opposition), 상호중립(neutrality)

의 세 가지 유형으로 제시할 수 있다.[8)]

일과 여가의 관계를 연장의 입장인 융합주의로 볼 경우, 일과 여가는 유사한 구조 및 행동목적으로 성립되어 있고, 양자의 구별은 명확하지 않으며 양자는 의식상에 동일한 것으로 생각하고 있다는 견해를 말한다.[9)] 이러한 직업에 속하는 사람들로는 사회사업가, 성공한 사업가, 의사, 교사, 컴퓨터 프로그래머 등이 있을 수 있다.

일과 여가의 관계에 대해 상호대립적 관계를 주장하는 사람들은 일과 여가의 불일치성과 양자 사이의 명확한 경계선이 존재함을 강조하고 있다.[10)] 이를 달리 표현하면, 일과 여가를 구별한 후 한쪽을 다른 한쪽의 반대물 또는 부족물로 보고 양자는 이질적인 대립관계에 있다고 보는 견해이다.[11)] 이는 광부, 건설과 같이 육체적으로 고된 일을 하는 사람들이 가지는 관점으로 일 자체를 싫어하여 일 이외의 시간에 일을 완전히 잊으려 노력하고 있다.

일과 여가의 관계에 대해 중립적인 입장을 취하는 사람들은 일반적으로 일과 여가의 내용이 다르고 각 영역 간에는 어느 정도 구분이 존재한다는 모호한 입장을 취하고 있다. 이는 일과 여가를 어느 정도 독립된 자기충족적 병립관계에 있는 것으로 보려는 견해이다. 그러나 이러한 중립적 입장이 일과 여가의 관계에 대한 상기 두 가지의 상반된 견해를 절충하는 것은 아니다. 중립적 입장은 일에 대한 긍정적, 부정적 입장에 대해 어느 쪽에도 찬성하지 않으며, 단지 이에 대해 무관심한 입장을 표명하고 있는 것이다.[12)]

파커(Parker)의 연구에 따르면, "일과 여가에 대한 상기의 세 가지 유형이 일 이외의 수많은 변수 또는 다른 일에서 높은 수준의 자율성을 보이는 사람들은 일과 여가를 연장선상에서 이해하고 있으며, 자율성이 낮은 사람들은 중립적인 입장에서 일과 여가를 인식한다"고 한다.[13)] 또한 일과 여가의 관계를 연장선상에서 보는 사람들은 일에 대해 좋은 느낌을 갖고 있지만, 중립적 입장을 취하고 있는 사람들은 일을 지루하게 느끼고, 대립적 입장을 취하는 사람들은 일로 인해 손해를 보고 있다고 생각한다. 일을 통해 친한 친구를 사귈 가능성은 일과 여가를 연장관계로 보는 사람일수록 높을 것이며, 중립적 입장을 취하는 사람은 그 가능성이 낮을 것이다. 또한 교육수준은 보통 일과 여가를 연장관계로 보는 사람이 높고, 그 다음이 중립적 관계로 보는 사람, 대립관계로 보는 사람의 순서이다.

〈표 6-1〉 일과 여가의 관계

관 점	일반적 견해	개인적 견해	사회적 견해
융합주의	동일(identity)	동종 · 미구분(extension)	결합(fusion)
분리주의	대조(contrast) 구분(separateness)	이종(opposition) 중립(neutrality)	대립(polarity) 봉쇄(containment)

자료 강남국, 여가사회의 이해, 형설출판사, 1999, p. 33.

그러나 일과 여가의 관계를 세 가지 유형으로 분류하는 것은 많은 문제점을 안고 있다. 사람들이 각기 원하는 형태의 일과 여가를 갖는 것이 아니기 때문이다. 따라서 사람들이 일과 여가에 대해 갖고 있는 마음의 상태인 어떤 주어진 상황하에서 관찰되는 행동에 의해서만 평가할 수는 없을 것이다. 일과 여가의 관계를 연장관계 또는 보상의 관계로 추구하려는 사람이 실제 나타난 숫자보다 더 많을 수 있다. 또한 일과 여가의 관계에 대한 세 가지 유형의 발견은 일과 여가 사이의 인과관계를 밝힌 것이 아니다.

로버트(Roberts)는 "개념적으로 밝혀진 일과 여가의 관계가 실제 인간의 행동에 반드시 반영되는 것은 아니기 때문에 사고와 행위를 구분하는 것이 중요하다"고 주장하고 있다. 인간생활에 의미를 준다는 측면에서는 여가가 더 큰 잠재력을 갖고 있다고 할 수 있으나, 실제 생활에 있어서는 일이 여가에 미치는 영향이 더 크다고 볼 수 있다. 따라서 로버트는 여가와 일의 관계를 규명함에 있어 개인적 차원과 사회적 차원에서 행위적인 측면과 이상적인 측면이 있음을 밝히고 있다. 그에 의하면, 여가는 개인적 차원에서 자유시간의 확대에서 볼 수 있는 바와 같이 행위적 측면이 강조된 반면, 사회적 측면에서는 여가가치의 상품화에서 볼 수 있듯이 이상적 측면이 강조되어 왔다고 보고 있다. 그러나 일은 일의 가치를 중시하는 개인의 이상적인 측면과 조직화된 사회행위에서 볼 수 있듯이 사회행위적인 측면에서 아직도 큰 영향력이 있음은 분명하다.

일과 여가의 관계에 대한 이론으로 Wilensky는 크게 유출(spillover), 보상(compensation), 그리고 분리(segmentation) 가설 등의 세 가지를 제시하기도 한다. 먼저 유출가설은 일을 제외한 여가를 포함한 일상생활에서의 경험이 직무활동과 연관을 가지며 이들은 서로 간에 긍정적인 관련성을 가진다는 주장이다.[14] 다시 말해서 여가를 포함한 생활에 대한 만족이 직무만족에 영향을 미치고, 직무만족이 다시 여가만족으로 연결되기 때문에 서로 간에 긍정적인 관계를 가진다는 주장이다.[15] 보상가설은 일을 하면서 부정적인 경험을 하는 경우 여가를 포함한 비직무관련 활동에서 이를 보완하려 한다는 주장이다.[16] Kando와 Summers는 여기서 더 나아가 여가를 포함한 생활경험이 직무수행에서 경험하기 어려운 긍정적인 경험을 제공할 뿐만 아니라 직무에서 경험한 부정적인 경험을 극복할 수 있는 기회를 제공한다고 주장하였다. 다시 말해서 이 보상가설은 근로자들이 일과 여가를 포함한 생활 중 한쪽이 부족할 때, 다른 한쪽으로 보완하려는 성향이 있어 일과 여가를 포함한 생활 간에 부정적인 역의 관계가 형성된다는 주장이다.[17] Pearson은 직무만족과 여가만족이 모두 여성근로자의 심리적 건강(psychological health)에 긍정적 영향을 미친다고 밝힘으로써 두 요인 간에 긍정적인 관계를 보여주고 있다. 또한 이와 관련하여 여가의 중요성은 상대적으로 일에 대한 중요성 감소로 이어진다는 연구결과도 발표되었다. 일부 학자들은 최근에 증가하는 직무(job)들이 의미도 부족하고 도전적이지 못한 경우가 많아 근로자들이 전체적인 삶의 질을 제고하기 위해 일보다는 오히려 여가에 집중한다고 주장하였다.[18]

Snir와 Harpaz는 보상가설을 수립하고 실증분석을 시도하였는데 이 분석에 의하면 직무만족도가 증가할수록 여가 지향적 태도는 감소하였다.[19] 이는 보상가설을 지지하는 결과라고 할 수 있다. 세 번째 분리가설은 직무와 여가를 포함한 생활을 의미하는 비직무 관련 영역은 서로 분리되어 있어서 서로 별다른 영향을 미치지 않는다는 주장이다.[20]

Elizur(1991)는 일과 가정은 사회환경적(social environment) 요인이고 도구적(instrumental), 감정적(affective), 인지적(cognitive) 요소들은 행위적 양식(behavioral modality)요인이라고 서로를 구분하면서 일과 가정의 행위적 양식요인 중 도구적 · 인지적인 요소 간에는 보완관계가 있고 일과 가정의 행위적 요인 중 감정적 요소 간에는 분리적인 관계가 있다고 하였다.[21] 일과 여가의 창조성 정도를 가지고 존스턴(Johnston)은 세가지 시나리오를 제시하고 있다. 첫 번째는 일만이 생산적이고 창조적인 경우, 두 번째는 일과 여가 둘 다 창조적인 경우, 세 번째는 여가가 일보다도 창조적인 것으로 구분하고 있다.[22]

2) 일과 여가의 관계개선과제

오늘날 산업사회의 산물인 여가는 도시화와 공업화에 따른 물질적인 풍요에 정신적인 풍요라 할 수 있는 생활의 질을 향상시키는 것으로 인정받고 있다.[23] 현대사회의 여가는 경제적인 측면의 일과는 달리 개인의 해방된 즐거운 시간이며, 문화적인 측면에서는 여러 가지 가치관과 밀접하게 관련되어 인간의 모든 활동에 영향을 미치는 생활의 일부분으로 간주되고 있다.[24] 따라서 여가의 의미는 창조적이며 문화적인 활동으로 자기계발과 개인양식적 활동으로 그 뜻이 확산되고 있는 것이다.

이렇게 여가관이 변화함에 따라 업무의 긴장도가 높아지거나 일관작업(assembly line)과 같이 반복되는 숙련일, 그리고 근로시간의 연장 등으로 인한 근로불만이 야기되고 있다. 그러므로 여가를 통하여 일이나 조직으로부터의 스트레스나 긴장을 완화시켜야 한다고 주장하는 경우가 많다. 여가를 일에 대한 보상적 욕구형태로 파악하려 하는 것을 의미한다. 인간은 일의 비인간화 현상에 어쩔 수 없이 직면하게 되므로 이를 보상하기 위한 창조적이며 도전적인 여가패턴을 발전시키는 데 관심을 가져야 한다는 것이다. 그러나 여가를 일로부터 소외

현상을 해결하기 위한 방안으로 바라보는 태도는 일의 질이 여가의 질에 영향을 미치는 측면을 무시하는 것이다.[25] 만약 여가가 일로부터의 단순한 도피적 기능만을 가지는 것이 되든가, 또는 여가가 일 과정의 기술적 · 사회적 문제에 대한 관심을 근본적으로 부정하는 것이라면, 그런 여가는 현대적 사회문제에 대한 그릇된 해결법이라 할 수 있다.

따라서 여가는 일로부터의 단순도피적 기능이 아닌 인간적인 자존을 회복하는 기능으로 인식하여 단지 일의 보상적 욕구의 형태가 아닌 사회적 필요체계의 일부로 인식해야 하는 것이다.

제3절 주 5일 근무제와 일

1. 근로시간 변화와 휴가일수 추이

주 5일 근무제는 주 5일 40시간 근무제로서 우리나라 「근로기준법」에 의해 주 단위 및 1일 단위로 정해진 최저 근로조건의 기준근로시간을 말한다. 예를 들어 1주간 휴게시간을 제하고 40시간, 1일 휴게시간을 제하고 8시간을 초과할 수 없다(제49조)는 것이다. 즉 「근로기준법」의 법정근로시간은 주당 44시간에서 40시간으로 축소시키고 토요일을 휴무하는 근무제를 말한다.

우리나라에서는 선진국을 향한 삶의 질 향상과 근로조건 개선을 기치(旗幟)로 1998년 노사정협의회에서 3년에 걸쳐 논의되었다. 2002년 7월 전국 시중은행에서 가장 먼저 도입되었고 11월부터는 증권사로 확대되었다. 2004년 7월 1일부터는 금융보험업, 공공부문, 상시근로자 1,000명 이상 대기업이 주 5일 근무를 시작하였다.

주 5일 근무제는 1998년 출범한 김대중 정권의 공약사항이었다. 이에 1998년 2월 6일 제1기 노사정위원회에서 근로시간 단축문제를 다루기 위한 근로시간

위원회를 구성하기로 합의하고, 2000년 5월 17일 노사정위원회에서 근로시간 단축특별위원회를 구성하여 논의한 결과 2000년 10월 23일 근로시간단축 관련 기본원칙에 합의했다.

이후 노사는 100여 차례의 회의를 거쳤으나 임금 보전, 법정 휴일 단축 등에 대한 이견으로 2002년 7월 최종합의가 결렬되어 논의결과를 정부로 이송해 옴에 따라 정부에서는 그간의 노사정위원회 논의결과를 토대로 10여 차례의 관계 장관회의를 거쳐 정부입법안을 단독으로 마련하였다. 이에 정부는 2002년 10월 국무회의를 열고 법정근로시간을 주 40시간으로 단축하고, 휴가 · 휴일제도를 국제기준에 맞게 조정하는 것을 주요 내용으로 하는 「근로기준법」 개정 법률안을 확정하였다. 그러나 이 법안에 대하여 노사 양측이 반발함에 따라 국회 법안심의를 통과하지 못하다가 2003년 8월 29일 주 5일제 근무제 도입을 위한 「근로기준법」 개정안이 국회를 통화하였다. 통과된 개정안은 정부안이 그대로 유지되면서 시행시기만 1년 늦춰, 2004년 7월 시행되었다.

주 5일 근무제는 지난 1963년 국제노동기구(ILO)가 '주 2일제 휴무, 주 40시간 근로'를 총회 권고사항으로 채택한 이래 빠른 속도로 확산되었다.

중국은 내수 촉진과 고용 증대를 위해 지난 95년 '국무원령'을 통해 공무원의 법정 노동시간을 주 40시간으로 확정하고 2년 뒤 주 5일제를 민간부문까지 확대했다.

미국은 30년대 대공황으로 실업자가 급증하자 프랭클린 루스벨트 대통령이 1938년에 주 5일 근무제를 도입하여, 1940년에 주 40시간 노동을 보장받았고 연방공무원의 경우 근무요일도 월~금요일로 정해져 있다.

일본은 경제대국에서 생활대국으로의 진입을 목적으로, 1979년에 결정된 '신경제사회 7개년 계획'에서 노동시간 수준이 구미 선진국 수준으로 되도록 노동시간 단축을 제시했다. 이에 1988년 4월부터 단계적으로 노동시간을 단축하였고, 우선 주 노동시간이 46시간으로 설정되었다. 그 후 경제계획에서는 연간 총노동시간으로 1,800시간을 목표로 하였고, 1991년에는 주 노동시간 44시간제에 들어갔다.

1997년 4월부터는 일부 사업장에 대해서는 주 노동시간을 44시간으로 하는 유예조치가 취해졌으나, 주 40시간제가 전면적으로 적용되었다. 한편 일부 업종의 10명 미만 규모의 사업장에서는 주 46시간으로 하는 특례조치가 있다.

또한 노동시간단축지원센터를 설립하여, 업종별 · 규모별 유예기간 중 노동시간을 단축하는 중소기업에 대해서는 지원금(25-375만 엔)을 지급하고, 주 46시간제의 특례가 적용되는 종업원 9명 이하의 상업, 접객오락업 등에 대해서는 2001년까지 장려금이 지급되는 등 중소영세기업에서 노동시간 단축을 원활히 진행할 수 있도록 배려하고 있다.

[그림 6-1]은 제조업 생산노동자의 연간 총 실노동시간을 국제 비교한 것이다. 주요 선진국과의 노동시간 격차는 1988년 이후 축소되어 왔다. 1998년 일본은 1,947시간으로, 미국의 1,991시간, 영국의 1,925시간과 거의 비슷한 수준이 되었다. 그러나 프랑스의 1,672시간이나 독일의 1,517시간과는 아직 차이가 있

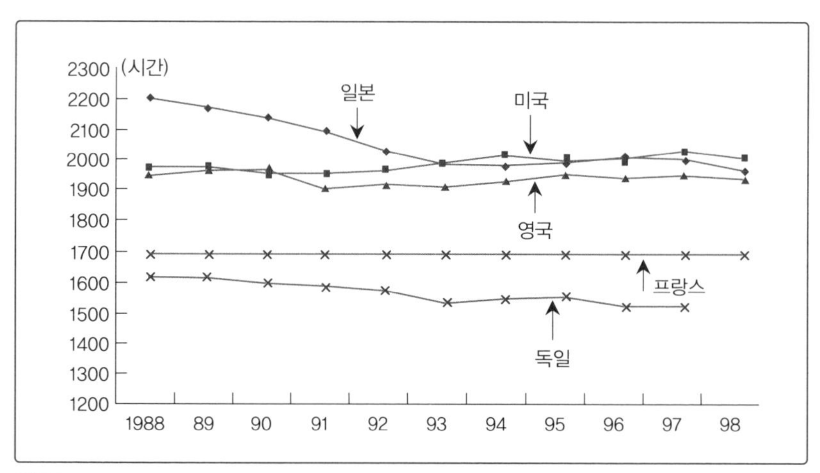

주 1) 독일은 구서독 지역의 수치이다. 프랑스의 소정 외 노동시간은 불명확하므로, 소정 내 노동시간만 추계.
2) 사업소 규모는 일본 5명 이상, 미국은 전 규모, 기타 10명 이상.
3) 상용파트타임 노동자를 포함하고 있음.

자료 勞動省, 勞動白書, 2000; 포털사이트 네이버.

[그림 6-1] 연간 노동시간의 국제 비교(제조업 생산노동자)

다. 참고로 법정노동시간 주 40시간을 추진하고 있는 한국의 연간 총노동시간은 1999년에 2,497시간이었다.

우리보다 앞서서 주 5일 근무제를 실시하여 주 40시간제를 도입한 선진국의 사례를 보면 〈표 6-2〉에서처럼 1인당 국민소득 1만 달러 혹은 2만 달러 시점에서 도입하고 있음을 알 수 있다. 우리 처지와 비슷한 1만 달러 그룹에는 스페인, 포르투갈 등이 있고, 2만 달러 그룹에는 일본, 이탈리아 등이 있다.

〈표 6-2〉 선진국의 법정 주 40시간 도입 현황

국 가		법정 주 40시간 도입연도	당시 1인당 국내 총생산(GDP)
2만 달러 그 룹	일 본	1988(법안통과 1987)	23,813
	오스트리아	1994	24,400
	핀란드	1996	24,407
	이탈리아	1997	20,207
1만 달러 그 룹	프랑스	1936(1946년부터 시행)	12,984
	스페인	1994	12,232
	포르투갈	1997	10,569
	그리스	1997	11,442
기 타	미 국	1938	6,429(96년 화폐기준)
	중 국	1997	738

자료 삼성경제연구소, 주 5일 근무와 소득과 여가에 대한 인식, 2000.

이들 국가들의 주 5일 근무제 도입 후의 경제성장률을 보면 그 이전에 비해 성장세가 고조된 나라도 있고 하락한 나라도 있다. 주 5일 근무제에 따른 고용비용 상승효과를 생산성 향상으로 어느 정도 극복할 수 있었는지에 따라 결과가 달라진다. [그림 6-2]에서 일본, 스페인은 도입 5년 전후 평균기준이며, 이탈리아는 도입 3년 전후 평균기준, 포르투갈은 도입 전 2년과 도입 후 3년간의 평균성장률 기준이며, 레저산업 등을 포함한 서비스업은 모든 나라가 주 5일 근무제 도입 후 신장세를 보이고 있다.[26] 실제로 일본의 경우 주 5일 근무제가 본격적으로 도입된 1990년대에는 장기불황 때문에 경제가 위축되었음에도 불구하고 서비스업 자체의 성장세가 높아지는 결과를 보이고 있다.

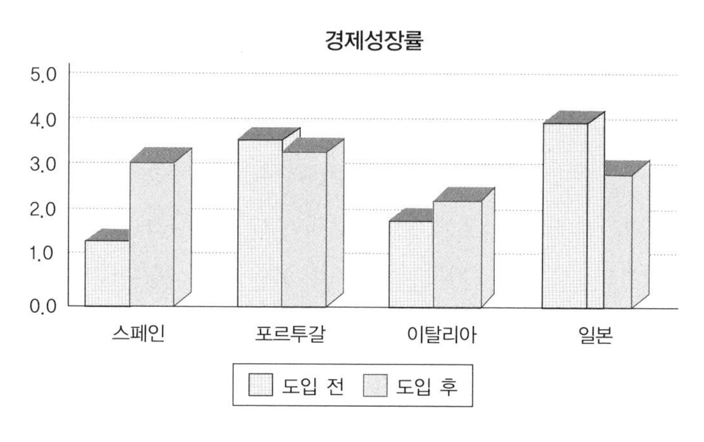

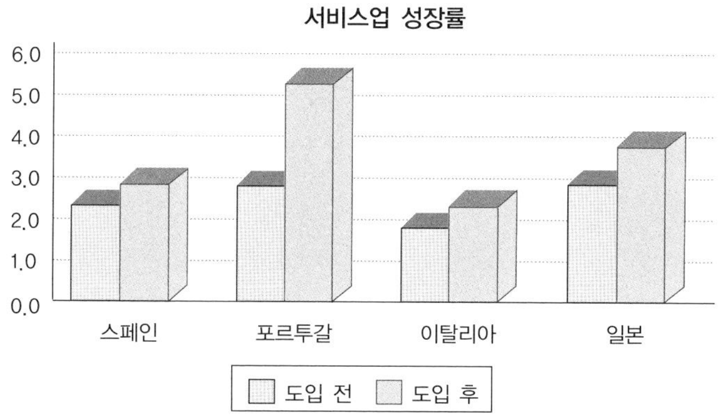

자료 삼성경제연구소, 주 5일 근무와 소득과 여가에 대한 인식, 2000.

[그림 6-2] 경제성장률 및 서비스업 신장률

2. 주 5일 근무제에 따른 여가라이프스타일

1) 여가인구의 증가

여가활동인구의 증가를 살펴보면, 주 5일 근무제로 인해 레저인구는 2002년 1천5백만 이상, 2003년 약 2천9백만, 2004년 5천만 이상 등 2007년까지는 3억 2백만 명에 이를 것으로 예측되었다. 일본 역시 1987년 주 5일 근무제가 입법화되어 1997년까지 도입 이후에 국내관광객이 1차연도 12%, 2차연도 21%, 3차연도 21%, 4차연도 17%, 그리고 5차연도에 17% 증가되었다.[27)]

하지만 이러한 증가예측은 우선 Crawford와 Godbey(1987)가 주장한 대로 내적 여가 제약요인에 의해 레저활동이 제약되는 인구, 대인적 제약요인에 의해 레저활동이 제약되는 인구, 그리고 구조적 레저 제약요인에 의해 활동이 제약되는 인구에 대한 수치를 전제로 하여 주 5일 근무제에 의한 시간적 제약의 완화가 가져올 수 있는 레저인구에 대한 추론이 이루어져야 할 것이다. 따라서 보다 정확한 예측을 위해서는 위에 제시된 방식에 의한 구체적 조사가 선행되어야 한다.

2) 여가여행의 증가

주 5일 근무제 시행을 통해 당일관광에서 1박 2일, 2박 3일, 3박 4일 등의 비교적 장기 국내여행과 숙박여행이 증가할 것으로 예측된다. 이 같은 변화는 여가여행거리(distance)에서도 비교적 먼 지역까지 확대되는 현상을 가져올 것으로 보인다. 따라서 전국적으로 특히 전남, 경남 등 비교적 수도권에서 먼 지역이나 교통이 불편한 오지 또는 남해와 서해의 도서지역 등에 대한 방문도 상대적으로 증가할 것으로 기대된다. 1999년도 우리나라 국민들이 숙박관광지로 가장 선호한 곳으로 강원지역(26.3%)이 1위를 차지하였으며, 경북(11.5%), 경남(11.1) 순이었다.[28)] 이러한 선호도도 레저활동에 따라, 또한 각 지역의 관광수용태세에 따라 변화될 가능성이 있다. 반면 해외여행은 주말을 이용한 3박

4일, 4박 5일 등의 비교적 단기여행이 증가할 것으로 예측하고 있다. 일본에서도 이미 해외여행객이 1990년 1,000만, 1999년 1,650만 명이었으며, 주 5일 근무제 도입 이후 개인, 가족, 소규모 그룹에 의한 FIT 증가를 보이고 있다. 중국의 경우도 국내여행객이 해마다 20% 가까이 증가하고 해외여행객은 40% 증가하는 것으로 분석되었다.[29] 다음의 〈표 6-3〉에서 볼 수 있듯이 국내 관광수요는 주 5일 근무제 실시와 상관없이 상승하는 것으로 예측되며 정부의 주 5일 근무 법제화는 이와 같은 추세를 가속화시킬 것으로 보인다.

〈표 6-3〉 주 5일 근무제 도입과 관광수요 변화 (단위 : 천 명)

구 분		2003	2004	2005	2006	2007	2008	2009	2010	평균 (03-07)
주 5일 미도입 시 자연증대 추세(1)	관광총량	347,130	370,387	397,703	432,403	452,618	470,723	489,552	509,134	400,048
	숙박관광	180,507	192,601	206,806	224,849	235,361	244,776	254,567	264,749	208,025
	당일관광	166,622	177,786	190,897	207,553	217,256	225,947	234,985	244,384	192,023
주 5일 도입 시 순증대 효과(2)	순증대효과	14,463	15,432	16,571	18,016	18,859	19,613	20,398	21,213	6,668
	숙박관광	6,942	7,407	7,954	8,648	9,052	9,414	9,791	10,182	8,001
	당일관광	7,521	8,025	8,616	9,368	9,806	10,199	10,607	11,031	8,667
주 5일 근무제 도입 시 관광총량 (1)+(2)		361,593	385,820	414,274	450,420	471,477	490,336	509,950	530,348	416,717

자료 한국환경정책평가연구원, 주 5일 근무와 여가활동변화에 따른 환경영향 정책보고서, 2002.

3) 적극적 레저활동으로 전환

노동시간의 단축으로 인한 육체적 · 정신적 피로의 완화는 휴식에 집중되었던 정적인 레저활동을 동적인 활동으로 전환시킬 수 있다. 2000년 통계청의 생활시간 조사에 의하면, 한국인의 레저활동 중에서 TV시청이 62.7%, 휴식 또는 수면이 70.7%, 가사잡일에 33.5%, 사교관련 32.3%, 가족과 함께 22.8% 순으로 나타났으며[30], 창작적 취미(3.2%)나 스포츠(8.0%)의 비중이 상당히 낮은 것으로 조사되었다. 따라서 현재 대부분의 레저활동은 TV나 휴식 또는 수면에 집중된 소극적인 활동에 그치고 있다.

하지만 주 5일 근무제가 시행된다면 국민들의 희망 레저활동은 적극적인 활동으로 전환될 것이다. 한 설문조사에 의하면, 주말여행은 1.7%에서 21.5%로, 등산 및 낚시는 2.3%에서 10.2%로 늘어나는 반면, TV시청/비디오 감상은 28.6%에서 2.1%로 감소하는 것으로 나타났다. 즉 주말여행과 등산 및 낚시에 대한 적극적 레저활동이 증가하는 반면 TV/비디오 감상 등의 소극적 레저는 감소할 것이라는 분석이다.

이러한 결과는 Dumazedier(1974)가 제시한 레저의 3가지 측면 중에서 주 5일 근무제를 통해 각 개인의 레저활동은 휴식의 기능보다 상대적으로 엔터테인먼트와 자기계발을 위한 레저활동의 영역이 강조되리라는 것을 보여준다.

(1) 단순시간소비형에서 자아실현형 레저활동 추구

주 5일 근무제로 확보된 시간은 지적 자아실현 욕구를 충족시키기 위한 활동의 추구로 이어질 것이다. 문화교양활동과 지적 문화여행, 자기교육과 실현을 위한 프로그램이나 상품들에 대한 소비가 증가할 것이고, 여행에서도 스스로 자신의 지적 욕구를 실현시킬 수 있는 상품을 설계하는 현상이 나타날 것이다.[31] 또한 개성적이고 목적 지향적이며 테마를 갖는 레저여행 유형으로서 역사문화관광, 체험관광, 환경친화적 생태관광 등 시간과 지식 등을 기본전제로 한 차별성 높은 관광유형의 등장이 예견된다.

(2) 자연에서 건강을 중심으로 한 레저활동 증가

주말 휴일 동안 자연에서의 레저스포츠 활동이 증가하고, 도심과 주변의 레저스포츠 활동뿐만 아니라 자연자원을 배경으로 한 모험과 체험에 중점을 두는 래프팅, 트레킹, 스킨스쿠버 다이빙, 행글라이딩, 암벽타기, 번지점프 등 관광과 스포츠가 결합된 레저 관광상품에 대한 수요가 많아질 것이다. 기분을 전환하며(entertainment) 건강과 활력을 일으키는 활동, 모험과 신나는 체험레저를 추구해 나가는 복합형 활동들이 늘어날 것이다.

4) 가족 간의 친밀성 확대

현재 관광의 추세는 가족중심 관광이 증가하고 있다. 가치관에서도 가족지향형으로 변화해 감에 따라 직장중심에서 가족중심 문화로 바뀌고 레저도 가족단위 활동(등산, 스포츠, 문화레저활동, 동호회 모임)이 활성화될 것이다. 주 5일 근무제의 파급은 학교제도에도 영향을 미치게 되어 주 5일 수업으로 전환하게 된다. 따라서 토요일부터 아이들과 함께 레저활동을 즐기려는 가족중심 레저의 추세가 증가할 것으로 보인다.[32)]

쉬어가는 페이지

'주 5일'이 만든 가족중심 바람

"서두르세요. 매진임박입니다!" 홈쇼핑을 보던 아내가 휴대전화를 꺼낸다. 뭘 사려고 할까? 뜻밖에도 캠핑용품이다. 8월 말까지 예약이 꽉 찬 것이다. 그것도 대부분 가족단위 예약이란다. 이처럼 최근 캠핑여행으로 대표되는 '가족중심 문화'가 트렌드로 떠오른 이유는 무엇일까?

기본적으로는 '주 5일 근무제'와 '주 5일 수업제'가 만났기에 가능해진 일이다.

지난 50년 동안 가족여행은 오직 여름 휴가철에만 가능했지만 '주 5일 시대'라는 변화는 일 년 내내 매주 가족여행이 가능하게 만들었다. 대한민국에 '가족중심'이라는 새 바람이 일어날 수 있는 환경이 만들어진 것이다.

결국 여러 가지 시대상황이 가족중심의 소비, 가족중심의 여가활동 등 가족과 함께하는 새로운 문화를 만들고 있다. 지금 사회적으로 여행만이 아니다. 외식·숙박은 물론이고 패션·금융·통신까지 모든 산업에서 가족을 연결시키는 상품과 마케팅이 활개를 치고 있다.

앞으로 모든 산업은 '가족산업'으로 다시 태어날 수 있고, 모든 업종에 '가족코드'를 넣으면 새로운 가치가 들어갈 수 있을 것이다. 필자는 이제 이 산업을 더욱 깊이 들여다볼 수 있도록 새로운 이름을 붙여 보았다.

1. 가족대상 사업(For Family Biz.) : 가족을 대상으로 가치를 창출해 주는 사업이다. 기존에 있던 가족식당·가족영화·가족여행 등은 서비스의 종류와 깊이가 심화되며, 소프트웨어·콘텐츠·디바이스·서비스 등이 문화와 예술 디자인, 그리고 과학기술과 결합해 이 산업을 확대시켜 나갈 것이다.
2. 가족끈끈 사업(Family-ship Biz.) : 그동안 소원했던 가족들을 보다 가까이 연결시켜 주는 사업인데, 각자의 역할을 깨닫고 변화를 돕는 프로그램들이 시도되고 있다. 예컨대 아버지 학교, 어머니 학교, 부부 학교 등이 있으며, 앞으로는 가족이 함께 변화하고 행복을 느낄 수 있도록 가족사랑 교실, 가족합창단, 가족모험단, 가족예술단 등으로 다양하고 풍성하게 진화할 것이다.
3. 가족처럼 사업(Family-like Biz.) : 가족이 특별한 이유는 '내 편을 들어주고', '내 말을 들어주는' 이른바 절대적인 신뢰를 바탕으로 하는 '가족코드' 때문이다. 가족 아닌 사람들을 가족처럼 느끼게 해주거나 회사 혹은 조직을 가족 같은 분위기로 만들어주는 사업이 커질 것이다. 최근 집처럼 편안한 직장을 만들겠다는 '홈퍼니(Home + company) 경영'도 같은 맥락이다.
4. 가족만들기 사업(Family-making Biz.) : 커플매니징 비즈니스, 재혼 비즈니스 등과 같이 말 그대로 가족을 만들어주는 사업이 대표적인 예인데, 다문화시대를 맞아 입양·결연 등으로 확장될 것이다. 그 형태는 어느 TV 프로그램에서처럼 남녀 미팅과 짧은 여행을 복합시켜 비교적 깊이 있게 상대를 관찰할 기회를 제공하는 것에서 찾아볼 수 있다. 앞으로는 보다 더 다양한 모습의 매칭 서비스가 등장하리라 생각한다.

– 세계경영연구원 제283호, 2012년 8월 12일

제7장 | 여가와 사회생활

제1절 여가와 종교

1. 여가와 종교

휴일을 갖는 습관은 성스러운 날을 기린다는 종교관습에서 비롯되었으며, 그동안 종교를 여가와 놀이에 결부시키려는 시도가 다양하게 전개되어 왔다. 고대 로마시대부터 일요일은 공휴일이며 크리스마스나 부활절은 종교적 의식에 기원을 둔 휴일이다. 중세유럽에서 3일 중 1일은 휴일이었으며, 레크리에이션에 대한 적대적인 성향은 퓨리터니즘(Puritanism, 청교도주의)과 관련이 있다. 퓨리터니즘은 항시 소수의 의견이었으나 여가에 대한 극단적인 견해는 대다수의 사람들에겐 부합되지 않는다. 대중의 레크리에이션은 여전히 사회적 기능을 수행하여 휴일은 일련의 일 부담에 대해 심리적 평형추(psychological counterweight)를 제공하였다.

근대 유럽에서 영국의 교회는 전통적 축제에 단지 말초적으로 몰두하였으며, 교회가 정부의 시녀로 전락하여 종교적으로 중요한 많은 정기적 축제들이 16~17세기 동안 줄어들었다. 종교적 신앙심의 전반적인 쇠퇴에도 불구하고 많은 교회나 종교단체들은 많은 사람들에게 조직적인 여가시설을 제공하는 중요한 역할을 담당하고 있다. 야외의식과 같은 종교의 어떤 측면은 여가활동적 성격을 갖고 있다.

2. 여가와 종교의 관계

여가와 종교의 관계를 검토하기 위해서는 우선 여가에 관한 종교학자들의 정의가 중요한 기초를 이룬다. 이들은 통상 여가를 존재상태로 인식하고 있는데, 이는 여가가 그 자체의 목적, 이를테면 자유나 평화의 감정 등을 위하여 행하여지는 것임을 나타내주고 있다. 그리하여 여가시간을 소유하고자 하는 욕구와 여가상태를 유지하려는 욕구가 일치되지 않으면 진정한 의미의 여가가 구현될 수 없는 것이다.

여가는 피퍼(Pieper)가 주장하듯이 숭배로 시작하는데[1], 숭배는 모든 종교활동과 마찬가지로 생계유지와 관련되지 않는 시간에서 일어난다. 따라서 종교적 축제는 여가의 중요한 형태이다. 원시사회에 있어서는 종교적 제의(祭儀)가 여가기회의 제공에 크게 이바지하였으며, 현대에 있어서도 종교는 여가생활의 중추적 요소이다. 가령 휴일이면 너나 할 것 없이 교회나 사찰 등을 찾아 시간을 소일하거나 사교, 대화의 기회를 갖는다.

여가는 종교와 많은 점에서 친화성을 유지하고 있는데, 특히 개인적 행복의 표현활동인 동시에 자유의지를 실행하는 기회를 제공해 주고 있다. AD 32년 로마의 콘스탄티누스대제(Constantinus)는 일요일을 공휴일로 제정하였으며, 크리스마스나 부활절, 추수감사절 등의 휴일이 생김으로 인하여 여가의 여건이 사회적으로 개선되어 왔다.

청교도주의는 여가에 대한 태도나 관습 등에 많은 영향을 주어 사회적으로 긍정적 기능을 가진 여가만을 허용하였는바, 이는 여가가 인간의 세속화를 조장하는 것으로 보았기 때문이다. 그리하여 종교는 인간이 일하지 않는 시간을 통제하는 기능을 갖게 되었다.

현대인의 생활에 있어서 주목되는 견해에는 여가를 위하여 종교생활을 하고 있다는 것이다. 이는 곧 여가를 어떻게 보내는가 하는 문제의 해결책으로 종교의 의의를 찾는 경향이다. 또 일요일이 일로부터 휴식과 위락의 날로 간주되면서 현대인들은 여가를 보낼 고정적 시간으로서 종교를 믿는 중요성에 그 의의를 부여하려는 경향도 나타나고 있다. 이는 오늘날 종교단체에 의하여 교인들에게 많은 여가기회를 주고 있는 현상과 무관하지 않다.

여가 및 놀이를 종교와 조화시키려는 시도를 하위징아(Huizinga)의 연구에서 찾을 수 있다. 그는 놀이와 종교의 몇 가지 공통된 특징을 다음과 같이 말하고 있다. 첫째, 여가와 종교가 엄숙성을 지니며 완성이라는 이상을 추구하고 있다. 둘째, 양자가 한정된 물리적 공간에 관련되어 있으나 무한정한 상상력을 지니고 있다. 셋째, 경건과 가식은 양자 모두 상징적이며 특이한 의복과 언어로써 장관을 이룬다.[2)]

여전히 종교는 현대인의 여가활동에서 매우 중요한 구성요소로 작용하고 있으며, 현대인의 생활중심에 자리 잡고 있다.

다음은 여가와 종교의 유사성을 구체적으로 살펴보고자 한다.

3. 여가와 종교의 유사성

앞에서 우리는 여가와 종교의 조화를 시도하는 의식적인 노력을 살펴보았다.

여기서 연구자는 놀이와 종교의 공통적 성격과 여가와 종교의 유사성을 살펴봄으로써 양자 간의 조화를 발전시키고자 한다. 우선 지적할 것은 놀이와 종교는 공통적 성격을 가지고 있다는 것이다. 여가와 종교의 목표 및 각 개인에게 제공하는 것을 비교함으로써 둘 사이의 유사성을 살펴보기로 한다.[3)]

첫째, 여가와 종교는 개인적 안녕(安寧)과 자아실현(自我實現)에 대한 욕구표현이다.

즉 여가의 참뜻이 배움과 자기개발에 있다고 한다.

"여가는 보다 넓고 깊은 관점을 갖게 하며, 육체와 마음, 정신을 새롭게 한다. 여가는 배움의 기회, 성장과 표현의 자유, 휴식과 회복, 삶을 전체적으로 재발견할 수 있는 계기를 마련해 준다."

이러한 여가의 개념은 능동적이고 사색적인 측면을 강조함으로써 종교적인 삶의 개념에 근접하게 한다.

둘째, 첫째와 연관된 주제로서 여가와 종교가 자유의지 행사와 내적 욕구표현의 기회를 준다는 것이다. "여가와 종교는 우리를 자신의 운명을 결정하는 주체로 만들며, 각 개인의 가치를 최고로 인식한다. 진정한 의미에서 종교와 여가는 자유의지의 실현을 제공한다는 측면에서 본질적으로 실존적인 것이다. 모든 사람은 정신적인 삶과 여가의 삶에 있어 자기 자신에 대해 전문가가 되어야 한다."

이러한 관점에서 고든 달(Gorden Dahl)은 "오늘날 사람들이 필요로 하는 여가는 자유시간이 아니라 자유정신이다. 더 많은 취미생활과 오락이 아니라 바쁜 생활에서 우리를 끌어올릴 수 있는 은총과 평화의 느낌이다"라고 주장한다.

셋째, 여가와 종교는 통합적이고 포괄적인 성격을 공유한다.

여가는 근본적으로 정신적이며, 새롭고 좀 더 나은 방법에 의해 모든 것을 함께 모으는 역할을 한다고 부연하고 있다. 맥스 카플란(Max Kaplan)은 "종교가 일상생활의 큰 줄기에서의 일탈을 경험하게 하는 것은 삶 전체가 하나의 연관성을 가져 분리할 수 없음을 강조함으로써 도덕성을 부여한다. 그리고 이러한 것은 사회적, 경제적 측면을 넘어 심리적인 측면에서 강조될 것이다."

만약 종교적 윤리가 일상생활의 큰 줄기와 관련되어 있으며, 우리 사회가 점차 여가중심의 사회로 옮아가고 있다는 것을 받아들인다면, 여가에서 종교적 영향은 줄어들지 않고 오히려 늘어날 것으로 보인다.

넷째, 여가와 종교는 재창조(recreation)의 의미이다.

재창조는 여가활동의 명백한 목적이며, 일과 스트레스로부터 생기는 육체적,

정신적 소모를 치유하는 과정이다. 재창조란 재건으로 본래의 이상적인 상태로 돌아가는 것이데 랄프 글래서(Ralph Glasser)에 의하면 종교에서 이상적인 상태는 신의 은총, 신의 의지와 정신적인 일치를 이루는 것을 의미한다. 그러나 재창조의 정신적인 관점이 아닌 다른 관점은 단순히 자신이 하고 있는 일을 지속 가능한 상태로 가장 잘 재건하는 순환과정이라고 할 수 있다.

제2절 여가와 정보

1. 정보사회로의 진입

인간의 욕구 · 욕망의 다양화로 이를 만족 · 제공시켜 줄 수 있는 상품서비스와 그 외 사상(事象)과 연결되는 정보의 가치가 날로 증대되고 있다. TV나 신문광고처럼 상품의 공급 측으로부터 흐름에 의한 정보뿐만 아니라 배달수송, 비행기나 선박출항, 농부들의 일 그리고 여행, 스포츠 행사 등의 레크리에이션에서도 시기와 시간, 일기예보, 교통조건, 여행조건 등 운영의 관련성, 적시성, 정확성과 편리성, 혜택과 이익을 도모하기 위한 각종 정보서비스들이 현대를 살아가는 현대인들에게는 필수불가결한 것이 되고 있다.

정보사회의 도래는 시민, 노동자사회를 거쳐 대중소비사회, 여가사회에서 나타나고 있다. 삶의 조건이 좋아지면서 새로운 욕구의 분출은 모든 사람들이 복잡다양하고 정교한 상품서비스를 필요로 함에 따라 정보산업화는 고도의 수준으로 기술 · 과학화를 요구하고 있다.

사회적 욕구, 개성의 다양화, 정교화, 특성화는 여가생활 분야라 할 수 있는 교양, 취미, 스포츠, 패션, 스타일 등에서 더욱 두드러진다. 정보는 의사결정에 활용되고, 의사결정은 행동을 유발하며, 행동은 정보이용자의 성과에 영향을 미친다.

여가정보서비스는 이용자의 주관적 가치판단이 비교적 높은 편이다. 이용하는 소비자는 자신의 정보가치 순으로 점수를 매기거나 순위를 결정하거나 가격지불결정을 자기형편에 맞추어 자기만족으로 끌어들이려는 경향이 있기 때문이다. 현재의 정보서비스 산업은 소비자 수용의 다양화, 고급화, 전문화, 개성화에 따라 이에 맞는 부가가치를 창출하여 생활자의 소득증대, 여가선호, 문화적 수준 등의 욕구와 욕망에 대응하는 정보처리 및 시스템의 제공에 심혈을 기울이고 있다.

정보사회란 정보가 조직사회에 있어서나 개인생활에 있어서 정보가 물적인 것과 에너지적인 것 이상으로 유력한 자원이 되어 정보의 가치생산을 중심으로 하는 사회 · 경제의 발전으로 정착화해 가고, 결과적으로 이는 인간의 지적 창조력을 수반하는 사회성을 가지게 되는 것을 말한다.

이것과 유사한 말로는 정보화 사회를 예견한 다니엘 벨의 탈산업화 사회가 되는 의미 속에 새로운 것으로 ① 보건 · 교육 레크리에이션, 예술 등의 서비스업과 즐거움의 충실, ② 정보에 근거한 지적 기술의 발달과 인간 상호 간의 게임, ③ 과학의 정치화와 전문기술자의 조직화, ④ 미래지향적인 모델과 시뮬레이션이 구사된 정보화 등이 있으며, 이는 미래예측을 특징으로 하고 있다.[4]

2. 여가정보의 개념 및 유형

여가는 개인이 자신의 여가시간에 자기 주도적으로 바람직한 여가활동에 참가하여 삶의 질을 높이는 데 그 목적이 있다. 개인이 여가활동에 참가하기 위해서는 어느 정도의 여가능력이 필요하며, 이것이 갖추어졌을 때 여가욕구가 발생한다. 개인의 여가욕구는 수집된 여가정보를 바탕으로 의사결정이 이루어졌을 때 여가활동 참가로 이어진다. 이렇듯 여가정보는 여가활동 참가과정에서 중요한 요소이다.

여가정보란, 개인이 특정 여가활동에 참가하는 데 필요한 정보를 의미하는 것으로, 여기에는 여가서비스 장소의 위치, 프로그램 내용, 프로그램 진행자, 시간, 기간, 날씨, 교통편, 가격 등이 포함된다.[5] 여가정보의 전달 유형은 표지매체(도로교통과 관광지 및 문화재 그리고 문화활동시설 등의 안내표지), 인쇄매체(여가시설과 지역 및 교통 등의 안내지도, 여가시설과 프로그램 등의 안내홍보물), 전자매체(전화, 라디오, TV, 컴퓨터, 모바일 등)로 분류할 수 있다.

3. 정보와 여가생활

옛날의 농촌사회에서 놀이, 여가 행동은 자신들이 생활하는 곳곳에 행사게시물, 확성기, 구전을 통한 정보에 근거하여 전통적 · 관행적으로 활동하는 것이 대부분이었으며, 그것들은 지역민 모임들의 공연이나 놀이, 운동대회, 축제, 민속행사 등의 여가가 되었다.

한때 라디오는 소중한 오락, 즐거움, 교양, 소식을 전해주는 것이었으며, 이후 TV는 일상 속에서는 보지 못했던 이국적이며 신비한 정보를 접하고, 흡수하고, 생활에 도움과 즐거움으로 자기 집 밖을 내다볼 수 있는 신기한 매체였다.

대체로 우리 생활과 접하고 있는 정보의 매개는 신문, 각종 교양 · 문화잡지, 소설, 전단 등의 활자정보와 이웃 간이나 친구 간 구전에 의한 정보, 세일즈맨에 의한 정보였다. 이를 기존의 미디어라 한다면 현재의 멀티미디어, 인터넷, 유비쿼터스 등은 뉴미디어라 칭할 수 있다.

적극적인 여가를 즐기거나 경험, 지식을 중요하게 여기는 사람들은 인터넷을 이용한다. 이는 단순정보를 얻고자 하는 것만이 아니라, 정보를 정확하고 구체적으로 해석하려고 하며, 지식습득과 같은 공부를 하거나 실제 행동을 위한 준비로서 인터넷을 통한 간접적인 경험획득을 겸하고자 하는 것이다. 예를 들어 여행하고자 할 때 제주도에 관해 정보를 인터넷을 통해 접하게 되면, 자신에게 맞는 여행일정을 기획하면서 의무적 · 구속적인 일이 아닌 '즐기는' 것이 되어 이미 여행에 대한 기대감을 충족시키며 여행하고자 하는 의지를 더욱

굳게 할 것이다.

여가를 충실하게 하기 위해서는 자신의 욕구, 욕망, 목표에 맞는 활동을 선택하여, 이를 실천하기 위한 정보가 얻어지는 것이 중요한 조건이 된다. 어떠한 정보가 얻어져야 할 것인지 정리하면 다음과 같다.[6]

1) 프로그램에 관한 것

여러 정보의 프로그램 중에 자신에게 맞는 선택을 하여 여가정보의 분류별 리스트와 각각의 구체적 내용의 특색, 자신에게 맞는 재미와 이익 가능성, 동반자 선택여부, 난이도의 수준 등을 고려한다.

자료 한국관광서비스 평가원

2) 장소와 시설에 관한 것

주로 스포츠와 게임에 해당되는 것으로 더욱 효과적으로 자신의 활동을 즐겁게 할 수 있는 시설과 최적지를 파악한다. 여기에 관광, 야외 레크리에이션 등이 해당된다.

자료 http://blog.naver.com

3) 여가활동의 기술에 관한 것

기술적인 활동에 대해서는 기술내용, 습득방법, 새로운 개발에 대하여 정보를 수집하는 것으로 전문적인 정보지와 정보서비스가 필요할 것이다.

자료 주식회사 제주모바일

4) 동참자 내지 단체에 관한 것

서로가 참여하게 되는 경우 동호인 · 애호자 모임, 특히 클럽 동지가 결합하여 지역적 · 전국적 단체조직이 되기도 한다. 서로가 교감을 가지고 해익(害益)을 나눌 수 있는 것 등을 고려해야 한다.

자료 http://blog.naver.com

5) 지도자와 교육에 관한 것

기술을 가르치고 훈련해 줄 수 있는 전문가, 전문단체, 학교, 기관 등에 관한 정보를 찾는다.

6) 비용에 관한 것

이상의 정보 각각에 대하여 필요로 하는 경비지출로서 미리 예상된 비용으로 맞추어 나간다. 보험, 할인, 옵션, 혜택과 저렴성, 신뢰성, 합리성이 고려된 가격이 되어야 한다.

제3절 여가와 사회계층

1. 사회계층

1) 사회계층의 개념

오늘날 사회계층(social stratification)이란, 어떤 면에서 사회적 불평등이란 용어보다 더 널리 사용되고 있다. 즉 모든 사회는 사람마다 연령, 성, 근력, 신장, 인종, 민족성, 기능과 같은 사회적 · 생리적 특성에 따라 다르기 때문에 이러한 특성들이 사회 내에서 차별적으로 가치가 주어지고 서열을 이룰 때, 사회적 불평등이 사회계층체계를 가지고 있다고 할 수 있다.[7]

다시 말하면, 사회란 어떤 층이 특별히 부여받을 수 있는 권력, 부의 평가 및 심리적 만족의 정도에 따라 위계질서가 여러 층으로 구성되고 있는데, 이것은 계층화된 사회의 일반적인 모습이며, 모든 사회가 어느 정도 이런 방식으로 계층화되고 있는 것이다. 실제로 복잡한 사회에서는 다양한 사회계층구조가 존재하고, 사람들을 서열화하는 데 사용되는 기준과 사회계층체계의 본질은 사회마다 다르다. 어떤 사회는 연령, 성(gender), 인종, 민족성 등에 의해 서열이 이루어지는 반면, 다른 사회에서는 경제적 요인, 명예, 권력과 같은 요인들의 서열화가 기본 요소가 된다.[8] 홍두승은 "어느 사회에서나 그 사회의 성원들이 사회공간 속에서 갖게 되는 위치가 어떤 기준에 따라 하나의 서열을 이루고 있음을 볼 수 있다"고 하면서 이를 곧 사회계층이라고 하였다.[9] 김경동은 "사회의 최소가치가 그 사회 성원들 사이에 불균등하게 배분되어 제도화된 체계를 이룰 때 이를 사회계층"이라 하였고[10], 호턴(Horton)과 호턴(Horton)은 "가장 단순한 사회에서 동일한 연령과 성에 따라 모든 사람이 똑같은 의무와 권리를 가지고 있기 때문에 상대적으로 비계층화된 사회"라고 하면서 그러한 사회에서 개인적 위광이나 능력, 성격에 근거한 신분에 있어서의 개인적 차이는 있을 수 있으나, 그와 같은 차이는 개인적이고 함유적인 것일 뿐 특정한 일의 분업이나 기능과는 관련이 없다고 주장하고 있다. 이들에 의하면, 개인의 지위수준이 서열을 이루고 있는 것이며, 이러한 서열은 인종, 종교, 족보, 재산이나 수입의 정도, 직업 및 다른 특성들에 의해 결정된다고 하였다.[11]

다시 말하자면, 사회계층이란 동일한 또는 비슷한 정도의 희소가치를 향유하는 사람들의 집단, 또는 거기에 따라서 비슷한 사회적 평가를 받는 사람들로 구획된 집단으로서[12], 각 사회계층의 구성원은 다른 계층의 구성원과는 신분상의 차이가 나도록 사회구성원 전체가 사회적 신분계층으로 분할된 것이다.

2) 한국사회의 계층구조

한국사회의 계층구조를 이해하기 위한 노력은 1980년대에 들어서면서 활발히 진행되어 다양한 계층모형이 제시되었다. 동시에 계층모형을 인구센서스 자료에 적응시켜 계층구조의 변화를 계량적으로 파악하려는 작업도 많이 이루어져 왔다. 한 사회에 존재하는 계급을 구분하는 데 있어서 무엇보다도 중요한 것은 계층분화의 축이 무엇인가를 결정하는 것이다.

지금까지 이루어진 한국사회 계층구조의 이론적 모형은 기능주의적 모델과 갈등론적 모델과의 교차분석, 즉 신갈등론적 모델에 의해 계층구조를 파악하려고 한 김영모와 한국에 있어 이전의 지위획득모형을 크게 수정해야 한다고 지적하면서 미국의 계급범주와 소득 불평등에 관한 라이트(Wright)와 페론(Perrone)의 논의를 일단계 수정한 후 한국에 적용한 구해근의 연구가 있으며, 그 후 부문의 개념을 도입해 한국사회의 계급을 분석한 홍두승의 연구를 들 수 있다.[13]

1980년대 초기에 비교적 단순한 모형을 제시한 김영모는 한국사회의 계층구조를 직업과 종사상의 지위를 교차시켜 네 가지 범주로 구분하고 있다. 종사상의 지위가 고용주인 경우 기능공이나 그 밖의 노동자를 제외한 모든 직업범주를 자본가계급으로 간주하고 있으며, 자영자인 경우에는 구중산층으로 구분하고 있다. 반면에 전문 · 기술직, 행정 · 관리직, 사무직 종사자로서, 농 · 축 · 수산업 종사자로서 피고용자인 경우와 기능공으로서 자영자인 경우에는 노동자계급으로 분류하고 있다. 이러한 분류들을 사용하여 김영모는 지난 20여 년간 신중산층은 증가했지만 구중산층은 급속히 감소함으로써 전체적으로 중산층이 감소하고 한국의 계급구조는 양분화 추세를 보인다고 주장하였다.

〈표 7-1〉 김영모의 계급모형

<table>
<tr><th rowspan="2">직 업</th><th colspan="3">종사상의 지위</th></tr>
<tr><th>고용주</th><th>자영자</th><th>피용자</th></tr>
<tr><td>전문 · 기술직</td><td rowspan="6">자본가계급</td><td rowspan="6">구중산층</td><td rowspan="3">신중산층</td></tr>
<tr><td>행정 · 관리직</td></tr>
<tr><td>사무직</td></tr>
<tr><td>판매직</td><td rowspan="4">노동자 계급</td></tr>
<tr><td>서비스직</td></tr>
<tr><td>농 · 축 · 수산직</td></tr>
<tr><td>기능공, 노동자</td><td>구중산층</td><td>노동자 계급</td></tr>
</table>

자료 김영모, 한국사회계층 연구, 일조각, 1982, p. 329.

홍두승은 농업인구를 적절히 분석해야 하며, 농촌뿐만 아니라 도시경제 활동인구 가운데서도 상당부분을 점하고 있는 자영업 인구를 고려해야 한다고 주장하였다. 따라서 그는 계층을 단순히 수직적인 요인으로만 접근하는 데서 오는 무리와 결함을 보완하기 위하여 홍두승의 연구에서는 한국사회의 계급모델을 설정하는데, 〈표 7-2〉와 같이 부문개념을 도입하였고, 각 부문 내에서는 사회적 자원, 즉 사회적으로 가치가 주어지는 희소자원(권력, 재산, 명예, 교육)의 통제수준에 따라 상 · 중 · 하로 구분하였다.14)

〈표 7-2〉 홍두승의 계급모형

사회적 자원의 통제수단	도시부문		농업부문
	조직부문	자영업부문	
상류층	중 · 상계급	상류계급	-
중류층	신중간계급	구중간계급	독립자영계급
하류층	일계급	도시하류계급	농촌하류계급

자료 홍두승, Two Channels of Social Mobility : Patterns of Social Mobility in Urban Korea, 서울대학교 사회학과 논문집 제5집, 1980, p. 179.

또한 홍두승은 경험적 차원에서 계층을 식별하기 위해 범주와 종사상의 직위, 그리고 농업계층에 있어서는 경지면적 등을 기준으로 하여 계층범주를 구분해 놓고 있다.

홍두승은 우리나라에 있어 계층구분의 기본적인 축으로 사회적 자원의 통제수준과 부문 간의 구분을 강조한다. 사회적 자원은 생산수단의 소유 이외에 다른 경제적, 정치적, 사회적 자원을 포함하고 이러한 자원에 대한 소유 정도와 통제수준이 한국사회에서 상 · 중 · 하 계급 구분을 가능하게 한다. 홍두승의 모형에서는 자본과 일의 대립적인 관계가 중시되지 않고 대신 자산과 소득의 수준(사회적 자원의 통제수준)과 종사상의 지위가 특별히 부각된다. 그러므로 그의 모형은 마르크스적인 의미의 계급구조라기보다 계층구조에 초점을 둔 분류방법이라 볼 수 있다. 〈표 7-3〉은 홍두승(1984)의 계층모형에서 제시된 각 계층의 직업범주이다.

〈표 7-3〉 직업분석을 통한 계층분류

<table>
<tr><th colspan="2">사회계층</th><th colspan="2">직 업</th></tr>
<tr><td rowspan="2">상류층</td><td>상류계급</td><td colspan="2">자본가, 대기업주, 정부의 고위관리</td></tr>
<tr><td>중상계급</td><td colspan="2">고위전문직(의사, 엔지니어, 회계사, 변호사, 판사, 검사, 교수 등), 정부의 고위관리직 공무원, 일반회사의 고급 관리직 사원(피고용)</td></tr>
<tr><td rowspan="3">중류층</td><td>신중간 계 급</td><td colspan="2">하위전문직(의료보조원), 기술공, 수의사, 약사, 한의사, 초·중·고 교사, 체육인, 연예인, 종교관계 종사자, 사무원 감독자, 판매감독자, 서비스업 감독자, 정부의 하급 공무원, 일반회사의 사무직 사원, 판매종사원(피고용), 경찰관 및 보안종사자</td></tr>
<tr><td rowspan="2">구중간 계 급</td><td>자영 상인 및 자영서비스업자</td><td>관리직 종사원(고용주), 하위전문직(고용주 및 영세 자영업자), 판매종사자, 요식·숙박업종사자, 기타 서비스직 종사자(고용주, 영세자영업자)</td></tr>
<tr><td>자영 기능인</td><td>생산감독(고용주 및 영세 자영업자), 생산 및 관련 종사자(고용주 및 영세 자영업자 : 양화점 주인 등), 운수장비 운전사(고용주 및 영세 자영업자 : 택시기사, 운전수)</td></tr>
<tr><td rowspan="2">하류층</td><td>근로계급</td><td colspan="2">서비스직 종사자(피고용 : 조리사, 웨이터, 세탁공, 이·미용사), 생산감독(피고용), 숙련공, 반숙련공(피고용), 단순노무자(상용고용)</td></tr>
<tr><td>도시하류 계 급</td><td colspan="2">하위 판매종사자(행상인), 하위 서비스종사자(가정부, 청소원), 단순 노무자(임시·일일고용), 무직자(도시거주, 고졸 미만)</td></tr>
<tr><td rowspan="2">농업 계층</td><td>중류층</td><td>독립자영농계급</td><td>5단보 이상(자영농업 종사자)</td></tr>
<tr><td>하류층</td><td>농촌하류계급</td><td>영세농(5단보 이하 자영농업 종사자)
무직자(농촌거주, 고졸 미만)</td></tr>
</table>

자료 홍두승, 직업분석을 통한 계층연구 -「한국표준직업분류」를 중심으로, 서울대학교 사회과학연구소, 사회과학과 정책연구, 1983, pp. 69-87.

2. 사회계층과 여가활동

1) 직업과 여가활동

여가와 일은 서로 밀접한 관계로, 다양한 정의와 많은 학자들의 연구가 활발히 진행되고 있다. 직업유형별 종사자들의 일과 여가의 의미에 대하여 현재 어떻게 인식하고 있으며, 그 인식 정도에는 차이가 있는가. 그리고 일과 여가의 개념 사이에는 관련성이 존재하는가를 알아보기 위한 조기정의 연구결과로는 첫째, 생산직과 관리직 종사원들은 일과 여가에 대하여 긍정적으로 인식하고 있으며 일보다는 여가를 더 호의적으로 인식하고 있다.

둘째, 두 집단은 일의 개념 중 긴장해소, 창조적 행동, 재능의 개발, 소비해야 하는 힘, 자아의식, 사회적 관계들, 새로운 경험, 경쟁의식, 지도력 등 10개의 개념에서 유의한 차이가 있었다.

셋째, 두 집단은 여가의 개념 중 시간 때우기 식의 행위, 지위, 자아의식, 사회적 관계들 등의 4개의 개념에서 인식에 유의한 차이가 있었으며, 마지막으로 직업유형별 일과 여가의 개념 사이에는 긍정적인 상관관계가 존재한다는 결론을 얻었다.[15)]

라이트(White)의 야외여가활동 참여에 관한 연구에서는 직업이 연령, 교육, 소득보다 상대적으로 야외여가활동 참여에 적은 영향을 주는 것으로 밝혀졌다.[16)]

아지(Argye)는 다양한 직업유형에 따른 여가활동의 차이 원인들로 다음의 다섯 가지를 들고 있다. 첫째, 육체 노동자는 많은 시간과 정력을 소모하므로 활동적인 여가활동이 어렵고 둘째, 육체 노동자는 신체적으로 힘든 활동으로 인해 그들의 여가추구에 있어 휴식이나 원기회복 등을 선호하게 되며 셋째, 경제적으로 궁핍한 사람들은 클럽 가입이나 연주회 관람, 스포츠 장비 등에 대한 여유가 없으므로 가정 밖에서 일어나는 여가활동에 참여하기가 어렵고 넷째, 화이트칼라 가족들은 해외여행의 기회를 많이 가지며, 이로 인해 또 다른 여가 관심이 유발되며, 이것은 다시 다른 사람들의 여가활동을 유발하게 된다. 다섯째, 화이트칼라는 교육의 혜택으로 인해 육체 노동자들의 영역 밖에 있는 여가활동들을 발견할 수 있는 점 등이다.[17)]

직무에 대한 만족이 사람의 삶의 질과 관련이 있다는 점은 경험적 연구들에 의해 입증되고 있는데, 문제는 직무만족의 어떤 측면이 사람의 질에 기여하는가 하는 것이다.

일의 물질적 측면에 대한 만족과 삶의 질에 대한 긍정적인 상관관계는 증명되고 있지만, 이러한 측면은 사람의 삶의 높은 질에 있어 충분조건이 아니라 필요조건으로 작용한다. 다시 말하면, 봉급이나 다른 외적 보수가 직무 및 삶의 질에 기여하는 데는 경계가 존재하며, 경계수준에 도달한 후에는 일에 대한 심리학적 의미가, 즉 일에 대한 내적 동기유발이 삶의 질에 중요한 영향을 미치게 되는 것이다.

2) 교육수준과 여가활동

교육수준이 향상되면서 사람들은 다양한 여가활동에 참여하게 되며 개인의 여가에 대한 욕구를 계발한다는 점에서 교육은 여가활동 참여에 많은 영향을 미친다고 할 수 있다.

뉴링거(Neulinger)는 개인의 교육수준이 일과 여가활동의 성질을 결정할 수 있으며, 정식교육을 받지 않았을 경우, 일과 여가 두 영역으로의 길이 모두 차단되어 있다고 말하고 있다.[18]

아울러 대학 졸업장은 산업사회의 많은 지위들에 요구될 뿐만 아니라 개인의 삶과 여가방식을 결정하는 요인으로서 현재의 교육체계가 비록 여가를 위한 교육을 제공하지 못하고 있다 하더라도 교육받은 사람은 일과 자유시간을 통해 그가 원하는 것을 행하는 데 보다 나은 조건을 소유하고 있으므로 여가에 대한 더 큰 잠재력을 가지게 된다고 한다.

로빈슨(Robinson) 및 레이보비츠(Leibowitz) 역시 교육이 여가활동에 대한 시간분배를 가장 잘 예견해 주는 요인이라고 한 바 있다.[19]

교육수준은 여가활동에 대한 관심사와 활동의 범위를 증진시킬 수 있도록 유도하는 역할을 하며[20], 앞으로 교육수준이 향상되면 보다 많은 사람들이 만족과 즐거움인 동시에 교육의 근원이 되는 여가활동을 수용하는 생활방식을 추구하게 될 것으로 예측할 수 있다.

3) 소득수준과 여가활동

소득수준은 많은 연구에서 여가활동에 영향을 미치는 변수로 지적되었다.

소득은 사회경제적 지위를 구성하는 변수이며, 여가활동을 선택할 때 개개인이 이용할 수 있는 자원을 의미하기도 하므로, 개인의 여가활동을 예측하는 데 중요한 의미를 갖는다고 볼 수 있다.

지영숙의 연구에서는 소득수준이 높아짐에 따라 적극적인 여가를 지향하는 것으로 나타났고, 백주현은 소득이 휴양적 여가활동 이외에 자기계발적 여가, 가정지향적 여가, 오락 및 신체적 여가활동에 유익한 영향을 미치며 소득이 높을수록 참여도도 높다고 밝혔다. 또한 이현주는 서울시 비취업 주부의 여가활동 참여에 가장 큰 영향을 미치는 변수도 가계의 총수입으로 밝혀져, 경제적인 여유가 높은 여가활동 참여를 유도함을 알 수 있다.[21)]

그러나 미국 유타(Utah)주의 도시인에 대한 야외 여가활동 참여에 관한 연구에서는 소득이 참여에 영향을 미치지 않는 것으로 보고되었다.[22)]

뉴링거(Neulinger)는 여가활동 참여 연구에서 제시된 결과들을 수집 · 평가하는 과정에서 소득의 효과가 변수로써 과장되거나 간과되었을 가능성을 지적하고 있는데, 그 이유는 첫째, 총소득과 순소득과의 차이가 고려되어야 하며 둘째, 응답자들의 응답이 가족의 수입이 아니라 단지 응답자 자신의 소득일 수 있으며 셋째, 자신의 소득에 대한 주관적인 인식과정에서 준거로 작용하는 틀이 인식의 중요한 차이를 초래할 수 있다고 말하고 있다.

쉬어가는 페이지

현대인에게 여가생활은 필수

현대인들은 단조로운 일상생활에서 벗어나 삶에 변화와 자극을 주고 싶어 하는 것으로 나타났다.

[13~19세] 여가생활 성향

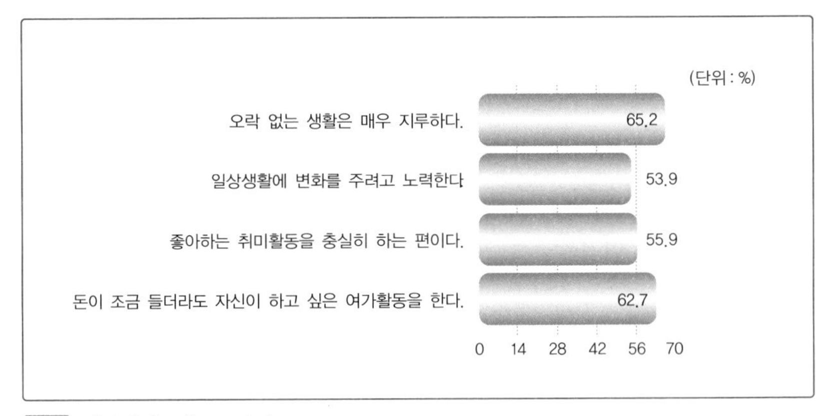

자료 엠브레인트렌드모니터.

시장조사전문기관 엠브레인트렌드모니터는 2월 14일부터 21일까지 서울 및 전국 6대 광역시에 거주하는 만 13~59세 남녀 2,000명을 대상으로 '취미 및 여가생활 소비자트렌드 조사'를 실시했다. 조사 결과 응답자의 65.2%는 오락 없는 생활이 매우 지루하게 느껴진다고 답했다.

그렇기 때문인지 응답자의 53.9%는 일상생활에 변화를 주려 노력한다고 했다. 또한 55.9%는 좋아하는 취미활동을 하는 편이라고 답했다. 돈이 조금 들더라도 자신이 하고 싶은 여가활동을 한다는 응답자는 62.7%였다.

– 자료 : 네이버, 신지영 기자, 2012년 7월 30일

제8장 | 여가와 커뮤니티

제1절 커뮤니티의 이해

1. 커뮤니티의 정의

네이버 백과사전에서 지역사회를 "인간관계에 의해, 또는 지리적 · 행정적 분할에 의해 나누어진 일정 지역으로 정의하고 있다. 이 사회는 과거에는 촌락 중심으로 인간적인 관계에 의해서 마을이 구성되고 구역이 나누어졌다. 그러나 현대적 관점에서 지역사회는 행정적이고 정책적인 집행에 의하여 구분되는 특정지역을 말한다.

이 사회는 사회구성원들의 주거 중심이자 또한 생활의 중심인 커뮤니티(community)를 형성한다. 또한 여가 참여의 중심이 되는 지리적 공간이 되기도 한다. 이러한 측면에서, 지역사회 주민들의 여가활동의 출발점은 지역사회라 할 수 있다. Christenson, Fendley와 Robinson은 지역사회가 발전을 꾀하고자 노력하는 이유로 지역주민들의 애착심을 고취시키고, 주민 간의 단결심을 형성하며, 지역사회 구성원들의 사회적 · 경제적 그리고 문화적인 안녕감(well-being)을 높이고자 한다는 것을 지적하였다.[1] 지역사회 구성원의 지역 애착감이나 문화적인 안녕감을 고취시킬 수 있는 중요한 방향 중 하나는 지역사회에 적절한 여가환경 조성과 여가 참여에 대한 제약을 감소시키는 것이다.

2. 커뮤니티의 발달과 사회성 여가의 인식

한국사회의 여가에 관한 논의는 시대에 따라 또한 사회의 각 부분이 대표되어 나타나는 그 시대의 사회적 특성 안에서 고려된다. 특히 한국의 특수한 사회적 상황—예를 들어 일제강점기, 6·25전쟁, 미군정, 급격한 경제성장의 변화, IMF 등—은 한국사회의 흐름과 함께 정치·경제·문화 각 부문에 큰 영향을 미친다. 따라서 한국사회에서 여가활동은 역사적 흐름 안에서 여가의 위치, 역할, 성향 등을 분석해 볼 수 있으며, 오늘날의 여가의 가치와 나아가야 할 방향성에 대하여 파악해 볼 수 있다.

사회·경제력이 발전하게 되면 자본주의사회에서 사람들의 욕구가 무엇이고

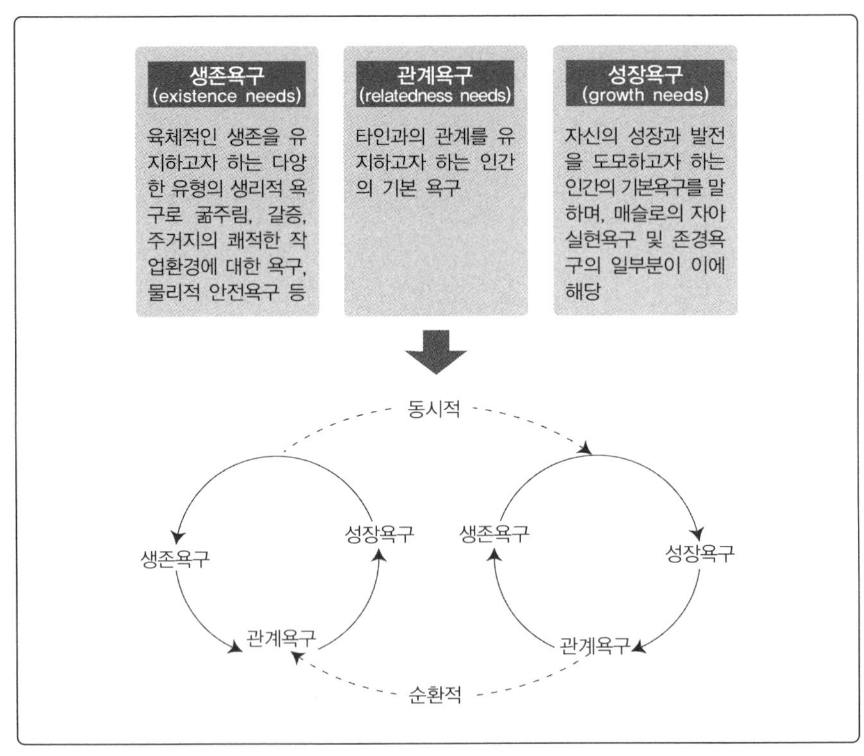

자료 한국문화관광연구원, 사회성 여가 발굴 및 활성화 방안 연구, 2007.

[그림 8-1] 알더퍼(Alderfer)의 ERG이론의 도식화

이를 어떻게 만족시킬 것인가에 대한 문제는 중요한 과제이다. 따라서 한국사회의 시대구분에 따른 사회 · 경제적인 측면을 알더퍼(Alderfer)의 ERG이론에 근거해서 한국사회의 여가욕구의 연계성을 논의해 보는 것도 의미 있는 작업이다.

알더퍼(Alderfer)의 ERG 3단계 욕구이론은 매슬로(Maslow)의 5단계 욕구위계설을 바탕으로 단순화시킨 것으로, 욕구가 하급단계로부터 상급의 단계로만 진행하는 것이 아니라 반대의 방향으로도 이행한다고 주장하면서 인간욕구에 대해 보다 현실적인 시각을 제시하였다. ERG이론의 생존욕구 · 관계욕구 · 성장욕구는 한국사회에서 경제적인 성장과 침체를 반복하는 과정에서 동시적이고 순환적인 형태로 나타나는 인간욕구를 설명하고 있다. 한국사회는 생리적인 욕구를 충족시키지 못하는 상황에서도 사회적 욕구나 자기실현욕구를 충족시키기 위한 행동을 하는 경우를 쉽게 찾아볼 수 있기 때문이다.

한국사회에서 국민들의 사회적 여가욕구의 변화를 사회 · 경제적 발달과정에 따라 정리하면 〈표 8-1〉과 같다.

〈표 8-1〉 한국의 사회 · 경제적 발달과정에 따른 사회적 여가욕구의 변화

시 기	내 용
1940년대	· 일제강점기에 경제적 · 문화적으로 약탈당한 시기로 전통문화 놀이에 대한 억제정책으로 인하여 여가생활의 억압기를 거치며 생존에 대한 욕구를 강하게 느끼게 되는 시기
1950년대	· 6·25전쟁으로 인하여 사회 · 경제 · 문화 전체에 있어서 국난의 시기로 여가활동에 있어서는 암흑기를 맞이하고 전쟁에 피폐해진 사람들은 생존에 대한 욕구를 강하게 느끼게 되는 시기
1960년대	· 1960년대는 한국사회에 있어서 여가에 대한 개념이 생겨나고 여가 및 관광자원의 개발에 의미를 부여하기 시작한 시기로, 5·16 이후 국가의 경제개발계획 등 각종 정책이 활발히 추진됨에 따라 국민의 의식과 생활 측면에서 변화를 가져오게 됨 · 1960년대의 여가패턴은 기분전환이라는 욕구가 강하게 부상하는 한편, 생활의 변화를 추구하려는 욕구가 싹트기 시작하였음 · 이 시기는 비약적인 경제성장에 의하여 생존욕구와 성장욕구가 동시적으로 나타나는 시기

시 기	내 용
1970년대	· 1970년대는 본격적인 여가의식과 여가활동이 정착된 시기로 지속적인 경제성장에 따른 소득향상, 국토의 균형 개발로 인한 도로교통망의 확충, 농어촌 생활수준의 향상과 전국적인 새마을운동의 확산 등 성공적인 경제발전은 인간적인 생활의 질을 추구하도록 국민의 의식과 욕구를 자극하게 되었고, 그 의식과 욕구를 현대산업사회의 편익에 의하여 증대되고 있는 여가에서 성취하게 되면서 성장욕구가 두드러지는 시기
1980년대	· 1980년대는 본격적인 여가활동에 대한 도약기라고 할 수 있으며, 1980년대에 발생한 제2차 석유파동의 여파와 국내정치의 불안 등으로 여가생활이 위축되기도 했지만 이후 경제성장의 가속화는 다시 국민의 관심을 여가생활에 집중시켰으며, 이 시기에 국민여가성향은 다양화되었고, 개개인의 개성과 취향을 살릴 수 있는 활동적인 레크리에이션이 크게 보급되고 또한 여가활동에 대한 긍정적인 재평가와 전국의 1일여가권 현상을 보이고 있음 · 이 시기는 여가생활이 도약하는 시기로 인간의 욕구가 생존욕구를 벗어나 관계욕구와 성장욕구가 동시적으로 나타나는 시기
1990년대	· 1990년대는 문민정부가 정경유착에 강한 집착을 보이면서 경제문제에 대해 소홀해지고, 동시에 IMF 경제체제로 타격을 입게 되면서 사회 · 경제적으로 여가활동을 하기에 제약적인 환경이 조성되었으며, 사람들은 다시 생존에 대한 욕구를 강하게 나타냄
2000년대	· 2000년대 이후는 여가생활이 성장기에 도달한 시기로 지속적인 경제성장과 노동시간의 단축 및 교통여건의 개선 등으로 여가생활여건은 전에 비해 크게 향상되고 있으며, 여가를 단순한 유흥으로 보기보다는 삶의 중요한 요소로 인식하는 경향이 커지는 시기로 볼 수 있음 · 여가를 통하여 휴식과 기분전환뿐만 아니라 자기계발과 자기실현의 기회를 가지려는 경향을 보이고 있으며, 정책적인 면에서도 국민이 여가를 보낼 수 있는 환경을 조성하기 위한 노력을 경주하고 있고, 그동안 여가참여의 기회가 부족한 저소득층 · 고령자층 · 신체부자유자 등의 복지에도 더 많은 관심을 기울이고 있음 · 이 시기는 생존의 욕구가 충족되면서 사회와 관계하려는 욕구와 그를 통해 성장하려는 욕구가 동시적으로 나타나는 시기

자료 한국관광문화연구원, 사회성 여가 발굴 및 활성화 방안 연구, 2007에서 저자가 재작성.

인간의 기본적인 욕구와 여가생활의 침체 및 성장의 반복적인 주기는 시대적 상황에 따른 경제성장에 크게 좌우되는 것을 알 수 있으며, 생존욕구가 강한 시기는 여가의 침체기가 나타나고, 관계 · 성장욕구가 강한 시기는 여가의 성장 · 발전이 두드러지게 나타난다. 2011년 우리나라 경제력은 세계 22위이며, 경제성장에 따라 인간은 사회구성원으로 존중받고자 하고, 더불어 성장하려는 욕구가 강하게 나타난다.[2)]

결국 이러한 시대적 상황에서 경제성장과 맞물려 인간의 욕구는 사회적 욕구를 지향하게 되고, 여가생활에 있어서도 개인적 차원을 넘어 집단적 차원에서의 새로운 형태의 사회성 여가가 발전하게 된다.

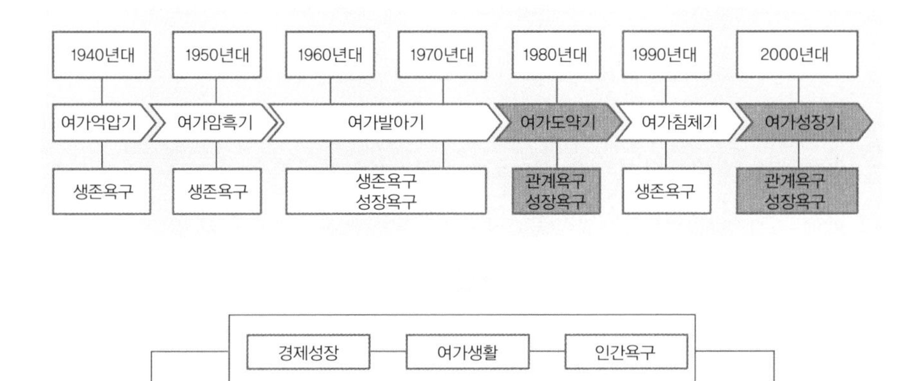

자료 한국문화관광연구원, 사회성 여가 발굴 및 활성화 방안 연구, 2007.

[그림 8-2] 한국의 사회 · 경제적 발달과 사회적 여가욕구의 연계성 도식화

3. 사회성 여가의 개념과 특징

1) 사회성 여가의 개념

사회성 여가란, 여가행위자가 그 활동의 목적으로서 내적 보상인 자기만족을 추구하는 것 이외에도 사회공헌적인 가치를 구현하는 여가활동으로, 자신의 삶을 보다 의미 있고 보람되게 만드는 데 주어진 여가시간을 할애하는 여가활동을 의미한다.[3)] 예를 들어 사람들은 여가시간의 증대로 여가활동을 통한 피

로회복이나 자아계발 등의 목적을 위한 활동에 참여하게 된 이후에 '무엇인가 유익한 활동을 하고 싶다'는 생각을 하게 된다. 특히 소득수준의 증가나 사회공헌적 필요성에 대한 사회적 인식과 윤리적 가치관 증대 등으로 인해 여가활동에서도 사회공헌적인 측면을 기대하게 된다. 이러한 개인적 측면의 욕구변화 이외에도 정부정책의 여가정책 추진과정에서 '건전한 여가문화 활성화'의 구체적인 방향의 내용으로 개인의 즐거움보다 공동체의 유익성을 강조하는 공동의 가치관이 포함된다. 즉 국민들의 건전한 여가생활의 한 모델로서 '사회성 여가'가 제안되는 것이다.

이러한 사회성 여가개념에는 여가의 다양한 기능 가운데 이타성이나 사회공헌을 목적으로 하는 영역이 포함된다. 일반적으로 이타적 목적으로 여가활동을 수행하면 자기계발(여가기술 습득), 自己轉化(심리적 충족감), 자기표현(사회적 관계 속에서 표현) 등의 2차적인 보상에 의해 여가 자체에 대한 동기부여가 더 된다. 즉 사회성 여가의 궁극적 목적은 그 활동 자체로부터 얻는 즐거움과 행복이다.

사회성 여가개념에 대해 미국이나 영국, 일본 등의 선진국에서는 '이타적 여가', 여가의 '이타주의' 등의 용어로 사용되고 있다. 또한 일본의 『레저백서』(1999년판)에서는 '사회성 여가'라는 용어를 소개하며 "자유시간을 통해 적극적으로 사람이나 사회와 관련되어 자신의 취미나 관심을 가지고 하는 행동이 결과적으로 사회에 도움이 되어 그것이 스스로의 기쁨이나 사는 보람으로 연결되는 것 같은, 사회성을 띤 여가"로 정의하기도 하였다.

2) 사회성 여가의 특징

(1) 동시성

에리히 코헨(Cohen, 1991)은 여가의 본질적 기능을 크게 사회문제의 해결과 삶의 질에의 기여라는 두 가지로 요약하고 있으며, 이러한 두 가지 기능은 각

각 개인적 · 사회문화적 수준으로 파악될 수 있다고 하였다. 여기서 사회문제의 해결과 관련된 기능은 주로 사회발전과정에서 나타난 부정적 결과를 완화하거나 치료하는 보상적 기능을 의미하며, 산업화 · 전문화 · 분업화 · 도시화 등 산업사회의 사회구조적 변화로 인하여 발생한 신체활동의 감소, 정신적 스트레스 및 긴장, 노동에서의 소외, 물질적 인간관계로 인한 정서적 기아 등에 대한 치료적 기능을 말한다. 여기서 동시성이란 보상적 기능과 치료적 기능이 동시에 이루어짐을 뜻한다. 또한 개인적 수준의 기능은 여가생활을 통한 자기만족과 자아실현에 의해 행복감을 맛보게 되고, 결국 삶의 질 향상에 기여한다는 것이다.

(2) 유연성

사회성 여가는 태도 · 조직 · 대상의 측면에서 자유로운 선택이 가능하다는 의미에서 유연성의 특징을 나타낸다. 예를 들어 사회성 여가는 사회공헌의 방법과 구체적 대상의 선택에 있어서 행위자가 원하는 것을 선택할 여지가 많기 때문에 즐거움이나 행복을 얻을 가능성이 높다. 또한 사회성 여가활동은 조직화된 단체의 형태로 하지 않는 경우가 많기 때문에 시대적인 상황에 민감하게 반응하는 것이 가능하다. 따라서 기존의 자원봉사에서 다루지 못하는 영역에 대해서 부담 없이 접근할 수 있는 장점이 있다.

(3) 주체성

과거 자원봉사활동이나 사회참여활동은 주로 조직체계를 갖추고 목적을 중심으로 활동이 이루어지기 때문에 주민들의 주된 역할은 자신이 원하는 단체를 선택하는 정도였고, 단체에의 가입 이후에는 내부규율과 운영진의 결정에 따른 업무분담을 하는 소극적인 참여의 형태가 많았다. 반면 사회성 여가는 활동 여부에 대한 선택의 자유뿐만 아니라 구체적 활동에 있어서 대상의 결정과 방식의 결정 등 운영의 자유를 가지고 하는 활동으로서, 자발성보다 더 많은 결정의 자유가 인정되는 주체성을 가진다. 오늘날 사회성 여가활동의 활성화는 제도로서의 참여민주주의가 아닌 생활로서의 참여민주주의를 정착시켜 국민의 의사에 따른 정치라는 민주주의 본연의 기능을 회복하는 데 일조할 것으로 여겨진다.

(4) 지속성 및 전문성

여가참가자들의 여가 타입은 오랫동안 변화없이 지속성을 유지하는 경향을 가지게 된다. 즉 여가활동은 오랜 기간 지속적으로 적응하고 재생하는 과정에서 생성되며, 여가활동의 지속적 유지는 여가기술을 수반하게 된다. 이러한 지속적인 활동을 통해서 개인들은 여가기술과 활동분야에 대한 전문성을 획득할 수 있으며, 이러한 전문적인 기술이 어느 정점에 다다랐을 때 그것을 분출하지 못하면 여가활동의 권태를 느낄 수 있기 때문에 개인적인 환원이 필요하다고 인식할 수 있다. 이때 지속적인 기술습득을 통한 전문적인 여가활동을 생활의 일부로 지속적으로 전개하는 여가활동이 사회성 또 다른 특징으로 제시된다.

4. 사회성 여가의 사례

1) 참여유형별 사례

사회성 여가는 여가의 내적 보상과 사회적 가치실현이라는 두 가지 기능에 대해 참여하는 유형에 따라 볼런테인먼트(voluntainment : 시간나눔형, 관계지향형), 진지한 사회성 여가(마니아형, 멘토형) 등으로 구분할 수 있다.

(1) 볼런테인먼트

원래 볼런테인먼트는 volunteer와 entertainment가 합쳐져서 만들어진 새로운 말로, 기존의 자원봉사에 즐거움과 재미 · 행복의 요소를 더한 개념을 일컫는다. 이는 봉사자와 수혜자 간의 수직적 관계, 또한 이에 따른 여러 가지 자원봉사의 초기적 특성(진지함 · 희생정신)에 대한 반성으로 자원봉사활동에 대한 접근성을 높이기 위한 개념으로 사용되었으며, 우리나라에서는 2004년부터 전국적으로 확산되기 시작하였다.

우리 주변에는 대상자와 수평적인 관계에서 서로 영향을 주고받으며 기쁨과 즐거움을 추구하는 자원봉사활동이 있어 왔고, 지금도 계속되고 있다. 이에 자원봉사 특성변화에 따른 개념의 변화를 구체적으로 인지하고 자원봉사 본래의 모습을 구현하여 좀 더 많은 사람들이 봉사활동에 참여할 수 있도록 하기 위해서 새로운 개념을 도입한 것이 '볼런테인먼트'이다.

이 형태에 속하는 경우는 자유시간 동안 사회적 가치실현의 목적을 위해 자원봉사활동에 주력하는 특징이 있다.

【사례】 대학생 봉사 프로그램 참여를 통한 여가활동
· 대학생으로서 유익한 시간보내기에 관심을 갖던 중 부산광역시 자원봉사센터의 대학생 봉사 프로그램에 참여하게 되면서 시작됨 · 덕천사회복지관 아이들과의 만남을 통해 단순한 봉사활동 참여로 만족스럽지 않아 스스로 마술을 배워 마술쇼 공연을 하거나 마술배우기 코너를 통해 지속적으로 참여함 · 생활에 대한 만족뿐 아니라 아이들을 즐겁게 하기 위해 스스로 마술연습에 집중하고 열심히 참여하게 되어 봉사활동을 통해 자신만의 여가활동도 개발할 수 있는 기회가 됨

① 시간나눔형

시간나눔형은 시간적인 개념에서 자유시간 동안 사회적으로 가치 있는 일을 하기 위해 탐색하는 유형을 말한다. 전형적으로 자원봉사활동을 통해 삶의 만족과 의미를 찾는 경우가 해당된다. 상대적으로 자원이 부족한 대학생이나 주부들이 자신의 남는 시간을 유익하게 보내려는 동기로 유발되는 경우가 많다. 봉사활동을 통해 유익한 시간을 보내는 본래의 목적 외에도 봉사활동을 통해 자신만의 여가기술을 발전시키는 부차적인 목적을 달성하기도 한다.

【사례】 주부의 자유시간을 활용한 여가활동

· 전업주부이지만 자아정체성을 찾기 위해 낮 동안의 자유시간을 '서울숲 지킴이'로 봉사활동에 참여하게 됨
· 자신이 좋아하는 사진 찍기와 블로그 꾸미기 등의 여가활동을 서울숲 사랑이라는 소식지를 만드는 데 활용하고, 초등학생들을 위한 '디카교실'이나 '자연신문만들기' 수업을 진행하기도 함
· 자신이 좋아하는 일을 하고 능력을 발휘할 수 있다는 점에서 만족감이 높음

② 관계지향형

이 형태는 자원봉사에 참여하게 되는 목적이 새로운 사람들과의 만남과 교제를 확대하기 위한 경우를 포함한다. 지역사회활동이나 사적 모임을 통해 교제의 목적으로 모임이나 동아리를 결성하여 활동하는 과정에서, 사회적인 가치실현을 위해 이타적 활동으로 발전된 형태, 또는 비슷한 취미나 관심, 그리고 환경적 배경을 가진 사람들의 모임으로 출발하여 지속적인 관계를 유지하기 위해 이타적 활동으로 발전되는 형태가 속한다.

【사례】 학부모들의 모임을 통한 여가활동

· 아이들이 다니는 미술학원 학부모들의 친목모임에서, 아버지들의 모임을 지속하기 위한 수단으로 밴드결성, 이후 마마밴드, 키즈밴드로 활성화되어 가족단위로 모임을 지속하게 됨
· 악기나 노래 부르기의 취미가 같은 사람들이 모임을 통해 자신의 여가생활을 활성화하고 가족들의 친목을 도모할 목적으로 활동을 시작함
· 공연 등 외부활동을 통해 자연스럽게 봉사활동을 하게 되는 계기가 됨. 밴드를 통한 봉사활동을 통해 원래 사교적인 목적 이외에 사회적 가치추구의 목적 실현을 통해 삶의 질 향상됨

(2) 진지한 사회성 여가

진지한 사회성 여가는 준전문가 수준으로 부유한 여가활동과 관련된 노력·지식·훈련을 다른 사람들과 함께 공유함으로써 사회적 가치실현을 이루는 형태를 말한다.[4] 오랜 기간 여가기술을 습득하는 과정에서 개인적인 만족과 즐거움을 경험하였으며, 일정수준 이상이 되어 자발적으로 다른 이들에게 자신의

여가기술을 교습하고 지도하게 되는 것이 특징이다. 여가참여의 관계에 따라 마니아형과 멘토형으로 구분된다.

① 마니아형

마니아형은 특정여가활동에 대한 몰입 정도가 높아 마니아적 성격을 유지하는 과정에서 관련된 사회공헌적 활동으로 발전되는 형태를 말한다. 예를 들어 예술공연이나 축제 등에 지속적으로 참여하여 공연 서포터즈나 축제 도우미로 참여하거나 골프 등과 같은 스포츠에 대한 몰입수준이 높은 골프대회나 챔피언십에 자원봉사로 참여하는 경우 등이 포함된다. 이들의 특징은 특정여가활동에 대한 기술이나 지식·훈련 정도가 높으며, 이러한 경험은 봉사활동을 통해 사회적 가치를 실현한다는 점이다.

【 사례 】 축제 마니아의 서포터즈 활동

· 부산지역에 살게 되면서 축제에 참여할 기회가 많아지면서 자연히 축제참가 마니아가 됨
· 개인적으로 참여하는 경험이 늘면서 보다 적극적으로 참여하기 위해 자원봉사자로 참여하게 됨
· 즐거움과 보람이라는 사회성 여가의 두 가지 목적을 충족시키고 있음

② 멘토형

멘토형은 여가에 대한 적절한 지식과 경험의 축적을 다른 사람에게 교습하고 지도하는 여가형태에 속한다. 이 유형은 특정여가활동에 대해 일정기간 습득한 기술을 누군가 다른 사람에게 가치 있는 조언이나 봉사를 함으로써 자기만족감에 대한 보상을 얻을 수 있다. 중년기 또는 노년기에 자신의 특기나 여가기술을 통해 어린아이들이나 소외계층에게 여가기술을 전파하고 전수하는 형태가 대표적이다.

【사례】 댄스에 대한 열정을 가정평편이 어려운 청소년들과 함께
· 학생시절 치어리더로 활동하면서 춤에 대한 열정과 경험을 축적함 · 성인이 된 후 개인적인 댄스에 대한 열정을 청소년기에 방황하고 경제적으로 어렵지만 춤을 좋아하는 몇몇 학생들을 지도하고 상담하는 역할을 하면서 더 많은 만족을 얻게 됨

제2절 여가와 커뮤니티의 전망

1. 커뮤니티 여가활성화 방안

지역사회가 추구하는 것은 지역주민들의 생활 만족감 향상이다. 현대 사회에서 주민들의 생활 만족감을 향상시키기 위해 지방자치단체의 적절한 여가환경의 조성은 반드시 필요하다. 주 5일 근무제 이후 지역사회 주민들의 여가시간은 크게 늘어난 데 비해 공공개념에서의 여가환경이 부족하다 보니 실제 여가 참여자의 여가 제약도 동시에 늘어가고 있다. 주민들의 생활 만족과 여가만족은 밀접한 연관을 맺고 있다. 여가 만족이 높으면 생활 만족은 자연스럽게 높아진다. 지역사회 주민들의 여가 활성화를 위해서는 중앙정부, 지방자치단체 그리고 주민들의 상호 노력이 필요하다. 중앙정부의 여가정책 집행만 기다린다든지, 한정된 지방자치단체의 예산으로 여가환경의 변화를 기대한다는 것은 어리석은 일이다. 그리고 주민들의 여가에 대한 구체적인 요구수준이 없다면 적절한 여가환경이 이루어지기 어렵다. 이러한 관점에서 다음의 다섯 가지를 제시하고자 한다.[5)]

첫째, 지역사회 주민에 맞는 '눈높이' 여가환경이 조성되어야 한다. 이를 위하여 지역사회 행정을 담당하는 관련 부처 또는 지방자치단체가 주민들 요구수준에 대한 정확한 인식 및 사전 조사가 이루어져야 한다. 지역 여가공간의 변화에 대한 구체적인 인식이 여가정책을 집행하는 담당 공무원들에게 필요하다. 주민이 원하는 집 근처의 여가공간에 대한 배려를 통하여 그들이 원하는 여가환경을 제공해야 한다. 집 근처 여가공간의 필요성을 연구한 내용을 보면 신화경은 다음과 같이 설명한다.

여가활동에 대응되는 여가공간의 위치체계를 보면, 현재의 여가활동은 주로 가정을 중심축으로 이루어지고 있으며 주로 집안에서 이루어지는 비율이 높게 나타났다. 그러나 미래 선호하는 여가활동 공간은 집을 중심축으로 여가생활을 하고자 하는 비율이 더 높아지지만 집보다는 집 근처에서의 활동을 더 선호하는 것으로 나타났다. 집 근처의 동네(지역사회)에서의 여가활동에 대한 선호 증가는 집으로의 주거환경 계획 시 여가활동을 지원할 수 있는 공간 및 시설에 대한 배려가 더 한층 고려되어야 할 것을 시사한다.[6)]

지적대로, 미래에는 집보다는 집 근처 공간이 중요 여가환경으로 등장할 것이다. 주민들의 요구수준과 눈높이에 따라 산책로, 호수공원, 문화센터 등의 여가공간을 지방자치단체가 제공해 주는 것이 지역의 여가문화 활성화에 중요하다. 지역사회 주민들이 요구수준을 파악하기 위하여 지방자치단체는 두 가지 준비를 해야 한다. 첫 번째는 지역 대표들의 의견을 수렴해서 주민들이 필요로 하는 여가환경을 광범위하게 조사하는 작업이다. 구(區) 단위를 예로 들자면, 그 구의 각 동(洞)에 2명 또는 3명씩의 동 대표를 선정해서 이들에게 주민들의 여가 관련 자료수집을 위탁하고, 이들에게 간단한 설문조사를 하도록 요청한다. 이후 가장 많이 제기된 여가 요구 의견을 정리하여 안(案)으로 만들어 주민투표를 실시하도록 한다. 두 번째는 지역에 맞는 특성화 할 수 있는 여가활동이 무엇인지에 대하여 지방자치단체 차원에서 면밀히 조사해야 한다. 예를 들어 도서 산간지역과 도시지역과의 가용 여가환경은 완전히 다르다. 또한 서울의 경우에도 성동구와 양천구의 여가환경 특성화 전략은 달라야 정상이다. 성동구처럼 한강이 인접한 지역에서는 지역사회 주민들에게 양질의 수상레저 스포츠를 제공할 여가 프로그램을 고안하는 지혜가 필요하다. 이와 같이 지역별로 차별화된 여가환경 조성을 위해서는 무엇보다도 여가정책이 지방자치단체의 주민을 위한 적극적 행정서비스라는 인식 전환에이 필요하다. 아래 [그림 8-3]의 국민이 원하는 여가정책 방향을 살펴봐도, 다양한 여가시설(93.2%)과 질 좋은 여가 프로그램의 개발 및 보급(93.0%)에 대해 응답자 중 93% 이상이 중요하다고 평가하였다. 그 외 소외계층을 위한 여가생활지원(90.0%), 여가와 관련한 전문인력의 양성 및 배치(89.9%), 공휴일과 휴가를 법적으로 보장(89.1%) 등이 중요하다고 평가하였다. 이처럼 지역에 맞는 여가시설과 프로그램 개방은 지방자치단체의 과제임을 알 수 있다. 주민의 눈높이에 맞춰 여가환경을 정비해야 주민들이 여가환경을 적절하게 사용할 수 있다. 주민의 의견을 무시한 노인복지관, 청소년회관, 문화센터 등의 건립은 예산만 낭비하게 된다. 해당 주민에게 필요한 여가 요구가 무엇인지에 대한 면밀한 조사를 하고, 그에 따라 스포츠 영역, 문화활동 영역, 공원(park) 영역, 학습 영역 등으로 나누어 적절한 여가환경의 조성 및 관리를 하는 것이 지역사회가 풀어야 할 여가문화에 관한

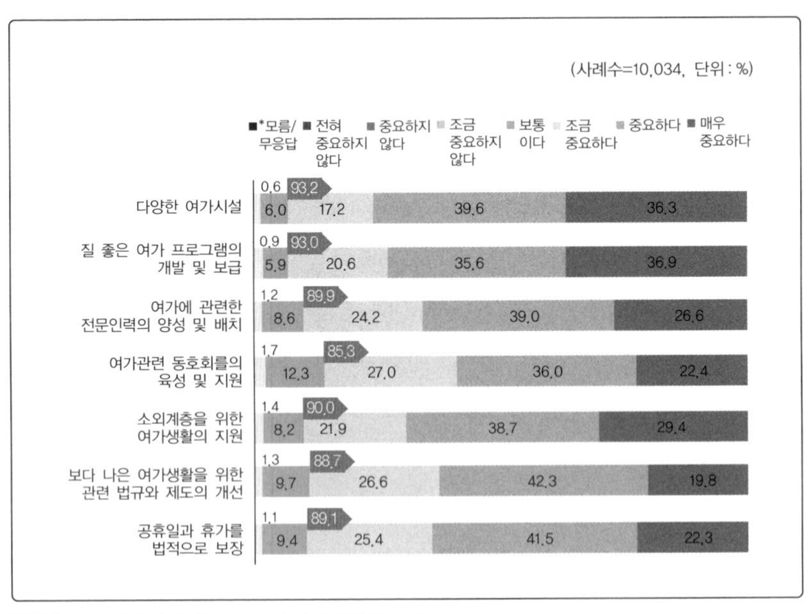

자료 문화체육관광부, 2014 국민여가활동조사, 2014.

[그림 8-3] 여가정책 평가별 중요도

과제이다. 이와 같은 과제에 대하여 다음과 같이 주민생활과 여가복지에 대하여 김향자는 다음과 같이 설명하고 있다.

도시 내에 살고 있는 거주민에게 환경친화적이고 거주할 만한 공간이 되기 위해서는 다양한 여가문화시설 및 공원 확충이 이루어져야 할 것이다. 또한 녹색교통수단뿐만 아니라 여가 레크리에이션용 자전거 전용도로의 확충도 요구된다. 기존 동사무소의 기본적 행정업무공간 외 유휴공간에 부대기능을 도입하여 주민생활여가 복지차원으로 활용을 유도하여 지역의 커뮤니티센터로서의 역할을 하도록 함으로써 이곳에서 다양한 여가생활을 즐길 수 있도록 하는 것이 필요하다는 것이다.[7)]

둘째, 지역사회 주민들을 위한 '여가교육'이 필요하다. 우리의 정규학교 교육기관에서는 여가에 대한 체계적인 교육을 시행하지 않고 있다. 주 5일 수업제가 시행되면서 여가교육에 대한 필요성이 사회적으로 대두되고 있다. 지역사회 주민들의 여가시간이 대대적으로 늘어났음에도 불구하고 이를 적절하게 사용할 교육을 받지 못해서 여가시간을 파행적으로 이용하고 있다. 기사는 지역사회 주민이 아직까지도 돈을 들여 여가시간을 보내는 것의 거부감 여부에 대한 이해를 돕는 내용이다.

은행원 K(45 · 경기도 고양시) 씨는 주말이면 주로 TV시청으로 시간을 보낸다. 물론 가끔 가족들과 집 가까운 호수공원을 산책하거나 북한산 등반을 하는 경우도 있지만 집안에서 보내는 시간이 가장 마음 편하다. 곰곰이 생각해 보면 그동안 여가생활을 위해 '노는 공부'를 한 기억이 없다. 힘들었던 어린 시절을 생각하면 잘 놀기 위해 돈들여 뭔가를 배운다는 것은 차라리 사치였다.[8)]

그렇다면 지역사회 구성원들을 위한 여가교육을 어떻게 시행해야 하나? 이 부분에 대하여 지역사회와 고등교육기관과의 연계를 권장하고 싶다. 현재 여러 대학들이 사회교육원을 운영하고 있다. 이 사회교육원 또는 평생교육원과 대학이 소재한 지방자치단체가 여가교육에 대한 계약을 체결하고 시행해야 한다. 대학의 지역사회 주민을 위한 여가 프로그램 개방의 모범적인 경우로 한국체육대학의 〈평생건강교실〉을 들 수 있다. 1993년도부터 시작된 이 여가교육 프로그램은 강동구와 송파구 주민들을 대상으로 건강과 스포츠 프로그램을 무상으로 제공하고 있다. 이 프로그램의 특성은 55세 이상의 연령층을 대상으로 실시하고 여가교육에서 상대적으로 소외된 노인계층에 대한 교육을 충실하게 실시한다는 점이다. 이처럼 대학이 지역사회 주민을 위한 여가교육의 현장에 나서는 것은 바람직한 여가교육의 나아갈 방향이다.

대학의 사회교육원을 지역사회 주민과 적절하게 연계한 프로그램으로 정착시키기 위해서는 전제조건이 있다. 그 조건으로는 중앙정부에서 해당 대학에 대대적인 지원을 해야 한다는 점이다. 지역사회 주민으로 고등교육기관의 지도자와 프로그램을 확대 적용하기 위해서는 여가교육을 위한 공간과 예산이 절대적으로 필요하다. 공간의 경우에는 지방자치단체 내의 여러 시설들, 문화센터, 공립체육관 등을 사용해야 한다. 그리고 그곳에 투입되는 예산은 중앙정부에서 해당 대학에 전액 지원되어야 한다. 또한 여러 대학의 참여를 독려하기 위해서는 대학 전체의 교양과 체육학 분야 발전기금을 교육과학기술부가 추가로 예산을 지원해 주는 방법도 고려해야 한다. 지역사회의 학습공동체 필요성에 대하여 서울시 대안교육센터의 김찬호 부센터장은 제도적 장치의 미비한 점을 지적하면서 여가활동을 위한 지역사회 학습공동체를 제안하였다.

외국의 경우, 지역공동체가 활성화되고 그 안에서 다양한 활동이 이뤄지고 있다. 경제학자가 학교에서 전공자만을 대하는 것이 아니고 이웃집 아이들을 모아놓고 경제지식을 이해하기 쉽게 설명하는 등의 모습은 낯설지 않다. 졸부가 갑자기 생긴 돈에 어쩔 줄 몰라하며 흥청망청 쓰는 것을 생각하면 우리에게 늘어난 시간을 제대로 활용하기 위해 어떤 고민들을 해야 하는지 해답이 나올 것이다.[9)]

셋째, 여가 소프트웨어(여가 프로그램과 동일한 개념어)를 개발해야 한다. 주민을 위한 여가활동이 일시적 행사 차원에서 끝나서는 안 된다. 이를 위해 무엇보다 지속적인 여가 참여를 가능하게 할 만한, 지역주민이 선호하는 여가 소프트웨어가 개발되어야 한다. [그림 8-4]에서 나타나듯, 여가 활용에서의 불만족은 시간 부족 외에도 취미 부족, 여가정보 부족, 여가시설 부족 등의 요인이 제기되었다. 이에 여가 소프트웨어 제공의 필요성을 알 수 있다.[10]

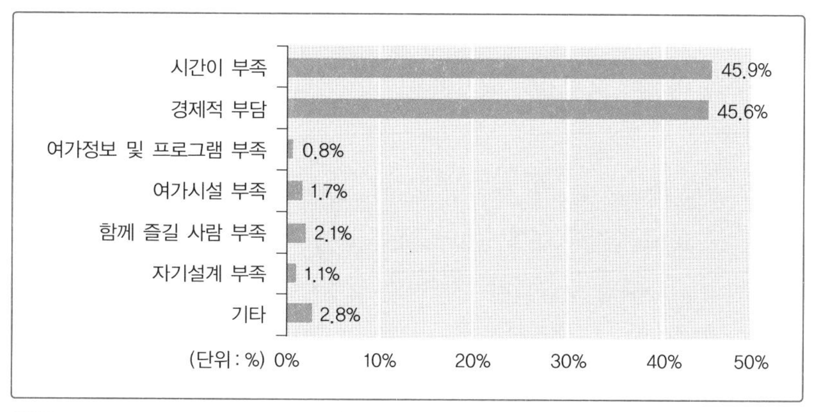

자료 문화체육관광부, 2010년 국민여가활동조사.

[그림 8-4] 여가 참여 시의 제약

계층별로 선호하는 여가활동은 다르다. 이에 공공의 여가기관에서는 특히 연령대별로 차별화된 여가 소프트웨어를 제공해 주는 것이 필요하다. 청소년들이 좋아하는 여가활동으로 스포츠 활동이나 댄스와 같은 활동을 지역사회의 여가센터에서 제공해야 한다. 가정주부들을 위해서는 가용 여가시간인 오전에 유산소 운동을 중심으로 한 각종 댄스 활동을 제공해 주면 좋다. 그리고 고령자들을 위한 여가 소프트웨어 또한 신중하게 제공되어야 한다. 지금과 같이 우리나라에서 고령자가 늘어가는 추세라면 여가 프로그램의 대대적인 변화가 필요하다. 특히 고령자를 위한 여가공간의 재구성은 한국사회가 직면한 중요한 여가 전개상의 문제이다. 고령자의 여가공간 정비에 관해 양재준은 다음과 같이 설명하고 있다.

삶의 질에 대한 고령자의 욕구는 자기계발과 즐거움을 위한 여가활동의 확대로 나타나고 있으며, 일상생활 속에서 향유할 수 있는 도시 내 여가공간에 대한 수요는 점차 확대되고 있다. 여가를 어떻게 활용하는가 또는 고령자의 여가활용공간이 충분한가 등의 문제는 나아가 정서함양과 생활의 질 향상과 관련을 맺고 있다. 이러한 관점에서 고령자의 건전하고 문화적인 도시생활 공간 확보와 건강과 휴식, 정서함양과 생활의 질을 향상시키기 위해서는 복지시설의 확충과 더불어 고령자를 배려한 여가공간 정비는 중요한 과제라고 할 수 있다.[11)]

여가 소프트웨어는 상술한 지역주민들의 눈높이에 맞는 여가환경 조성과 비슷하지만 좀 더 구체적인 개념어이다. 예를 들어 주민의 눈높이에 맞는 여가환경은 주민의 요구사항에 근거한 양재천의 보행자 도로 건립, 일산 호수공원의 조깅트랙 설치를 들 수 있으며, 여가 소프트웨어는 양재천에 보행자를 위한 시간대별 음악 프로그램 제공, 새벽에 워킹 엑서사이즈 실시, 호수공원에서의 조깅 동호회 운영에 대한 계획을 짜서 주민들에게 제공해 주는 것을 말한다.

여가소프트웨어는 지역사회의 특수한 환경적 측면과 여건을 고려해서 구성되어야 한다. 또한 여가 프로그램을 다변화해서 그 지역에 맞게 이루어져야 한다. 여가 소프트웨어의 다변화에 대한 예로 일본의 '뉴스포츠' 운동을 들 수 있다. 일본에는 각 지역별로 사람들이 편하게 운동에 참여할 수 있도록 변형한 스포츠(일종의 레크리에이션적 스포츠)가 활성화되어 있다. 뉴스포츠 운동은 종목을 편하게 만들어 주민들이 쉽게 스포츠에 참여할 수 있을 뿐 아니라, 주민들에게 스포츠 공간 제공까지 신경 쓴 일종의 사회운동이다. 일본 돗토리현의 경우를 살펴보자. 이곳의 가장 큰 스포츠 시설인 후세종합운동공원은 1만 8천 명을 수용할 수 있고, 3,300석 규모의 실내체육관과 야구장을 가지고 있다. 전국대회의 경기 개최가 가능한 이곳을 주민들은 아주 값싸게 이용한다. 종합운동장의 이용료는 1인당 150엔으로 이 돈만 내면 이 지역의 특성화된 뉴스포츠인 '그라운드 골프'를 마음껏 즐길 수 있다. 헬스클럽도 한 달에 1,900엔이면

이용이 가능하다. 더욱이 초 · 중 · 고등학생, 60세 이상의 노인과 장애인은 모든 시설을 무료로 사용할 수 있다. 이렇게 운영되다 보니 1년에 소요되는 운영비인 3억 5천만 엔 중에서 이용료와 자판기 판매대금 5천 만엔을 제외한 3억 엔 정도의 적자가 생긴다. 그럼에도 불구하고, 돗토리현은 3억 엔을 주민의 여가복지비 차원에서 예산을 편성하고 지원한다.

여가 소프트웨어를 다양화하기 위해서는 지방자치단체의 적절한 예산지원과 정책 집행이 필수적이다. 지역주민의 여가시설과 프로그램을 위하여 세부적인 계획을 짜고 이에 맞춰 예산을 확보하고 집행해야 한다. 위의 일본 돗토리현의 경우처럼, 우리의 지방자치단체는 지역주민의 건강과 여가활동을 우선적인 복지정책으로 설정해야 한다. 이러한 고려가 지역사회의 여가문화를 발전시킬 수 있는 모티브가 된다.

넷째, 여가 발전을 위한 '주민위원회(가칭)'를 설치하는 것이 필요하다. 지역사회의 여가환경에 대하여 커다란 목소리를 낼 수 있는 단체가 있어야 한다. 이 단체의 성격은 시민운동의 성격을 띠는 것이 좋다. 주민 스스로가 여가활동에 대한 요구수준을 중앙정부나 지방자치단체에 전달하고, 지방자치단체는 이를 수용하고, 여기에 적용되는 지역사회의 여가환경에 대해서는 지속적인 모니터링이 가능한 단체가 있어야 한다.

서울시를 예로 들면, 구(區) 단위로 '여가주민위원회'를 편성하는 것이 좋다고 본다. 이 위원회는 예를 들어 그 지역에 최소한 3년 이상 거주하고, 성인남녀 중에서 공개 모집된 50명, 지역과 관련된 시민단체에서 추천한 20명과 각 동의 주민자치위원회에서 추천한 30명으로 총 100명으로 구성될 수 있다. 그 지역의 특성과 환경에 따라 인원은 꼭 100명이 아니어도 융통성 있게 모집할 수 있다. 이와 같은 여가주민위원회가 구성되면 지역사회의 여가예산 편성에 대한 심의가 가능해진다. 그리고 여가에 대한 주민의 요구를 구체적으로 지방자치단체에 요청해서 그 요구에 맞는 여가환경을 재구성할 수 있다.

다섯째, 여가 인센티브제도를 도입해야 한다. 지방자치단체에서 구성한 여가환경에 대한 주민들의 이용이 이루어지지 않는다면 이는 예산낭비로 이어질 수 있다. 주민들의 여가 참여를 독려하는 방법으로, 그리고 적극적인 여가복지의 개념에서 여가 인센티브제도의 도입은 필요하다. 이 말은 지자체에서 제공하는 여가환경을 자주 이용하는 사람들에게 추가 할인제도나 무료 이용제도에 대한 확대 실시의 필요성을 의미하는 것이다.

여가 인센티브제도는 두 가지 차원에서 접근 가능하다. 하나는 '여가 마일리지' 제도이다. 공공 여가 프로그램에 많이 참여하는 사람들에게 확인증을 나누어주거나, 온라인상에서 이용 횟수를 관리하여 일정 참여 횟수가 넘으면 부여한 여가 마일리지로 다른 여가 프로그램을 무상으로 이용하거나, 반값만 내고 이용할 수 있게 한다. 예를 들어 국립공원 입장료 무료, 눈썰매장 무료입장, 구립체육관 스포츠 프로그램의 동반자 무료, 노인복지관에서의 5회 식대 쿠폰 등의 여가 마일리지를 제공해 주는 것이다. 다른 하나는 저소득층에 대한 배려로 '여가바우처(상품권)'제도를 적용하는 것이다. 도시근로자 평균임금 이하를 받는 계층에게 여가바우처를 제공하여 여가 참여를 독려할 수 있는 제도를 마련하는 것이다. 관할 동사무소에 건강보험증과 재직증명서만을 제출하여 도시근로자 평균임금보다 적게 받는 가계에 20만 원에서 30만 원 정도의 여가바우처를 제공하도록 한다. 이 바우처로 저소득층은 동사무소의 헬스클럽, 구립 체육관의 스포츠 및 문화 프로그램, 지역 문화센터 등록 등에서 사용이 가능하다.

지역사회의 여가를 활성화하기 위한 구체적인 방법으로 위에서 다섯 가지를 제시하였다. 지역사회 여가 활성화의 전제는 지방자치단체의 주민 복지를 위한 의지와 주민들의 여가 참여에 대한 실천적인 요구가 서로 조화를 이룰 때 가능하다. 한정된 지역사회의 예산을 어떻게 효과적으로 주민 여가를 위해 배정해야 하는지, 그리고 주민들을 위한 여가환경을 어떻게 재정비할 것인가에 대해 지자체의 심각한 고민이 우선되어야 하며, 동시에 주민들은 우리 지역에 맞는 그리고 필요한 여가환경에 대한 목소리를 낼 수 있을 때 지역사회의 여가가 활성화되고 발전할 수 있다.

2. 커뮤니티 발전과 여가

지역의 여가문화는 지역사회를 총체적으로 발전시킬 수 있는데 다음의 세 가지 차원에서 진단할 수 있다.

첫째, 여가를 통하여 지역의 정체성을 구축할 수 있다. 살기 좋은 지역사회 또는 마을의 기준 중 하나는 주민이 만족할 만한 여가환경 조성이다. 주민들은 여가활동에 대해 만족할 수 있는 여건이 되는 지역에서 살고 싶어 한다. 세계적으로 살기 좋은 도시라고 손꼽히는 곳들의 특징은 모두가 주민들의 여가환경이 탁월한 곳들이다. 특히 지역사회 중심으로 여가환경이 뛰어난 집 근처가 살기 좋은 곳으로 선정되어 있다.

이제는 지역사회별로 차별화를 구축해야 주민의 만족도가 높아지는 시대이다. 지역사회의 여가환경과 문화는 그 지역만의 특성화에 이바지할 수 있다. 따라서 지방자치단체는 여가를 통하여 지역의 특성을 구체화할 수 있어야 한다. 건설교통부가 2007년 10월 5일 입법 예고한 '국토의 계획 및 이용에 관한 법률'의 개정안에 따르면, 지역사회 내의 생활환경과 여가환경 개선을 위하여 주민의 마을 만들기에 대한 참여의 가능한 '마을 만들기 계획제도'가 시행된다. 이와 같은 제도의 적용은 주민의 여가 참여의 자극이 될 수 있다. 또한 앞으로 지역별로 차별화된 마을 만들기가 진행될 가능성이 있다. 이러한 관점에서 주민을 위한 특성화된 여가환경은 다른 지역과 차별화할 수 있게 한다.

'여가 도시(leisure city)'라는 개념이 이제는 한국사회에서도 등장할 가능성이 있다. 일본 후쿠오카의 경우, 커낼시티(Canal City)라는 콘셉트를 도입하여 단순한 대규모의 상업공간이 아닌, 다양한 레저를 즐길 수 있는 도시지역이 되었다. 이곳은 연면적 7만 2천여 평 규모로 2개의 호텔, 13개의 영화관, 스포츠클럽, 백화점, 식당 등이 있다. 이 커낼시티는 지역사회 주민들의 중요한 여가공간이 되었으며, 관광객들을 유치하여 지역사회의 고용창출과 재정 확보에 많은 도움을 주고 있다. 이렇듯 지역사회가 변모하는 이유는 무엇일까? 크게 두 가지 관점에서 생각해 볼 수 있다. 첫 번째는 지역사회 스스로가 여가를 통한 지역의 이윤 창출을 하기 위해서이다. 중앙정부의 한정된 지원과 지역주민에게서 받는 제한된 세금으로는 주민을 위한 선진화된 개념의 여가환경을 제공하기 힘들다. 그렇기 때문에 지방자치단체 스스로가 부를 창출해 나가는 전략이 절대적으로 필요하다. 두 번째는 지역이 발전하기 위한 자구책이라고 할 수 있다. 후쿠오카의 경우나 앞에서 제시한 민자를 유치한 강남구의 경우처럼, 이러한 접근을 통하여 신규 고용이 가능하고, 유동인구가 늘게 되어 지역경제가 활성화될 수 있다.

둘째, 지역의 여가문화 활성화는 '선택적 복지'의 실천을 의미한다. 일괄적으로 사회구성원들에게 제공되는 복지혜택이 아닌, 지역사회 주민, 나아가서는 각 가계별로 필요한 여가혜택을 선택할 수 있는 시스템의 구축이 선택적인 복지체제이다.

주민들의 여가 참여를 자신의 의지대로 또는 원하는 대로 지역사회가 여건을 조성해 준다는 것은 주민을 위한 철저한 배려를 의미한다. 지역사회의 여가환경에 대하여 주민의 눈높이에 맞추고 여가 프로그램을 다양화하는 것은 주민들에게 선택적인 복지가 가능하게 하는 것이다. 이제는 획일적으로 산책로를 만들거나, 주민들이 자주 이용하지 않는 유휴지에 자전거도로를 만드는 '전시행정'은 지양해야 한다. 주민을 위한 여가환경이 조성되면 주민들이 여가활동을 선택할 수 있는 폭이 넓어지고, 이를 통하여 지방자치단체는 자연스럽게 복지제도와 여가문화를 연결할 수 있다.

셋째, 지역의 여가문화 활성화는 지역의 애향심 고취를 가능하게 한다. 여가활동에 대한 제약이 없고, 여가 참여가 활성화된 지역에 사는 주민들은 그 지역에 대한 애착심이 높을 수밖에 없다. 지역만의 특성화된 여가환경이 조성되어 있거나, 여가 소프트웨어가 적절하게 공공센터를 중심으로 제공된다면 주민의 삶 만족도는 높아지게 된다. Iso-Ahola나 Kelly와 같은 저명한 여가학자들은 지역사회에서 인지하는 여가만족은 생활만족 향상에 직접적으로 영향을 미친다고 했다. 이제는 주 5일제를 통하여 여가시간이 늘어나면서 우리의 생활 범위가 집이나 직장보다는 주로 지역사회 중심으로 이루어지고 있다. 이에 여가 시간 동안 지역에서의 좋은 여가 프로그램에 쉽게 접근하고, 그에 대한 참여 만족이 높다면 그 지역에 사는 즐거움이 증가할 수밖에 없다.[12)]

이상에서 여가문화의 활성화는 지역사회를 어떻게 긍정적으로 변화시킬 수 있는지에 대하여 제시하였다. 우리의 지역사회가 여가 중심의 공간으로 변화해 가는 것은 어쩔 수 없는 시대적인 대세이기에 이러한 진단은 필요하다.

여가문화 활성화 사례

부산광역시 여가문화시설 가족요금제

홈〉가족〉여가문화시설 가족요금제
가족이 함께 공공 여가문화시설을 이용할 경우 요금의 일정액을 할인해 주는 것으로 가족이 함께하는 여가문화를 장려하고, 가족친화적인 도시를 조성하고자 전국 지자체 중 우리 시에서 처음으로 도입하는 시책[13)]

할인 대상은?
어린이 또는 청소년과 그 보호자를 포함한 가족 3명 이상이 함께 여가문화시설을 이용할 경우 요금의 10~20%를 할인함

대상시설 : 20개소
· 청소년수련시설(6개소) : 20% 할인
  - 금련소년수련원, 금곡청소년수련관, 함지골청소년수련관, 양정청소년수련관, 금정청소년수련관, 청소년종합지원센터
· 용두산공원(2개소) : 10% 할인
  - 부산타워 문의처 : 부산시설공단 ☏ 860-7623
  - 세계민속악기박물관 문의처 : 부산타워 ☏ 245-1066
· 태종대 공원(2개소) : 10~20% 할인
  - 다누비열차(20%) 문의처 : 부산시설공단 ☏ 860-7623
  - 유람선(다누비열차 이용권 소지자에 한해 1,000원 할인) 문의처 : 곤포유람선 ☏ 405-2900
· 시티투어버스 : 평일에 한해 20% 할인
· 부산문화회관 : 시립예술단 공연 10% 할인
· 보육지원센터 : 가족문화 공연 1인당 500원 할인
· 체육시설(6개소) : 20% 할인(수영장 및 실내 빙상장)
  - 사직실내수영장, 강서실내수영장, 북구빙상문화센터, 금정체육공원(스포츠센터), 올림픽기념국민생활관, 부산광역시국민체육센터
· 부산시민회관 : 월요영화 30% 할인, 자체기획공연 10% 상당 할인

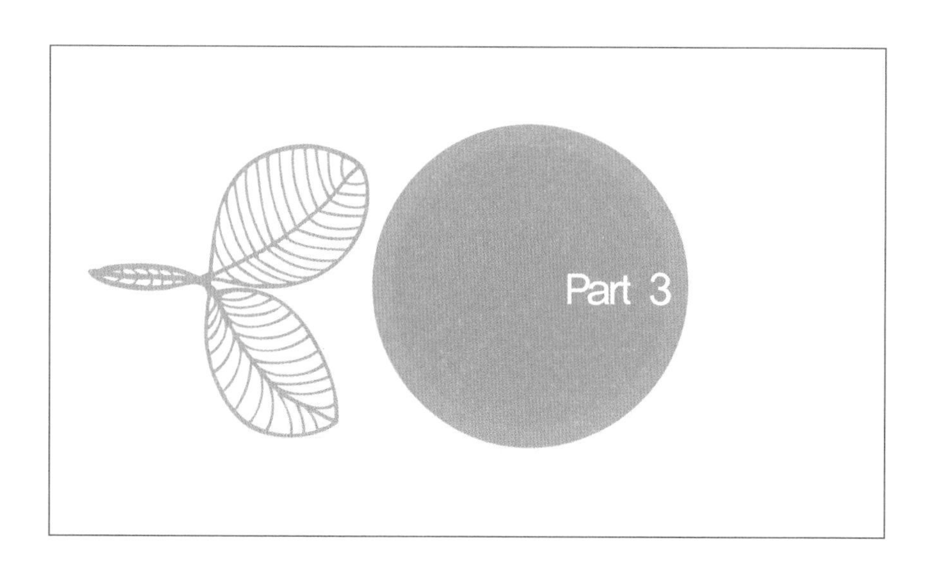
Part 3

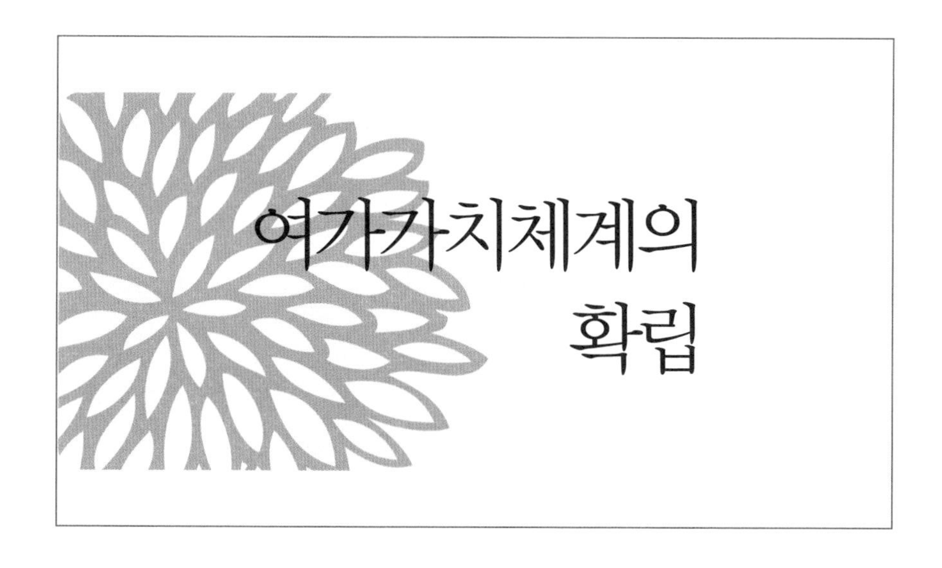
여가가치체계의
확립

제9장 ı 여가의 제약요인

제1절 여가와 생활의 질

인류역사를 통해 오늘날처럼 여가가 급속하게 증가되는 시기도 없었다. 그러나 우리나라의 경우 생활의 질이라는 용어는 외국에 비하여 비교적 늦은 1980년대 이후부터 등장하였다. 이 당시에는 정책적으로나 학문적인 관점에서 생활의 질을 체계적으로 분석 · 연구하고 대책을 강구하지는 못하였다.

그러나 국민소득 2만 불이 넘는 시대에 들어선 현재, 정부에 의한 생활의 질을 향상 의지가 뚜렷하게 나타나고 있다. 이는 그동안의 우리 사회가 경제성장에 치우친 나머지, 인간적인 삶을 유지하기 위한 노력이 부족하였기 때문이며, 선진국에서 일찍이 나타난 바 있는 '생활의 인간화(life humanization)'를 지향하는 것이다.

여기에서 생활의 인간화는 경제적 요인으로 생활을 말하는 생활수준(standards of living)과 도덕적 가치를 중시하는 훌륭한 생활(good life)을 모두 포함하는 개념이다.

1. 여가와 생활의 질의 관계

1) 여가의 위상

여가는 관점에 따라 매우 다양하게 정의될 수 있다. 그러나 관점이 통계적 목적의 관점이든, 사회제도적인 관점이든, 종교철학적 관점이든 간에 행정적 관점이든, 결국 모든 정의는 국민 각 개인의 생활과 직결되어 있는 것이다.

먼저, 벨(Bell)은 산업사회로부터 후기산업사회로의 이행과정에서 일어나는 사회변동의 일반적인 구조를 중심으로 전 산업사회와 산업사회, 후기 산업사회의 각 특성을 제시하고 있다. 이 가운데 후기 산업사회는 경제 면에서 운송업, 레크리에이션, 여가 등이 중추적인 산업으로 부상하게 된다.[1)]

이와는 별도로 머피(Murphy)는 사회변화의 단계를 씨족사회, 봉건사회, 산업사회 그리고 후기 산업사회로 나누고 각 사회단계별 지역사회의 생활, 노동, 그리고 자유시간의 특징을 제시하고 있다.

특히 후기 산업사회에 접어들면서 여가는,

① 개성과 가치관을 구현하는 방향으로 전개

② 개인적 욕구충족을 중시하며 여가기회의 다양화

③ 여가부문의 양적 비중 확대와 여가생활의 질 향상

④ 일 중심의 문화에서 여가 중심의 문화, 여가 중심의 산업구조로 전환

2) 생활의 질과 개념

생활의 질(quality of life)이란, 한 개인이 그 자신이 속해 있는 사회 속에서 어떤 상태로 살고 있으며 물질적 · 정신적으로 어느 정도의 만족감 내지 행복감을 느끼고 있는가를 나타내는 개념이며, 이는 사회가치의 변화에 따라 기업이나 국가에 대한 사회구성원들의 요구의 결과로 나타난 것이다.

복지정책에 있어서 양적인 시혜보다 질적인 여건조성에 역점을 두어 '기회균등을 통한 인간다운 삶의 보장 + 질 + 가치 = 복지'를 목표로 정책을 개발 · 시행하는 것이 보편화되어 있다.

생활의 질이 무엇인가에 대해서는 사람마다 다를 수 있다. 생활의 질은 간단히 보면 객관적 요소와 주관적 요소로 구성되어 있다.

전자는 주로 전력소비량이나 소비재지출액 등 객관적인 사실을 반영하는 생

활수준을 말하는 것이다.

반면, 후자는 사람들의 욕구충족도 또는 일반적인 행복감과 같이 심리적인 측면과 관련되어 있다.[2)]

1980년대 이후를 대개 자아실현욕구의 시대라고도 할 수 있다. 경제발전에 따른 물질적 풍요, 성숙사회의 도달단계에서는 생리적 · 사회적 욕구는 거의 달성되었고, 다만 자아실현을 위한 욕구가 남아 있어 이를 성취하기 위해 여러 가지 수단과 방법을 이용하거나 노력하고 있다. 즉 이 단계에서는 자기계발과 인격완성, 인간다운 삶의 추구, 개성과 가치관의 표현을 위하여 인격도야, 면학, 취미생활, 건강관리, 여가생활에 관심을 갖고 많은 투자를 하게 된다.

특히 여가생활에 많은 시간과 소득을 소비하게 된다. 초기단계에서는 여가생활도 양적 충족(빈도, 횟수)으로 만족하지만, 후기에 이르면 질과 가치를 모색하는 방향으로 사회생활 및 여가생활을 하게 된다.

3) 생활의 질과 여가의 관계

현대인에게 여가는 전 생활체계 속에서 노동과 의무로부터 상대적으로 독립한 것으로 존재하면서 동시에 그것들과의 상호관계를 통해 현대인의 생활에 필요한 기능을 수행하고 있는 것이다.

현대인의 생활양식은 보통 생활필수 활동과 소득을 위한 경제활동 그리고 여가활동으로 구분된다. 이 가운데 생활필수 활동과 소득을 위한 경제활동이 일에 의한 생활양식이라면 여가활동은 여가생활양식을 형성한다.

인간의 생활시간이 노동시간, 가정시간, 여가시간으로 구성되어 있다고 볼 때, 그 생활의 질은 앞의 세 가지 생활의 질에 의해서 결정된다고 보아야 할 것이다.

이와 같이 여가생활의 질은 다음과 같은 이유에서 중요하다.

첫째, 여가는 인간생활의 중요한 부분을 구성하므로 생활의 질이라는 측면에서 여가는 유쾌하고 즐겁게 무엇인가 실현할 수 있어야 한다.

둘째, 여가생활은 대개 개인적이면서도 사회적인 단위로 이루어진다는 점에서 생활의욕을 북돋우고 사회적 연대감을 향상시킬 수 있다.

생활양식에 있어서 중요한 위치를 차지하는 여가를 만족스럽게 보낼 때 생활의 질을 향상시키는 중요한 계기가 된다.

4) 여가균형성의 문제

여가균형성은 아직까지 학계에 폭넓게 도입된 적이 없는 개념으로, 한국문화관광원의 조사(2005)를 통해 처음 도입되었다.

여가균형성 개념은 여가만족도에 그 기원을 둔다. 그러나 여가만족도는 일반적으로 만족스러운 여가생활을 경험하기 위해 필요한 심리적 조건을 측정하기 때문에 '만족스러운/바람직한 여가생활을 위해 무엇을 어떻게 해야 하는가'에 대한 개입(intervention)의 관점에서 접근할 때 실효성이 떨어지는 한계가 있다.

따라서 여가만족도를 대체할 수 있으면서 동시에 보다 현실 개입적인 개념이 필요하다는 요구에 의해 도출된 개념이 바로 '여가균형성'이다. 여가균형성이란 여가활동, 휴식, 자기계발에 적절하게 시간을 배분하는 정도와 각 활동이 서로에 미치는 방해효과의 정도를 의미한다.

여가균형성이 높다는 것은 한 가지 활동에만 치우치지 않고 여가활동, 휴식, 자기계발 활동에 적절히 시간을 분배하는 것을 의미하며, 각각의 활동이 서로간에 미치는 방해효과가 적음을 의미한다.

〈표 9-1〉 여가균형성의 평가지표

구 분	평가초점	측정지표
여가활동, 휴식, 자기계발 활동시간의 적절한 배분	휴식활동, 여가활동, 자기계발 활동을 균형 있게 선택하고 있는지 알아보기 위해 시간분배의 적절성에 대해 질문함	나는 주말 동안 여가활동을 위한 시간을 적절하게 할애하고 있다.
		나는 주말 동안 휴식을 위한 시간을 적절하게 할애하고 있다.
		나는 주말 동안 자기계발 및 교육을 위한 시간을 적절하게 할애하고 있다.

구 분	평가초점	측정지표
여가활동, 휴식, 자기계발 활동시간의 전이효과(방해효과) 정도	휴식활동, 여가활동, 자기계발 활동의 전이효과를 살펴보기 위해 각 활동의 쌍방향적 전이효과 정도를 측정함	주말에는 피곤함 때문에 휴식을 취하느라 여가활동하는 것이 힘들다.
		주말에는 휴식을 취하느라 자기계발이나 교육에 소홀한 편이다.
		주말 동안 여가활동을 즐기느라 자기계발이나 교육을 받는 것이 어렵다.
		주말 동안 여가활동을 즐기느라 휴식을 취하지 못해 피곤할 때가 많다.
		주말 동안 자기계발(학원)이나 교육으로 인해 휴식을 제대로 취하지 못하는 편이다.
		주말에 자기계발(학원 등) 및 교육을 받느라 여가활동을 할 시간이 부족한 편이다.

자료 한국문화관광연구원, 주 40시간 근무제 실시 이후 근로자 여가생활 실태조사, 2005.

지금까지 언급된 이론을 바탕으로 여가균형성의 기본개념을 정리해 보면, 다음의 3가지로 요약된다.

첫째, 여가균형성이란 휴식활동, 여가활동, 자기계발 활동 사이의 적절한 균형을 유지하는 것이다.

둘째, 여가균형성이란 휴식활동, 여가활동, 자기계발 활동 간에 부정적 전이효과를 최소화시키는 것을 의미한다.

셋째, 균형적인 여가생활은 개인의 균형적인 발달과 만족스러운 여가생활, 삶의 질 향상을 가능케 한다.

2. 여가생활의 특성과 문제점

1) 한국인의 생활의 질 지표실태

'생활의 질 지표'란 일상생활 속에서 정치, 경제, 사회, 문화 및 환경 분야 등에 관한 삶의 질을 간결하고 정형화된 계량적 수단으로 표현하는 것을 말한다.

이 지표는 네 가지 유형으로 분류하여 ① A유형(객관적 · 물질적)은 국민소득, 식품소비량 등 물질적인 삶의 모습을 객관적으로 판단할 수 있는 지표이며, ② B유형(객관적 · 비물질적)은 교육, 문화, 환경 등의 비물질적인 삶의 모습을 객관적으로 판단할 수 있는 지표이며, ③ C유형(주관적 · 물질적)은 소득, 소비, 물가 등 물질적인 삶에 대한 주관적인 만족도를 판단할 수 있는 지표이며, ④ D유형(주관적 · 비물질적)은 건강, 여가, 직업 등과 같은 비물질적 삶에 대한 주관적인 만족도를 판단할 수 있는 지표를 말한다.[3)]

선진 8개국인 일본, 미국, 영국, 독일, 프랑스, 이탈리아, 스웨덴 및 캐나다의 유형별 생활의 질 지표의 평균을 100으로 잡았을 때, 우리나라의 유형별 생활의 질 지표를 나타내보면 〈표 9-2〉와 같다.

〈표 9-2〉 생활의 질 지표의 유형분류

구 분	객관적	주관적
물 질 적	A유형 : 51	C유형 : 60
비물질적	B유형 : 41	D유형 : 57

자료 공보처, 21세기 삶의 질 지표, 세계일류로 가는 길, 1996, p. 12.

우리 생활의 질의 수준이 선진국가의 절반 정도에 미치며, 객관적 범주에서는 B유형보다 A유형이, 주관적 영역에서는 D유형보다 C유형에 대한 지표수준이 높게 나타나고 있다. 향후 우리 사회는 유형과 유형의 지표수준 제고에 대한 욕구가 증대될 전망이다.

앞으로 물질적인 수준은 경제성장과 소득증대에 의하여 향상될 것이나 비물질적 수준은 국민의식의 개선이 있어야 그 효과를 기대할 수 있을 것이다.

2) 한국인의 여가생활 실태

일반적으로 생활의 질을 측정하는 데 있어서는 객관적인 지표와 주관적인 지표 두 가지가 있다. 첫째, 주관적인 생활의 지표란 개개인의 실제 생활경험을 통하여 체험하는 생활상태를 측정하고자 하는 것이다. 따라서 주관적 지표는 인간이 추구하는 가치와 생의 목표에 따라 다양하고 상대적이며 그야말로 주관적인 것이다. 둘째, 객관적인 생활의 질 지표는 사회 그 자체를 실제 있는 그대로의 제 조건으로 측정하는 것을 목표로 한다.

그러므로 사회환경, 경제, 정치환경 등 개별적인 모든 자료는 이러한 측정의 대상이 되는 것이다. 인구통계자료나 정부기관의 기록보존기능 및 여타 사회·경제적 조직체들에 의해서 생긴 모든 자료들이 이와 같은 객관적인 사회지표의 구성을 위한 유용한 근거자료가 되는 것이다. 이와 관련하여 통계청에서 매년 발표하는 '한국의 사회지표'는 그동안 꾸준한 수정작업을 해오고 있다.

제2절 여가문제

1. 여가문제에 대한 이론적 시각

현대사회가 점점 더 복잡해짐에 따라 여가는 생활에서 더욱더 큰 비중을 차지하는 요소로 출현하게 되었다. 그러나 동시에 여가가 정확히 무엇을 의미하고, 그것은 사회 내의 다른 부분들과 어떻게 연관되어 있으며, 개인의 삶에 대해서 그리고 사회 전체적으로 어떤 역할을 하고 있으며, 또 해야 하는지에 대한 혼란도 가중되고 있다. 이러한 문제들에 대한 해답은 다음의 이론적 관점에 따라 상이하게 주어질 수 있다.[4)]

1) 기능주의적 관점

기능주의적 관점은 전체 사회의 움직임에 대한 사회 각 부문의 기여에 우선적인 관심을 가진다. 기능주의적 관점에서 여가는 기본적으로 사람들을 일에 대비시키고, 근로의욕을 불어넣어 줄 회복제가 됨을 의미한다. 그런데 여가가 사회문제가 되는 것은 사회의 유지에 핵심적인 과제들을 수행하게끔 사람들을 동기화해 주는 기능을 제대로 해내지 못하기 때문이다.[5] 이러한 위험을 줄일 수 있는 방법은 일과 여가를 분리해서 해석하는 것이다. 만약 일과 여가가 통합되었다면 여가활동영역의 부조화나 불만족은 자연히 일의 영역으로 전이되어 생산성 저하를 초래할 수도 있으므로, 일과 여가는 분명히 구분하여야 한다는 것이다.

따라서 기능주의자들에게는 일과 여가의 확연한 분리가 체계유지에 매우 중요한 조건으로 인식되고 있다.

2) 갈등론적 관점

갈등론적 관점은 사회 내 각 집단들이 이해관계를 가지는 가운데 가장 강력한 힘을 보유한 집단의 요구와 주장에 의해 주도됨으로써 계층 간 갈등이 조장 또는 야기된다는 점에서 비롯되었다. 이를테면, 계층 간 기회의 불평등으로 인한 갈등을 의미한다.

산업사회에서는 일과 일이 아닌 것, 생산과 소비 간에는 정확한 구분이 있다. 산업사회에서의 생산과정과 업무는 틀에 박힌 일정과 계획에 따라 수행됨으로써 인간성이 소외된 채 일정시간에 이루어지는 과정인 반면에, 소비는 일과시간 후에 진행되는 소극적 과정을 나타낸다. 이 두 과정은 전통적으로 갈등관계에 있었고, 상호 융합되는 데 실패하였다. 이러한 실패는 일부 집단이 불만스럽게 소외된 활동에 종사하여 많은 시간을 보내야 하는 것이 다른 집단에 비해 상대적이 되므로 하나의 사회문제로 등장하게 된다.

갈등이론가들은 일부 집단, 곧 노동자계층의 불만과 갈등을 현실과 일에서의 도피수단으로 여겨 여가를 활용하고 있다. 그러나 일시적인 여가로의 도피는 다시 불만스러운 노동의 현장으로 복귀했을 때보다 더 많은 갈등을 낳을 것으로 판단되므로 보다 근본적인 대책이 요구된다.

3) 상호작용론적 관점

전통사회에서는 소수 엘리트만이 의미 있는 자유시간을 가졌기 때문에 여가는 사회문제로 규정될 수 없었다. 소수 엘리트들은 다만 자유시간을 어떻게 사용할 것인가에만 관심을 두었다. 상대적으로 대부분의 사람들은 생존을 위해 노동을 하는 데 거의 대부분의 시간을 보내 자유시간의 활용에 대하여는 전혀 관심이 대상이 될 수 없었다. 하지만 오늘날에는 많은 사람들이 상당한 양의 자유시간을 가지며 여가의 역할에 대한 관심이 보다 광범위하게 부각되고 있다.

과거에는 자유시간이 나태함으로 간주되었으나, 오늘날에는 자유시간의 향유가 게으름이 아닌 오히려 노동을 위한 재충전 또는 자기계발을 위한 여가활동의 일부분이 되어 전혀 죄의식을 느끼지 않는다. 상호작용론자들은 일과 여가는 사람마다 각각의 가치관과 의식, 그리고 각기 처한 현실에 따라 바라볼 필요가 있다는 관점이다.

2. 현대사회의 여가문제

현대사회의 여가문제는 크게 여가의식, 여가수용력, 여가일탈화, 여가기회, 여가교육, 여가의 상품화, 그리고 여가의 사행화 등으로 구분하여 제시해 볼 수 있고, 구체적인 내용은 다음과 같다.

1) 여가의식의 문제

오늘날 경제발전과 더불어 소득과 여가시간의 증가로 인해 인류는 노동관과 여가관의 혼돈상태에 빠져들게 되었다. 노동만이 가치 있는 것으로 여기며, 오락과 여가는 무가치한 것으로 여기던 가치관이 급격히 변화되어 노동이 수단이고 여가는 목적이라는 의식이 팽배해지고 있다.

프로테스탄트 이론과 유교의 영향으로 인하여 오늘날 일반대중은 아직까지 노동은 생산적인 반면, 여가는 비생산적인 것으로 인식하여 비생산적인 여가생활을 하는 데 죄의식과 수치심을 느끼며, 그 결과 정체감 또는 삶의 기조가 흔들리고 있다. 이와는 반대로 어떤 부류는 물질숭배에만, 또 다른 어떤 부류는 쾌락만을 좇아간 결과 생활의 조화를 잃게 되는 경우도 있다. 그 결과, 여가는 일상생활에 경악감을 조장하는 것으로 인식되고 있으며, 엉뚱한 기분전환적 행위로 모든 문화적 노력이나 사회적 책임에 대한 관심이 약화되는 결과를 가져오고 있다.

오늘날 노동이 시간과 에너지의 이용 면에서 모든 사람에게 가장 중요한 활동으로 인식되어야 한다는 사실을 간과할 경우, 건전한 여가의 의식 형성은 불가능하다. 우리는 노동생활의 질이 여가생활의 질적 향상에 미치는 영향을 간과해서는 안 되며, 여가중시의 비현실적인 생활기조는 사회의 기본적 불균형을 야기하여 사회정체성을 양분하는 결과를 가져오게 된다. 따라서 현대인의 여가의식은 노동과 여가가 상호 통합되고 조화된 형태로 형성되어야 한다.

2) 여가수용력의 문제

현대인들은 자유시간이 너무나 급속하게 늘어나서 그 자유시간을 효과적으로 활용할 준비가 되어 있지 않고, 어떤 의미에서는 자유시간을 두려워하는 경향도 있다. 이러한 여가공포증(leisure phobia)은 휴가 중이나 휴무 중에도 여가를 즐길 수 없는 무감각상태로서, 시간소비에 대한 적응부족이나 불안감이 여가 자체를 노동적 부담처럼 느끼는 심리적 거부반응이다. 이는 주어진 여가를 적절하게 사용하지 못하는 비적응의 상태로서 자기존재에 대한 좌절감 내지 정신적 두려움상태인 것이다.

또한 여가는 개개인의 창조성을 요구하는 것으로 취급되고 있으므로, 여가를 수용하는 태도는 스스로의 힘으로 개척하지 않으면 안 된다. 여가의 효율적 활용은 미래를 추구하는 인간으로서 간과해서는 안 될 중요한 문제이기 때문에 이에 대한 사회정책적인 배려가 중요하다.

뿐만 아니라 대부분의 사람들은 여가가 필요하고 중요한 것이라는 사실을 인정하면서도 여가시간의 활용에 대한 창조적 방안이나 세련미가 부족하여 여가의 진의가 왜곡되는 경우가 있다. 게다가 국민 여가부문에 대한 사회정책적 차원의 대응태세 역시 급증하는 국민들의 여가욕구에 비하여 상당히 미진한 것으로 평가되고 있다. 따라서 풍부한 자유시간을 충실하게 활용하느냐, 아니면 그것을 권태의 연속으로 낭비하느냐 하는 것은 각 개인뿐만 아니라 사회정책적 문제로 귀결된다.

토인비(Toynbee)는 "인류의 향후 문명발전은 여가를 어떻게 처리하느냐에 달려 있다"고 보고 있으며, 프롬(Fromm)은 "대다수의 인간들은 정신적으로나 심리적으로 자유로운 시간을 가질 만한 준비가 되어 있지 않다"며 여가수용력의 문제를 제기하고 있다. 이처럼 여가시간이 증가하여 더 이상 감당할 수 없는 상태에 이르게 되면 대중에게 생활의 만족감을 주기보다는 혼돈의 상태에 빠져들게 할 수도 있는 것이다.

3) 여가 일탈화 문제

일탈적 여가(deviant leisure)라는 것은 일상생활에서 여가시간에 불만을 느끼고 새로운 주체성을 탐색하고자 하는 여가행위를 말한다. 오늘날 산업사회의 발전에 따른 여가의 대량화, 대중화는 유행심리, 모방성을 낳아 맹목적인 추종이 사회에 만연하고, 여가의 획일성, 전염성이 전 사회적으로 파급되어 급기야는 대중문화의 중독성을 불러일으켰다.

또한 여가가 소비적 여가로 퇴색되면서 거액의 여가소비가 목표가 되어 여가는 높은 소득계층만이 즐길 수 있는 것으로 오인되고, 돈의 가치가 수단이 아닌 목적이 되는 향락적 여가현상이 나타나게 되었다. 그리고 여가가 질적으로 저하되면 반여가론(anti-leisure hypothesis)이 등장하게 된다. 갓비(Godbey)는 지난 20년 동안에 나타난 여가현상을 시간기근(time famine)으로 규정짓고 여가가 점차 여가답지 못한 반여가(unleisurely anti-leisure)로 치닫고 있음을 경고하고 있다. 우리나라도 국민복지 차원에서 법적, 제도적으로 여가시간이 확대되고 있지만 개인 삶의 질적 향상을 위한 이 여가시간들이 얼마나 효율적으로 사용되고 있는지는 의문이 간다. 그러한 예로 [그림 9-1]을 통해 살펴보자.

2014년 우리나라 국민의 주 여가활동으로는 TV시청(51.4%)이 가장 많았으며, 그 다음으로 인터넷 검색(11.5%), 산책(4.5%), 게임(4.0%) 순으로 나타났다. 복수응답으로는 TV시청(76.6%)이 가장 많았고, 인터넷 검색(30.8%), 산책(29.7%), 잡담/통화(22.2%), 등산(16.4%) 순으로 나타났다. 이는 여가시간은 증가하였으나 그에 비해 다양한 여가활동을 하는 것이 아니라 단순한 시간 보내기에 그친다는 것을 알 수 있다.

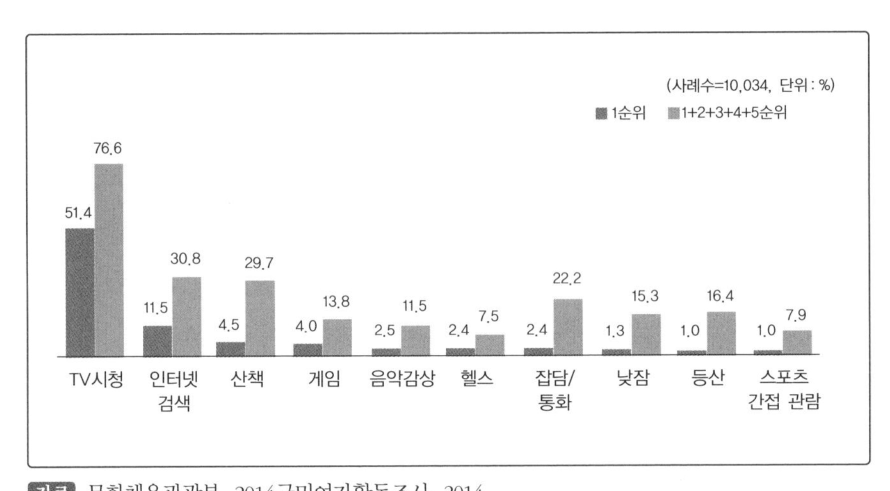

자료 문화체육관광부, 2014국민여가활동조사, 2014.

[그림 9-1] 상위 10순위 여가활동

여가에 있어서 역기능적인 퇴폐 및 윤락의 현상은 네 가지 기준, 즉 탈선행위와 지역사회 해체, 그리고 전통적 윤락과 퇴폐적 윤락에 따라 다음의 유형으로 나눌 수 있다.

제1유형은 전통적 윤락이자 탈선행위에 속하는 것으로 매음굴의 창녀 및 이들을 찾는 사람들 등이 이에 해당된다. 제2유형은 제1유형에 속하는 성적 탈선행위자들이 집단적으로 거주함으로써 생기는 현상이다. 제3의 유형은 퇴폐적 윤락이자 탈선행위에 속하는 것으로 룸살롱, 나이트클럽, 요정, 퇴폐이발소, 퇴폐안마시술소가 해당된다. 제4의 유형은 제3의 유형에 속하는 성적 탈선행위자들이 밀집되어 서비스를 제공하는 지역에서 생기는 현상이다.[6)]

〈표 9–3〉 일탈적 여가현상의 유형

구 분	전통적 윤락	퇴폐적 윤락
탈선행위	제1형	제3형
지역사회해체	제2형	제4형

자료 현대사회연구소, 퇴폐 · 윤락문제 대처방안, 서울: 현대사회연구소, 1984, p. 3.

이처럼 현대인의 여가생활이 본질적인 가치로부터 일탈, 왜곡되고 있는 이유는 산업화시대의 급격한 사회변동을 따라가지 못하는 개인의 가치관, 윤리의식, 행동규범 등이 미정립된 상태에서 생활의 모든 가치가 돈과 과소비의 양으로써 척도되고 있기 때문이다. 또한 현대의 여가혁명은 소비와 직결되어 소비혁명, 나아가 산업사회적 색채를 띠고 있는데, 이는 여가산업이 독립산업으로 성장하고 레크리에이션이 국가적, 국제적으로 연속화되는 경향에서 나타난 역현상이다.

자료 포털사이트 네이버.

[사진 9–1] 부정적 여가활동

4) 여가기회 불균형의 문제

여가가 소수 특권층에게만 주어지던 산업사회 이전을 거쳐 현대에는 여가의 대중화가 실현되었음에도 불구하고 비용과 시간이라는 기본적인 조건의 부족으로 말미암아 아직 모든 여가유형이 전 사회인에게 보편화되지 못하고 있다. 이러한 상황에서 보다 나은 여가를 향유하지 못하는 저소득층은 고급여가를 즐기는 계층에 대하여 불만을 가지게 되어 여가의 건전한 활용에 장애가 되고 있다.

여가활동에 참여하지 못하는 이유에 대해서 잭슨(Jackson)은 생업과의 관련성, 여가기회의 부족, 여가시설의 혼잡, 장비의 이용곤란, 동반자의 부족, 의식부족, 비용부족, 가족과의 관련성, 여가교육 부족, 대인관계 기피 등의 10가지를 제시하고 있으며, 패트모어(Patmore)는 신체장애, 비용부족, 사회적 장애, 교통의 불편을 지적하고 있다. 또한 일본의 여가개발센터는 여가참여의 장애요인으로 순위에 따라 시간의 부족(48.4%), 비용의 부족(33.3%), 유급휴가의 부족(24.4%), 휴일부족(14.3%), 시설의 부족(14.3%), 건강불편(12%), 참여행사의 부족(11.9%) 등을 제시하고 있는데, 이 중 시간과 비용의 부족에 주목할 필요가 있다.

우리나라의 경우 [그림 9-2]에서 나타나듯이 시간부족인 경우가 44.9%로 가장 많았고, 경제적 여유 부족(18.7%), 정보 부족(16.9%), 참여할 만한 프로그램 부족(10.7%) 등의 이유로 참여하지 않는 것으로 나타났다.

2008년에 '비용부담'이 48.6%로 가장 많았으며, 그 다음으로 '장소부족'이 23.8% 등이었다. 이는 2006년에 여가활동 미실시 이유에 대해 '비용부담'이 46.8%로, '장소부족' 13.8%와 비교했을 때, 시간 부족에 대한 부담이 높게 나타나 우리나라 국민들의 여가기회의 불균등에 대한 원인이 변화했음을 파악할 수 있다. 그리고 노인이나 장애자 등 일부 계층에 대한 여가기회의 제공이 부족한 실정인데, 이는 진정한 복지사회의 이념과도 상충되는 것이다.

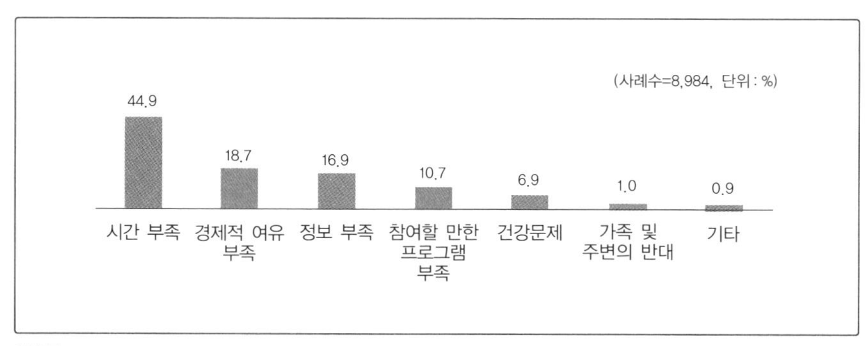

주 * 자원봉사활동은 사회공헌적 가치와 자기만족을 추구하는 여가활동으로, 자신의 삶을 보다 의미있고 보람되게 만드는 데 주어진 여가시간을 할애하는 것을 의미함

자료 문화체육관광부, 2014 국민여가활동조사, 2014.

[그림 9-2] 자원봉사활동* 미참여 이유

5) 여가교육의 문제

오늘날 여가생활의 건전화를 위한 사회교육이나 학교교육이 거의 전무한 실정이다. 또한 자연 애호심이나 공중도덕심과 같은 환경보전에 대하여 그 중요성을 일깨워줄 수 있는 체계적인 교육과 홍보기능이 미흡하고 나아가 그것을 담당할 전문인력인 레크리에이션 지도자의 양성태세도 갖추어져 있지 않다.

또한 국민들로 하여금 각자 적합한 여가유형을 선택하게끔 도와주는 여러 가지 도구가 필요하다. 왜냐하면 대다수 국민들은 그들의 개인적 욕구를 충족시킬 수 있는 가장 유익한 여가형태를 확인하거나 이용하는 데 미숙하기 때문이다. 여가지도(leisure counselling)는 자유의식과 자신 및 타인, 그리고 기타 환경적 요인들 사이에서 여가참여와 관련된 의사결정을 촉진하고 나아가 문제해결의 기술개발까지도 증진할 뿐만 아니라, 이를 더욱 향상 · 발전시키려는 언어적 촉구기법을 이용하는 과정으로 개인의 사회적 배경, 신념, 가치관, 그리고 태도에 대한 면밀한 조사와도 관련이 있고, 교정지도뿐만 아니라 앞으로의 발전적 교육과정을 일컫는다.

그럼에도 불구하고 현대의 교육제도는 아직도 여가의 준비기능을 간과한 채

일의 준비기능만을 강조하는 실정에 있다. 여가가 단순한 행락과 소비의 성격에서 벗어나 욕구불만의 해소, 피로회복, 노동재생산을 위한 심신의 회복 및 견문의 확대 등 생산적 측면에서 점차 긍정적인 면을 지니고 있으나 아직도 여가행동의 무질서, 비도덕적 행위가 줄어들지 않고 있으므로 건전한 여가풍토의 조성을 위한 지속적인 캠페인을 전개해야 할 것이다.

6) 여가상품화의 문제

다양한 여가행태의 상품가치가 점차 증대하게 되면서 여가도 산업노동과 같이 인간적인 의미를 차츰 상실해 나가지 않을까 하는 우려가 생기고 있다. 산업사회를 움직이는 경제의 원리는 시장메커니즘을 통한 이윤의 추구이며, 이러한 측면에서 여가시간의 확대는 여가경험을 시장에서 상품으로 취급하게 하는 가장 주된 이유가 되고 있다. 이와 같은 이유는 브레이버만(Braverman)이 이윤추구의 동기가 여가에까지 확산됨으로 인해 대중여가가 고상한 취미를 살리지 못하고 저속화될 가능성이 있음을 지적하고 있는 것에서도 알 수 있다.[7]

이 밖에도 여가의 상품화는 뒤뜰이나 교회 또는 클럽 등에서 행해졌던 평범한 활동까지도 상품화할 가능성을 배제할 수 없다. 자본주의 산업사회에서 노동이 보여주었던 비인간적인 측면이 여가활동에 의해서도 나타날 가능성이 매우 높다. 따라서 본래의 여가 의미를 상실하고 경쟁에서 이기기 위해 또는 소외당하지 않기 위해 습득해야 하는 하나의 기능으로 전락해 버리는 경우가 발생할 수도 있게 될 것이다.

7) 여가의 사행화 문제

한국레저산업연구소의 분석자료에 의하면, 경제호황기에는 사행성 오락과 모험스포츠가 유행하며, 경제불황기에는 건전오락과 일반 스포츠가 각각 유행하는 등 여가활동이 경기변동에 크게 좌우되는 것으로 나타났다.[8]

국내에는 현재 경마와 경륜, 경정, 내국인 카지노, 복권 등의 사행성 도박산업이 정부 공인하에 허용되고 있다. 한국레저산업연구소의 자료에 의하면, 2000년의 사행산업규모는 6조 3,408억 원이었으나, 2001년에는 총 9조 2,238억 원으로 늘어나 전년대비 45.5퍼센트의 성장추세를 보이고 있다. 사행산업의 이용자들도 2,261만 명으로 국민 10명당 4.8명꼴로 이용한 셈이다.

사행성 도박산업으로 집계되지 않는 사설 경마, 투견, 투계, 투우, 인터넷 도박 그리고 전국 1만 1,000여 곳에서 실제 도박행위가 이루어지고 있는 성인 오락실을 합하면 국내 도박산업의 실제 매출액은 15조 원 이상이 될 것으로 추산된다.[9)]

이러한 사행성 여가산업에 대하여 정부차원에서는 '사행산업통합감독위원회'를 설립하여 카지노 등 사행성 활동 전반의 도박중독자 양산 등 사행성 여가활동에 대한 부작용을 최소화하고 사행산업을 건전한 여가게임 및 관광레저산업으로 발전 도모해 나가고 있다.

제3절 여가장애

1. 여가장애의 정의

여가장애란, 개인의 여가활동을 제한하는 방해요인으로서 여가참여를 통해 얻을 수 있는 혜택이나 만족감 등을 제한하는 것들이라고 할 수 있다. 잭슨(Jackson)은 여가장애는 여가의 참여와 즐거움을 억제 또는 방해하는 것으로 연구자들이 가정하거나 개인들이 지각하는 요인들로 정의하였다.[10)]

크로포드와 갓비(Crawford & Godbey)는 여가장애 유형을 개인의 심리적 상태와 특성으로 인한 내적 장애, 개인들 간의 특성의 결과로 인한 대인적 장애, 그리고 가족생활주기, 가족의 경제적 자원, 계절, 취업, 기회접근 등으로 인한 구조적 장애 등으로 분류하였다.[11)]

실제 여가장애 현황을 살펴보면, 시간부족을 가장 크게 지적하였으며, 그 다음으로는 경제력과 시설부족 등 구조적 장애요인에 의해 많은 영향을 받는 것으로 나타났다. 이와 유사하게 김성희의 연구에서도 레저활동에 대한 실질적인 장애요인으로 레저활동의 참여여부를 결정하는 경제적 요인과 시간적 요인이 가장 큰 장애요인인 것으로 밝혀졌다. 이처럼 구조적 장애요인으로는 시간과 경제적 요인이 가장 큰 부분을 차지하며, 대인적 제약은 함께할 친구의 부재나 동료의 부재가 큰 부분으로 나타났다. 내재적 장애와 외재적 장애로 구분할 경우에는 내재적 제약을 개인의 기술부족, 개인의 능력부족, 건강으로, 외재적 제약을 시간, 돈, 교통으로 보기도 하였다. 즉 다양한 계층, 계급, 인종에 따라 제약은 다양하게 나타날 수 있다.[12]

2. 여가활동 장애요인

여가활동 참여를 방해하는 데는 여러 가지 요인이 있을 수 있으므로 여가활동에 참가하지 못하는 원인을 알아냄으로써 여가활동 참여에 기여할 수 있을 것이다.

일반적으로 여가활동을 방해하는 것을 장애(barrier)라고 하지만, 이것은 물리적, 환경적인 면으로서의 행동의 모든 원인을 포함하지 못하므로 내적 · 외적인 심리상태와 일반적이고 포괄적인 어원으로서 구속(constraint)이라는 용어가 사용된다.[13]

여가장애(leisure barriers)란, 사회 · 심리적 의미에서 개인의 여가행동을 제한하는 힘으로 경험되는 내적 심리상태나 성격 및 외적 환경을 의미한다.[14] 하지만 이러한 장애는 여가선호와 여가참여에 결정적 요소가 아니라 선호와 참여에 영향을 미치는 요소이다.[15]

잭슨(Jackson)은 여가참여에 영향을 줄 수 있는 선험적(antecedent) 장애와 게재적(intervening) 장애 두 가지를 제시하였다.[16]

선험적 장애는 미국에 있는 아프리카 노인이 어린 시절 근교 수영장에 들어갈 수 없었던 기억 때문에 성인이 되어서도 수상스포츠 관련 여가활동을 회피하는 경우를 의미한다.

게재적 장애는 수영장을 이용하고 싶지만, 이용시설의 접근성과 교통시설의 불편함 때문에 참여하지 못하는 중소도시 사람들의 여가형태를 예로 들 수 있다. 선험적 제약은 레크리에이션과 여가기회의 불완전한 지식, 개인의 여가라 할 수 있는 신념, 사회적으로 성 역할 강조도 포함된다.[17]

게재적 장애는 여가활동과 실제 참여를 위한 선호 사이에서 발생된다. 게재적 장애는 레크리에이션 시설 이용가능성, 참여시간, 레크리에이션 시설 이용능력, 그리고 시설의 안정성이 포함된다.

여가활동에 실질적으로 장애요인이 되는 내용들을 정리하면 다음과 같다.[18]

① 태도적 장애 : 개인이 가지고 있는 마음상태와 관련이 있다. 종종 사회적 또는 문화적 규범에서 기인하는 경우이다. 여성이 아이를 돌보고 가사를 책임져야 한다는 태도는 여성의 여가인식에 대한 활동 제한이 충분히 될 수 있다.

② 정보차원의 장애 : 의사결정을 하는 데 있어 정보를 필요로 하고 있다. 여가활동을 하는 데 있어 정보부족으로 여가활동의 선택이 이루어지지 못하는 경우 또는 너무 많은 정보의 양에 의해 잘못된 선택을 하는 경우도 발생한다.

③ 소비적 장애 : 여가와 일 사이의 균형을 가지지 못할 때 존재하는 장애요인이다. 돈을 벌기 위해 노동 앞에서 여가는 종종 희생된다. 소비주의는 산업발전에서 피할 수 없는 단계라 할 수 있다. 항상 시간과 돈이 충분치 못하다고 불평하는 사회적 경쟁 메커니즘에 빠져 여가계급이자 노동계급이 되어, 노동과 소비로부터 자유로운 여가를 가지지 못하는 데 있다.

④ 시간적 장애 : 시간에 대한 지각과 관련이 있다. 업무활동을 하면서도 충분한 시간이 없어서 여가활동을 해낼 수 없다고 생각하는 경우와 실제 일

을 우선적으로 여기다 보면 여가시간이 제한적이다.

⑤ 사회적 · 문화적 장애 : 여가활동 참가는 사회적 신분과 밀접한 관계를 가지고 있다. 특정인들만이 참가하는 시설, 활동, 서비스에는 일반인들의 접근에 제약을 받을 수 있다. 어떤 활동은 역사적으로 특정 사회, 문화 집단에 할당되어 왔고, 다른 사회집단에게는 제약이 되어 왔다.

⑥ 경제적 장애 : 여가활동에 가장 큰 역할을 하는 요인으로 작용해 왔다. 또한 선진국일수록 여가활동에 소요되는 비용이 높게 나타났고 많은 비용을 지불하고 있다.

⑦ 건강상의 장애 : 개인의 기동성, 심리적 상태 등은 여가활동 선택에 큰 영향을 줄 수 있다.

⑧ 경험상의 장애 : 여가활동에 대한 경험이 낮은 경우 새로운 여가활동에 대한 장애요인이 높게 나타났다. 다양한 여가형태를 경험한 사람일수록 미래의 활동범위는 더욱 커질 것이다.

⑨ 여가가치와 기술상의 장애 : 기술의 부족에 대한 지각은 여가활동 참가에 대한 장애요인이 될 수 있다. 또한 여가활동을 중요하다고 생각하지 않는 사람들의 여가관은 여가참가의 장애요인이 될 수 있다.

⑩ 환경적 장애 : 지역, 시설, 다른 여가관련 시설 등의 물리적 시설을 포함한다. 접근성이 좋지 않거나 교통이 불편하면 여가참가에 장애요인이 될 수 있다.

3. 한국인 여가생활의 장애요인

한국사회에 있어서 여가발전의 추세와 한국인 여가생활의 질을 몇 가지로 나누어 살펴보았다. 이를 근거로 여가생활의 질을 제고하는 데 있어서는 다음과 같은 장애요인을 발견할 수 있다.

첫째, 도 · 농 간, 계층 간 여가참여의 불균형이다. 경제성장에 따라 국민소득이 증가하고 있음에도 불구하고 아직 여가활동에 대한 지출은 선진국에 비하여 미미한 수준이며, 더욱 심각한 문제는 도시와 농촌 간 불균형이다. 또한 우리 사회에서 그동안 여가가 특정 부유층의 산물에서 벗어나 보다 많은 대중들도 참여하고 있는 것이지만, 아직도 소득, 시간, 장비, 지식, 시설, 프로그램 등의 부족과 신체장애로 인하여 여가활동에 참가하지 못하고 있어 국민의 전반적인 여가복지를 실현하는 데 장애가 되고 있다.

둘째, 여가활용이 소극적이며 아직도 가치 창조적이지 못하다. 국민생활에 있어서 여가의 비중이 커지고 여가산업이 점차 활성화되고 있음에도 불구하고 국민의 40% 이상이 여전히 수면이나 가사 잡일을 하는 데 그치고 있다.[19] 또한 고학력자에 비하여 저학력자일수록 비활동적이며 옥내 지향적 여가활동을 하고 있다. 나아가 여가활동을 통하여 가치 있고 생산적인 생활을 도모하려는 인식의 전환이 필수적임에도 불구하고 잡기 및 승부게임, 유흥, 윤락 등의 사행적이고 향락적인 여가활동이 상당히 잔존하고 있다. 따라서 풍부한 여가시간을 참으로 충실하게 활용하느냐, 아니면 그것을 권태의 연속으로 낭비하느냐 하는 것은 각 개인뿐만 아니라 사회정책적 문제로 귀결된다.

셋째, 여가활동에 따른 전체적인 만족도가 제고되지 못하고 있다. 여가의 중요성에 대한 홍보와 다양한 여가참여를 위한 정보가 지속적으로 제공되고 있음에도 불구하고 한국인의 50% 정도가 여가활용에 대한 만족도가 '그저 그렇다'라는 수준에 그치고 있으며, 이는 교육 정도나 성별로도 차이를 보이고 있어 정책적인 관심과 지원책을 요구하는 것이다.

넷째, 교통 혼잡에 따라 여가활용에 대한 불만이 커지고 있다는 것이다. 여가불만 요인으로서 여가를 즐길 만한 비용과 시간의 부족이 대부분을 차지하고 있지만, 문제는 이러한 기본요건이 양호하다 해도 점차 확대 · 보급되고 있는 자동차의 증가로 인하여 교통 혼잡과 통행시간의 연장, 여가경험의 시간적 단축으로 인하여 향후 교통 불편의 문제해결 없이는 여가생활의 질을 제고하기가 어려울 것으로 보인다.

다섯째, 건전한 여가의식의 미정립이다. 경제의 발전과 더불어 소득과 여가 시간의 증가로 인하여 많은 사람들이 노동관과 여가관의 혼돈상태에 빠져 있다. 이는 신세대에게서 자주 발견되고 있다. 노동만이 가치 있는 것으로 여기며 오락과 여가는 무가치한 것으로 여기던 가치관이 급격히 변화되어 이제는 노동이 수단이고 여가가 목적이라는 가치전도 현상까지도 나타나고 있다. 이러한 여가중시의 비현실적 생활기조는 사회의 기본적 불균형을 야기하며 사회 정체성을 양분하는 결과를 초래할 수 있다.

쉬어가는 페이지

전남 "중·특성화고생 학습시간, 초등학생 이하" 전남지역 초·중·고생 실태파악 결과

전남교육연구정보원 소속 전남교육정책연구소(소장 구신서)에서 실시한 '전남지역 초·중·고등학생 종합실태파악 설문조사' 분석 결과를 기획 연재한다.

중학생과 특성화고생 자기주도적 학습지원체계 절실

전남지역 초·중·고 학생들은 평균 8.5시간을 공부하고(수업시간 6.6시간, 학습시간 1.9시간), 7.6시간을 취침하며, 3.8시간을 여가시간으로 보내는 것으로 나타났다.

학교급별 학습시간을 비교해 보면, 특성화 고등학교 학생들은 하루 평균 약 1.4시간 정도의 개인학습을 하는데, 이는 일반계 고등학교 학생의 평균 학습시간인 2.7시간과 비교해 보았을 때 매우 낮은 수치이며, 초등학생의 학습시간인 1.6시간에 비해서도 적은 수치이다.

중학생의 주중 학습시간도 평균 1.6시간으로 초등학교와 비교했을 때 높지 않은 것이다.

이는 부모의 학습지원이 있는 초등학생이나 대학입시의 부담이 있는 일반고 학생들에 비해 학습 부담이 비교적 덜한 중학생과 특성화고 학생들에 대한 자기주도적 학습 지원체계 마련이 필요하다는 점을 시사해 주고 있다.

학교급별 수면시간은 초등학교 8.1시간, 중학교 7.1시간, 일반고 5.9시간, 특성화고 6.9시간으로 나타났다.

일반고 학생의 경우 수업 및 학습 부담으로 인해 수면시간을 줄이고 있으나, 특성화고 학생의 경우에는 여가를 위해 수면을 줄이는 경향을 보였다.

여가시간 TV, 인터넷/게임 몰입… 친구와 놀고 싶다 희망

최근 주말 여가시간에 했던 일로 TV시청(42.6%), 인터넷 / 게임(27.8%), 쉬거나 잠자기(27.6%) 순으로 드러났다.

앞으로 토요일에 가장 하고 싶은 일로는 친구들과 어울려 놀기(42.5%), 취미생활(34.4%), 인터넷 / 게임(27.8%) 순으로 희망했다.

이는 학생들이 현재 주말을 그냥 쉬거나 TV나 인터넷, 게임 등으로 보내는 등 목적의식 없이 보내긴 하지만, 또래와의 관계 및 자기계발에 대한 요구가 강한 것으로 여겨진다.

이러한 요구를 반영한 동아리활동이나 지역사회와 연계한 다양한 주말활동의 계발이 절실한 이유이다.

아울러 중학생과 특성화 고등학생의 경우 인터넷, 게임, 스마트폰의 바람직한 활용과 중독예방에 대한 지도가 필요한 것으로 드러났다.

한편, 하교 후 학원이나 과외를 한다는 학생이 초등학생 50.9%, 중학생 40.9%로 그 비중이 매우 높았다. 일반고 학생은 평일 하교 후보다는 주말 오후에 학원이나 과외를 한다는 응답이 19.1%로 상대적으로 높았다.

중학생 주 5일 수업제로 스트레스 더 받아

올해부터 전면적으로 실시된 주 5일 수업제에 대한 생활의 변화와 이에 대한 만족도를 묻는 질문에서 초등학생과 특성화 고등학생은 만족하고 있는 반면, 일반계 고등학생과 중학생은 비교적 만족하고 있지 못한 것으로 나타났다. 특히 이러한 경향은 중학생에게서 더욱 크게 나타났는데, 주 5일제 수업으로 인하여 학원 등 사교육을 더 받게 됐으며, 공부 스트레스가 늘어났다고 생각한다는 반응을 보였다.

– 아시아뉴스통신, 고정언 기자, 2012년 08월 13일

제10장 | 여가시스템

지금까지 제2부에서는 여가활동을 향유하는 개인자신의 생애주기별 여가활동의 특성과 가족 여가활동이 가족구성원 개개인 또는 전체에 있어서의 중요성과 가족 여가활동 유형에는 어떠한 것이 있으며, 여가활동에 영향을 미치는 종교, 정보, 사회계층, 커뮤니티와의 관계를 설명하였다. 이는 여가 수요자의 여가활동 관련 제 특성을 다룬 것으로 요약할 수 있다.

제3부에서는 어가 수요에 따른 여가 공급체계인 여가시스템 환경과 이를 법적 · 제도적으로 뒷받침할 내용들에 관해 알아보고자 한다. 여가공급체계인 여가시스템 구축의 역사가 오래된 미국의 여가시스템을 먼저 살펴보고 우리나라, 캐나다, 일본, 호주, 독일의 여가지원시스템에 대해 언급하고자 한다.

제1절 미국의 여가시스템 환경

미국의 국립공원관리국(National Park Service)의 설립은 매우 오랜 역사를 가지고 있다. 1864년에 연방정부는 대중들의 리조트 이용과 레크리에이션의 목적으로 언제나 즐길 수 있는 지역을 지정하여 국민들 모두가 풍부한 자연경관을 감상할 수 있도록 보장하였다. 그리고 1872년에 의회에서는 몬타나주와 와이오밍주에 걸쳐 있는 옐로스톤(Yellowstone) 지역을 최초의 국립공원으로 지정하였다. 이후 늘어나는 공원들을 효율적으로 관리하기 위해 국립공원관리국이 설립되었고, 국립공원들은 계속적으로 증가하게 되었다. 이 장에서는 미국의 전체 레저시스템을 중심으로 상세하게 검토하고자 한다.

일반대중을 위한 레크리에이션, 공원, 그리고 관련 레저시설과 프로그램을 지원하기 위해 광범위한 책임을 공유하는 세 가지 주요한 형태의 정부기관의 레크리에이션 제공자, 즉 연방정부, 주정부, 지방정부에 대한 역할을 상세히 알아보자.

미국 연방정부는 19세기 말부터 공원관리와 여가서비스를 제공하고 보조하는 역할을 수행하면서부터 여가정책에 개입하기 시작했으며, 현재 90개 이상의 연방기관과 300개가 넘는 여가 프로그램을 운영하고 있을 정도로 그 규모가 방대하다.[1)]

미국의 경우는 여가행정조직이 연방정부, 주정부, 지방정부로 세분화되어 각각의 행정업무가 분담되어 있다. 연방정부에서는 여가정책의 수립 및 주정부와 지방정부에 대한 지원 등의 간접적인 관리를 하며, 주정부와 지방정부는 지역주민에게 여가를 제공하는 직접적인 역할을 담당한다. 미국의 여가는 지방정부 차원에서 주로 이루어지고 있으며, 주민의 요구충족을 목표로 하는 공원과 레크리에이션국(Department of Parks and Recreation)에서 여가정책을 담당하고 있다.[2)]

1. 연방정부

공원, 레크리에이션, 문화서비스 등의 여가를 제공하는 주요 연방정부기관은 크게 레크리에이션을 활성화시키기 위한 지원과 직접적인 서비스를 제공하는 기관들로 구성되어 있다.

공원을 관리하고 기타 레저서비스를 지원하기 위한 연방정부의 책임이 점차 증가했다. 공원 및 레크리에이션(Parks and Recreation Movement) 운동의 확산은 미국 전역에 공원개발의 원형이 되었던 보스턴 커몬(Boston Common)이 있는 뉴잉글랜드 지역에서 초기 이민자들의 역사와 함께 시작되었다. 한편 국립 및 주립공원들은 도심공원들과 다르게 성장했고, 레크리에이션도 상당히 다르게 발전했다. 그러나 사람들은 공원과 레크리에이션의 역사를 마치 같은 것으로 여기며 얘기한다. 공원체계는 1850년대 후반 센트럴파크(Central Park)로부터 1872년 최초의 국립공원 지정에 이르게 되었다. 물론 그 이전에도 1634년에 보스턴 도시중앙공원(Boston Common)과 1837년에 미국 최초로 공공정원(Public Garden)을 설립하여 운영한 경험이 있었다. 특히 프랭클린 루스벨트의 뉴딜정책하에서 공원 관련 정책이 급격하게 확대되면서 공원과 레크리에이션에 대한 정부의 역할을 정립시켰다.

미연방정부는 수십 개의 다른 부, 국 또는 기타 행정단위에서 레크리에이션에 관련된 상당히 다양한 프로그램들을 개발해 왔다. 일반적으로 레크리에이션의 기능은 부차적인 책임으로서 연방기관에서 발전시켰다. 아래의 항목은 연방정부의 책임과 역할이다.

• 야외레크리에이션 자원의 직접관리(Direct Management of Outdoor Recreation Resources)

국립공원관리국(National Park Service)과 토지관리청(Bureau of Land Management)과 같은 기관을 통해서 연방정부는 공원, 산림, 호수, 저수지, 해변과 야외레크리에이션을 위해 광범위하게 사용될 수 있는 기타 시설들을 소유하고 운영한다.

• 보존과 자원개발(Conservation and Resource Reclamation)

앞서의 기능과 밀접하게 연관된 임무는 파괴되었거나 훼손, 위험에 직면해 있는 자연자원을 재개발하고 자연보존, 야생생물, 그리고 오염방지 관리와 관련된 프로그램을 증진하는 것이다.

• 열린 공간과 공원개발 프로그램에 대한 지원(Assistance to Open Space and Park Development Programs)

1965년 토지 및 수자원 보존기금법(Land and Water Fund Conservation Act) 하에서 연방정부는 주로 매칭펀드(matching grants : 연방정부가 일부를 내고 주정부나 지방정부가 일부를 내는 펀드)로 수십억 달러를 주정부와 지방정부에 열린 공간(open space) 개발을 촉진하기 위해 제공하였다. 또한 주택을 건설하거나 도시개발계획을 수행하는 지자체에게 직접적인 보조금을 통해서 연방정부는 그 지역의 공원이나 운동장, 그리고 다양한 센터개발을 지원하고 있다.

• 레크리에이션 프로그램을 직접 운영(Direct Programs of Recreation Participation)

연방정부는 재향군인회병원 및 기타 연방기관과 전 세계에 주둔하고 있는 군대에서 레저활동을 직접 관리하는 수많은 프로그램을 운영한다.

• 자문과 재정지원(Advisory and Financial Assistance)

연방정부는 주정부, 지방정부와 기타 지역사회의 공공 또는 자원봉사단체들에게 다양한 형태의 지원을 제공한다. 예를 들어 보건인적자원부(the Department of Health and Human Service), 주택도시개발부(the Department of Housing and Urban Development), 노동부(the Department of Labor), 그리고 기타 부서가 경제적 · 사회적으로 불우한 사람들을 지원하는 많은 사회프로그램을 지원하고 있다.

• 전문교육에 대한 지원(Aid to Professional Education)

특수한 집단의 욕구와 교육에 관심을 가진 연방정부는 미국의 단과대학과 대학교에서 전문적인 교육을 위한 연수지원금을 제공해 왔다.

• 경제기능으로서 레크리에이션의 촉진(Promotion of Recreation as an Economic Function)

연방정부는 관광산업을 진흥시키고, 지방주민들이 레크리에이션 사업을 발전시키는 데 지원하고, 미국 원주민들(Native American Tribes)이 자신들의 보호구역(Reservation)에 레크리에이션과 관광시설을 설립하는 데 적극적으로 지원하고 있다. 인구조사국(the Bureau of the Census)과 해안경비대(the Coast Guard)와 같은 기관들도 여행이나 보트 타기, 그리고 비슷한 활동에 관심이 있는 사람들에게 필요한 정보를 제공한다.

• 연구와 기술지원(Research and Technical Assistance)

연방정부는 야외 레크리에이션에 대한 경향 및 욕구, 도시 레크리에이션과 야생동물 보호에 관한 심층적 연구, 산림 레크리에이션 또는 특정 사람들의 레크리에이션 욕구 등과 관련된 광범위한 연구조사를 지원하고 있다.

• 규제와 기준(Regulation and Standards)

연방정부는 오염통제(pollution control), 강유역 생산(watershed production), 환경상태(environmental quality)에 관련된 규제정책(regulatory policy)을 발전시켜왔다. 정부는 아프거나 장애가 있는 사람들을 위한 재활서비스(rehabilitative service)와 관련된 기준을 마련하고, 또한 장애인들이 시설에 쉽게 접근할 수 있도록 보장하기 위해 건축기준(architectural standards)을 마련했다.

처음 두 분야인 야외 레크리에이션 자원의 직접관리, 보존과 자원개발 책임은 일곱 개의 중앙 행정부서에서 수행하고 있다. 국립공원관리국(National Park Service), 산림서비스국(Forest Service), 토지관리국(Bureau of Land Management), 국토개발국(Bureau of Reclamation), 수산물 및 야생동물서비스국(U.S. Fish and Wildlife Service), 테네시유역관리국(Tennessee Valley Authority), 미육군공병단(U.S. Army Corps of Engineers)이 여기에 해당된다. 1990년대 말에 이들 일곱 개 기관이 운영하는 레저시설을 이용한 방문객의 시설이용시간은 모두 160억 시간 이상인 것으로 나타났다.

1) 국립공원관리국(The National Park Service)

이 기관은 야외 레크리에이션에 관련된 주도적인 연방기관으로 내무부(The Department of Interior)에 속해 있으며, 임무는 다음과 같다.

이 기관은 현 세대와 다음 세대를 위한 즐거움과 교육, 그리고 영감(inspiration)의 기회를 주기 위해 자연 및 문화자원과 국립공원시스템의 가치가 손상되지 않도록 보존한다. 그리고 자연 및 문화자원 보존과 야외 레크리에이션의 혜택을 국내 및 해외까지 확산시키기 위해 파트너들과 협조한다.

초기에는 이 기관이 관리한 관할지역은 대부분 미시시피 서부에 있었지만 최근 수십 년 동안에 전국적으로 도심지에 가까운 주요 해안공원(seashore parks)과 기타 지역들이 추가되었다. 예를 들어 동부해안 지역들은 롱아일랜드에 있는 Fire Island National Seashore, 뉴욕과 뉴저지 항구 근처에 있는 Gateway East를 포함한다.

국립공원시스템은 7,900만 에이커 이상의 토지로 구성되어 있는데, 여기에는 약 5퍼센트의 사유지(private ownership)가 포함되어 있다. 가장 큰 공원은 알래스카에 있으며, 1,320만 에이커를 차지한다. 국립공원시스템에는 국내 및 외국 관광객들을 유혹하는 매력물이 자리 잡고 있다. 2001년에 350개의 국립공원에 방문하는 방문자의 수가 2억 7,990만 명에 이르렀다. 국립공원 이용수준은 소위 'Crown Jewels(보석이 치렁치렁 달린 화려한 왕관)'라고 불릴 만큼 인구과밀(overcrowding) 상태에 도달했다. 과도한 방문객 수와 소홀한 관리, 그리고 점점 황폐해져 가는 국립공원에 대한 염려로 인해 내무부는 1990년대 말에 다음과 같은 중요한 정책을 추진했다.

- 공원관리 및 직원인건비 예산을 지원하기 위해 이용요금을 신설하거나 기존의 요금 인상
- 밴(ban)이나 스노모빌(snowmobile)을 포함한 오프로드 레크리에이션 차량(off-road recreation vehicle)을 공원 내에서 사용금지하기 위해 많은 공원

에서 더 엄격한 정책과 규제 시행

- 교통량을 줄이기 위해 요세미티와 같은 국립공원에서 많은 주차구역, 도로, 교량의 리모델링 또는 제거
- 미국사회에서 여성과 소수민족의 역할을 역사해석에 반영하기 위해 국립공원관리국의 보다 더 강화된 역할 강조

이 당시의 기타 정책들은 공원운영에 있어 자원봉사자들과 환경단체의 더 높은 활용을 촉진하거나 토지 및 수자원 보존프로그램을 지원할 지역사회에 대한 새로운 기금을 지원하거나, 훼손되기 쉬운 해안선을 보호하기 위한 프로젝트와 플로리다주 에버글래이드(Everglade)와 같은 지역에 환경회복을 돕는 프로젝트를 수행하는 것 등이다.

2) 산림서비스국(The Forest Service)

레크리에이션 목적으로 광대한 야생생물보호지구를 관리하는 두 번째 연방기구는 농림부(the Department of Agriculture) 산하에 있는 산림서비스국이다. 이 기관은 흔히 국립공원서비스국과 대비되는데, 국가적인 기념물이나 역사적 그리고 지질학적 유산에 대해서 책임을 지는 것이 아니라 거대한 산림과 초원지대(grasslands)에 대한 책임을 맡는다. 이 기관은 국립공원서비스국에 보다 앞서 설립되었고 매우 다른 역할을 담당했다. 이 기관은 자신의 통제하에 국가가 소유한 토지에 대한 다목적 이용개념을 채택했다. 즉 채광(mining), 방목(grazing), 제재(lumbering), 그리고 사냥이라도 허가를 받으면 이용할 수 있도록 하였다.

산림서비스국은 광범위한 벌목작업(logging programs)이 환경론자들(environmentalists)의 비난을 받음에 따라 이 기관의 기본임무를 신중하게 재검토하게 되었다. 1990년대 후반에 이 기관은 야생지역의 레크리에이션 목적으로의 활용이 벌목의 경제적 가치보다 6~10배 더 가치가 있다는 연구보고서들을 토대

로 그 야생지대의 레크리에이션 활용을 촉진하기 위해 노력하였다. 또한 이 기관은 동부에 있는 도심지역에서 재조림을 촉진하기 위해 정책을 추진했고, 많은 삼림지역에서 신설도로 건설금지를 법제화하였다.

3) 기타 연방정부기관(Other Federal Agencies)

토지관리국(Bureau of Land Management)은 주로 서부에 있는 주들과 알래스카에 있는 2,600만 에이커 이상을 관리한다. 이 기관이 가지고 있는 토지에서 채광, 방목, 벌목 활동뿐만 아니라 다양한 자원을 기반으로 하는 야외 레크리에이션 활동(캠핑, 자전거타기, 사냥, 낚시, 등산, 사이클링을 포함한)을 통하여 연간 총수입 8억 달러 이상을 벌어들이며, 그 총수입의 대부분은 해당 주정부와 지자체로 들어간다.

국토개발국(Bureau of Reclamation)은 주로 서부에 위치한 주에 있는 수자원 개발의 책임을 맡고 있다. 비록 그 기관의 원래 기능이 관개(irrigation)와 전력을 생산하는 것이었지만, 1936년 이후로 레크리에이션 서비스를 또 다른 임무로써 받아들였다. 이 기관의 또 다른 임무는 저수지 지역 운영을 다른 정부기관으로 이관하는 일을 하고 있다. 그리고 산림서비스국처럼 이 기관은 청소년환경보호단(Youth Conservation Corps)과 청장년환경보호단(Young Adult Conservation Corps)을 통해 수천 명의 젊은 남녀에게 고용기회를 제공했고, 전 서부지역의 레크리에이션 지구에서 야영시설과 보팅(boating)시설을 복원하거나 건설하는 데 협조해 왔다.

수산동식물서비스국(U.S. Fish and Wildlife Service)은 상업적 수산업을 다루거나 스포츠 낚시와 야생생물을 담당하는 두 개의 연방국으로 본래 구성되어 있었다. 그 기관의 기능은 국가의 수산업을 복원하거나 법을 집행하고, 야생생물 개체 수를 관리하고 연구조사를 실행하여, 전국야생생물보호시스템(National Wildlife Refuge System)을 운영하는 것을 포함한다. 이 기관은 9,200만 에이커를 포함하는 504개 지역으로 나누어져 있는데, 이들 중 7,700만 에이커는 알래스카에 있다. 사냥꾼과 어민들의 욕구를 만족시킴과 동시에 특별히 위험에 직면한 종들의 생존을 보장하기 위해 도움을 주고, 철새를 보호하거나 주정부 야생생물 프로그램을 지원하기 위한 연방정부 지원프로그램을 실행하면서 적극적으로 돕고 있다.

테네시유역관리국(Tennessee Valley Authority)은 켄터키주, 북부 캐롤라이나주, 테네시주, 기타 남부 또는 국경인접 주들에 있는 광범위한 저수지들을 운영한다. 이 기관은 자체적으로 레크리에이션 시설을 관리하지는 않지만, 다른 공공기관들이나 사설 개발업체들에게 토지를 이용할 수 있도록 한다. 이 기관이 운영하는 저수지를 방문하는 사람들의 방문일수는 1987년까지 연간 약 8,000만에 이른 것으로 나타났다.

미육군공병단(U.S. Army Corps of Engineers)은 항해와 홍수조절을 용이하게 하기 위해 강과 기타 수로들의 개선과 정비에 대한 책임을 맡는다. 이 기관은 저수지를 건설하고, 해변과 항구를 보호하고 개선하며, 1,100만 에이커 이상의 연방소유 국토와 확보된 수자원을 관리한다. 이것은 460개의 저수지와 호수를 포함한다. 이들 중 대다수는 군에 의해 관리되고 나머지는 임대로 주정부와 지역기관에 의해서 관리된다. 이 기관에 의해 운영되는 레크리에이션 시설들은 주로 일반대중들에 의해 보팅이나 캠핑, 사냥, 낚시를 위해 사용된다.

4) 건강 복지서비스 교육 및 주택프로그램 부서(Program in Health and Human Services, Education, and Housing)

건강, 복지서비스, 교육, 주택, 도시개발과 연관된 연방기관들은 미국사회 속에서 다양한 사회적 욕구에 부합하기 위해 설계된 레크리에이션 프로그램에 대해 자금지원, 기술지원, 기타 형태의 지원을 제공한다. 연방보건복지부(Department of Health and Human Services) 내에 노인행정국, 청소년국, 공공보건서비스부국과 같은 부서들이 이 영역에 포함된다. 예를 들어 1965년 미국노인법(Older Americans Act)에 의해 허가된 노인행정국은 노인을 위한 포괄적인 프로그램을 개발하고, 노인과 함께 일하는 전문가를 양성하기 위해 기획된 연수 프로그램과 전시계획을 지원하고 있다. 그 기관은 또한 노인을 위한 새롭고 더 다양화된 프로그램과 서비스에 관한 정보를 수집하고 이 분야에서 연구프로젝트를 지원한다.

재활서비스지원국(Rehabilitation Services Administration)은 신체적 또는 정신적 장애가 있는 사람들이 직업을 얻고 더 나은 삶을 영위할 수 있도록 설계된 직업재활프로그램(vocational rehabilitation programs)을 인가하는 연방법을 집행하고, 연구조사 및 전시와 연수분야에서 특별한 프로젝트를 위한 임무를 맡고 있다. 1975년의 재활법안 504호(Section 504 of the Rehabilitation Act : 종종 차별금지조항—Nondiscrimination Clause—이라 불리는)와 1990년 장애인법안(Disabilities Act)과 같은 기타 연방법률은 학교, 지자체, 기타 기관들이 광범위한 각 사회분야에서 장애인들에게 동등한 기회를 제공하도록 압력을 행사하는 역할을 하고 있다.

5) 예술 및 인문학 지원부서(Arts and Humanities Support)

미국에서 레저활동과 관련하여 연방정부가 관여하는 또 다른 분야는 대중적 관심이 높은 예술 및 문화활동이다. 1965년의 예술 및 문학법안 관련 재단은 정부예술교부금(National Endowment for the Act)을 조성하여 예술분야(춤, 음악, 연극, 민속예술, 창작, 시각매체 포함)와 인문학분야(문학, 역사, 철학, 언어학 연구)의 프로그램을 지원하고 있다.

6) 체육 및 스포츠 증진(Physical Fitness and Sports Promotion)

또 다른 레크리에이션 관련 연방정부 프로그램은 체육 및 스포츠에 관한 대통령자문위원회(the President's Council on Physical Fitness and Sports)이다. 청소년들의 체력을 증진시키기 위해 1956년에 창설되었고, 1968년에 확대된 이 위원회는 건강한 삶에 대한 필요성을 알리고 학교와 지역사회에 기반을 둔 스포츠 및 건강프로그램을 활성화시키는 데 주력하고 있다. 이 위원회는 대중매체를 통해 전국적인 홍보캠페인을 실시하고 있으며 많은 지역의 체력검사소를 후원하고 있다. 또한 이런 노력은 1990년대에 들어 대통령후원신체건강프로그램(President's Challenge Physical Fitness Program)을 통해 주정부 및 연방정부의 목표와 가이드라인을 제시하면서, 학교선수권대회를 열어 참가자 건강상(Fitness Awards)을 수여하고 있다.

2. 주정부

주정부는 레크리에이션 시설과 서비스를 직접 제공하고 있으며 주민들에 의해 적극적으로 이용됨에 따라 야외 레크리에이션과 자원, 관광진흥, 문화예술진흥을 포함한 여러 가지 서비스를 고려하여 공원과 레크리에이션에 많은 예산을 지출하고 있다. 그 밖에도 주정부에서는 여가서비스 관련하여 다양한 프로그램 개발과 시설제공 및 법률 입안 · 집행을 하고 있으며 그 내용은 다음과 같다.

1) 야외 레크리에이션 자원과 프로그램(Outdoor Recreation and Programs)

오늘날 각 주정부는 공원과 기타 야외 레크리에이션 자원의 네트워크를 운영하고 있다. 전국주립공원책임자협회(National Association of State Park Directors)는 레크리에이션 관련시설과 관련지역에 대한 범위를 만들었다.[3)]

- 주립 공원지역(State Parks Areas) : 자연보호와 문화자원 보호 및 이들 자원에 의해 지원되는 다양한 야외 레크리에이션 활동을 포함한 많은 조정된 프로그램이 포함된다.
- 주립 자연자원지역(State Natural Areas) : 특색 있는 천연자원의 보호 및 관리가 필요한 지역으로 이 범주에는 야생동식물지대, 자연보호지, 특징 있

는 자연지역들이 포함된다.

- 주립 역사지역(State Historic Areas) : 역사적, 고고학적 자원들을 보호하고 관리하며, 이에 대한 이해를 돕기 위해 독립전쟁 유물들(요새, 묘지 등)과 역사적 사건이 발생했던 곳(전투장, 출토품, 회의장 등)을 실제로 포함할 뿐만 아니라 기념비, 기념물, 성지, 박물관, 역사적 · 고고학적 주제를 다루는 기타 유물이 포함된다.
- 주립 환경교육장(State Environmental Education Sites) : 환경이나 천연자원, 환경보호에 관한 교육프로그램을 실행하기 위해 주로 사용된다. 이 범주에는 자연자원센터, 환경교육센터, 야외교실과 기타 시설이 포함된다.
- 주립 과학지역(State Scientific Areas) : 과학적 연구, 관찰, 실험을 위해 필요한 지역이다.
- 주립 산책로(State Trails) : 등산, 사이클, 승마와 같이 길을 따라 레크리에이션 활동을 할 수 있는 지역이다.

1960년대와 1970년대에 대부분의 주정부는 연방정부의 지원과 공채발행을 통해서 얻은 자금으로 레크리에이션 및 공원시설을 확대하였다. 그러나 경기침체로 인해 1990년대 중반까지 이와 같은 투자는 다시 이루어지지 않았다.

주정부의 한 가지 중요한 기능은 환경보호를 위해 지방정부를 지원하고 함께 일하는 것이다. 지자체 단독으로 주를 통과해 흐르는 오염된 하천을 정화할 수 없는 것처럼, 도시계획과 레크리에이션 자원개발과 보호라는 보다 넓은 차원에서 주 또는 지역 기준으로 여러 문제에 접근해야 한다. 그와 같은 계획 아래에서 다른 많은 분야에서 지역사회와 연방정부의 관계가 그런 것처럼 주정부는 연방정부와 지방정부 사이에서 정책시행을 위한 촉매제로서 그리고 중요한 연결고리로서의 역할을 한다. 주정부는 아래와 같은 레크리에이션 관련 업무를 수행하기도 한다.

• 치료 레크리에이션 서비스(Therapeutic Recreation Service)

각 주정부는 정신병원이나 정신건강센터, 정신적으로 지체가 있는 사람들을 위한 특수학교, 형무소나 교정시설과 같이 주정부가 후원하는 조직 또는 기관 안에서 직접적인 치료 레크리에이션 서비스를 제공한다.

• 전문가 양성 촉진(Promotion of Professional Advancement)

주정부에서 개인기준(personal standards)을 개발하고 회의와 연구조사를 지원함으로써 레크리에이션과 공원관리에서 효과적인 지도력과 행정수행력을 높이는 것이 중요한 업무이지만, 또 다른 주요 임무는 주립대학교에서 전문적인 레크리에이션 실무자를 양성하는 것이다.

• 기준의 개발과 시행(Development and Enforcement of Standards)

주정부들은 레크리에이션 및 공원관리 분야에서 직원선발 기준이나 절차를 설정하거나 공무원시험이나 자격증, 개인등록제도를 요구함으로써 관련 전문가를 선발하는 기능을 한다.

그리고 많은 주들은 캠핑 및 이와 유사한 분야에서 건강 및 안전에 관련된 기준을 만들었다. 주정부의 관련부서는 안전수칙을 시행하고 시설기준을 높이며, 레크리에이션 시설이 장애인을 수용할 수 있도록 보장하며, 특정 형태의 상업시설을 규제하거나 금지시키며, 어떤 경우에는 캠프장, 수영장 또는 기타 시설의 정기검사를 실시한다.

3. 지방정부

연방정부와 주정부가 미국에서 주요한 형태의 레크리에이션 서비스를 제공하는 반면에, 일상의 레저욕구를 해소할 책임은 지방정부의 기관들에 속해 있다. 지방정부의 여가관련 기관은 지방자치조직, 군 단위 조직, 특정구역으로 구분할 수 있다. 미국 여가서비스 조직의 일반적인 형태는 지방자치조직의 사법권 아래 속하며 이에 따라 공원과 레크리에이션 서비스는 전체 지방자치정부의 지역 봉사의 일부로 제공된다. 지방자치조직은 여러 가지 방법으로 여가서비스를 제공한다. 또한 군단위 조직은 주정부 아래 있는 정치적인 단위로서 지방자치조직과 마찬가지로 공원과 레크리에이션 서비스를 제공한다. 도로와 다리 건설, 유지 및 빈곤한 사람을 돕고 공원, 레크리에이션, 도서관, 배수로, 하수오물 통제와 같은 도시 자연 서비스를 제공하고 있다.

지방정부에 의해 제공된 여가서비스는 레크리에이션 프로그램, 여가공간과 시설, 지도자, 정보의 네 가지로 분류된다. 첫째로 레크리에이션 프로그램은 스포츠, 야외 레크리에이션, 공연예술, 여행과 관광, 공예, 문학과 자기발전, 취미, 사회 레크리에이션, 봉사서비스 등과 같은 다양한 프로그램을 포함하며, 둘째로 수영장, 공원, 운동장, 놀이터 등과 같은 레크리에이션 활동을 위한 여가공간과 시설은 잘 만들어진 프로그램의 제공에 매우 중요한 역할을 하기 때문에 새로운 기술과 이용의 욕구는 지방정부의 공원·레크리에이션국에 더 많은 다양성을 요구하고 있다. 셋째로 지도자의 경우는 지역사회를 지원할 수 있는 전문성, 지식, 경험을 가지고 있는 전문가로서 레크리에이션 프로그램 교육이나 감독뿐만 아니라 넓은 의미로 여가와 사회 문제를 해결함으로써 지역을 돕는 일을 한다. 마지막으로, 지역정부는 여가추구와 관련한 공공 정보를 제공해야 할 책임을 가지며 이를 위해 특별한 시설에 관한 팸플릿을 제작하여 전체 지역에 걸쳐 개인에게 참여 가능한 서비스 정보를 제공한다.

제2절 기타 외국의 여가시스템 환경

1. 캐나다의 여가시스템

캐나다의 지역사회들은 이미 1760년대부터 레크리에이션 목적으로 열린 공간(open space)을 남겨두었다. 한 세기 후에 온타리오공원(Public Parks of Ontario)은 캐나다 도처에 있는 자치정부의 공원들을 개발하는 계기가 되었고, 연방정부에서는 관광산업을 진흥시키기 위해 밴프(Banff)에 있는 록키산공원(Rocky Mountain Park)을 개발하였다.

1880년대에 있었던 이와 같은 초기의 노력 이후 캐나다 지방과 도시들은 공원과 놀이터, 그리고 대중들의 레크리에이션 욕구를 지원하기 위해 미국과 비슷한 정책을 실시하고 있다. 오늘날 연방정부와 주정부들은 야외 레크리에이션 활동 및 문화와 예술, 관광과 여행, 스포츠와 신체적 레크리에이션, 그리고 유사한 레저활동을 활성화시키기 위해 노력하고 있다. 1980년대에 이미 64개의 연방정부기관들이 공원이나 레크리에이션 그리고 레저서비스 제공에 적극적으로 관여하고 있었다.[4)]

1995~2000년 캐나다공원 사업계획개발 프로젝트는 이와 같은 정부기관들의 역할의 중요성을 강조하고 있다. 이 계획의 사업추진 개요(executive summary)에는 레크리에이션과 공원들의 경제적 중요성과 이미지를 강조하면서 국립공원시스템, 해양보존지역, 그리고 역사유적지를 위한 새로운 재정전략 및 관리운영전략이 나타나 있다.[5)]

경제침체로 인해 1990년대에 연방정부와 주정부, 그리고 자치정부 사이의 보조금지출(transfer payment)이 급격하게 삭감되었는데도 불구하고, 캐나다 연방정부의 공원과 레크리에이션 프로그램들은 계속해서 활성화되었다.[6)] 주정부 차원에서 다문화적 특성과 성별에 따른 욕구, 스포츠와 건강, 원주민 인디언과 에스키모인들의 욕구, 역사유적 프로그램, 그리고 청소년 관련 프로그램을 집중적으로 지원하였다.

2. 일본의 여가시스템

1) 일본의 여가생활 실태

후생노동성의 조사에 따르면, 2005년의 연간 총 실질 노동시간은 1,834시간으로 2004년 전년 대비 6시간 감소하였으며, 과거 10년간 75시간이 단축되었다. 2005년 파트타임 비율은 21.4%로 전년도보다 11시간 감소되었으나, 여전히 노동시간은 긴 것으로 나타났다.

『레저백서 2006』이 조사한 결과에 따르면, 여가를 보다 중시하는 경향은 2004년의 36.1%에서 2005년 34.3%로 감소하였다. 한편, 일을 중시하는 경향도 2004년의 32.8%에서 2005년 33.6%로 증가하였다. 일을 중시하는 비중은 일정 수준 유지하고 있는 것으로 나타난다.

2) 일본 여가시장 규모

2006년 일본 여가시장은 78조 9,210억 엔으로 2005년의 시장규모가 80조 1,710억 엔이었던 것에 비하면 전년 대비 1.6% 감소했으나, 1990년 이래 16년 만에 80조 엔대에 가까운 기록을 달성하고 있다. 2006년의 여가활동의 특징은 기업의 실적은 순조로운 반면, 개인 소비의 회복은 늦어지고 있어 2006년도 여가활동 참가 인구가 본격적인 회복세를 보이는 것은 아닌 듯하다.

증가한 여가종목은 외식, 복권, 원예 및 정원 가꾸기, 게임 카드, 조깅, 마라톤 등으로 일상에서 비교적 비용을 들이지 않고 손쉽게 접할 수 있는 레저가 상승세를 보였다. 이에 비해 관광, 행락 분야의 여가활동에서는 침체를 나타냈다. 스포츠시장은 전년 대비 제자리를 유지하고 있으나 용품시장의 수급은 서서히 개선되고 있으며, 피트니스 클럽 시장은 과거 최고를 갱신하였고, 스포츠웨어 등도 상승세를 가지게 되었다.

이렇게 고객의 가치관과 수요의 고도화 및 다양화는 관광분야뿐만 아니라 여가활동 전체에 급속히 퍼지고 있으며 고객의 수요에 맞추어 제공되는 서비스야말로 여가산업의 불황을 여는 돌파구가 될 것으로 업계에서는 기대하고 있다.

3. 호주의 여가시스템

호주는 안정적인 경제수준과 야외활동에 적합한 환경적인 조건, 유럽 인접 선진국가들과의 정책적 연계 등으로 인해 여가에 대한 국민들의 인식과 수요, 정부의 관심과 이해도가 높다. 그러나 호주는 아직까지 여가를 전담하는 부서가 존재하지 않으며, 여러 정부부처가 여가와 관련된 정책을 개별적으로 추진하고 있다.

호주는 젊은이들의 증가와 이민자 수의 증가로 인구증가를 경험하는 몇 안 되는 국가 중 하나이다. 2020년엔 약 15%의 증가를 보여 전체 인구가 2천3백만 명에 이를 것으로 보인다. 이 중에서도 노년층의 증가가 두드러지는데, 특히 베이비붐 세대인 50대 이상의 인구 수는 급격한 증가를 보이고 있다. 노년층의 증가는 레크리에이션에 대한 욕구뿐 아니라 참여인구의 구성에도 변화를 초래하게 된다. 즉 청 · 중년층보다 장 · 노년층의 참여 정도가 점차 높아질 것으로 예상되어 이에 대한 정책마련이 요구된다.

1994년부터 2001년까지 호주의 14세 이상 인구의 인구통계학적 변화와 여가활동 참여 양상을 살펴보면, TV시청이 가장 대중적인 여가활동으로 나타났으며, 참여율은 여전히 증가하고 있는 추세이다. TV시청과 라디오 청취처럼 집에서 즐기는 활동들이 가장 대중적인 것으로 나타났지만, 증가량의 정도를 비교했을 때, 공원방문이나 골프와 같은 야외활동이 가장 높은 것으로 나타났다.

4. 독일의 여가시스템

1) 독일의 여가생활 실태

독일의 노동시간대 여가시간의 비율은 1980년대 들어서면서 역전되었다. 독일에서는 "여름휴가를 위해서 일한다"라는 말이 있을 정도다. 최근 독일은 세계에서 가장 짧은 노동시간을 가진 국가군에 속할 만큼 그들의 노동시간은 평균 37시간(2006년 기준)으로 짧은 노동시간을 가지고 있고 연 6주의 휴가를 포함하고 있다.

독일의 여가지출 비용을 살펴보면, 전체적으로 118% 정도(1995년 대비 2001년 증감) 증가한 것으로 나타났다. 그중에서 스포츠, 문화, 패키지여행의 여가비용이 109.9억 유로로 가장 높게 나타났으며, 120% 정도 증가했음을 알 수 있다. 다음으로 비행기, 자동차를 이용한 여가비용은 95.9억 유로로 119.5% 정도 상승했다.

2) 독일의 축제

독일에서는 문화, 교육, 스포츠, 쇼핑, 취미, 관광, 이벤트의 7개 영역으로 여가활동을 구분하고 있다. 특히 축제문화는 빼놓을 수 없는 여가활동 중 하나다. 축제는 매년 규칙적으로 개최되고 그 의미와 목적이 뚜렷할 뿐만 아니라 프로그램이 매우 다양하기 때문에 사람들의 주요한 여가활동 중 하나로 자리잡고 있다.

독일의 대표적인 축제로는 맥주를 테마로 열리는 축제들을 손꼽을 수 있으며, 축제의 또 다른 테마로는 종교와 관련한 것이 있다. 모든 독일 축제들의 기본적인 목적은 사람들이 축제를 즐기게 하는 것을 제일의 목적으로 하며, 놀이와 축제를 병행한 교육의 기회를 제공한다. 독일은 각 지역마다 다양한 목적성을 가진 축제들이 매년 개최되며 국민 여가생활의 질적인 향상에 기여하고 있다.

제3절 우리나라의 여가시스템 환경

1. 한국의 여가환경

미국, 프랑스, 일본, 한국의 여가 · 레크리에이션 시스템의 영향요인을 심리적인 면에서 보면 동적 쾌락주의적 여가관을 가진 미국, 프랑스, 일본과는 달리 한국은 노동과 여가에 대한 중립적 견해가 지배적인 휴식 중심의 정적 여가관이 지배적이다. 자연환경적인 면에서 보면, 광활한 면적에 다양한 기후조건과 풍부한 야외공간을 가진 미국, 프랑스와 달리 비교적 좁은 면적에 산야의 비중이 큰 온대성 기후를 가지고 있는 것 또한 한국 여가시스템의 영향요인이 될 수 있다.

사회 · 경제적 요인을 보면, 미국, 프랑스가 진보적 · 낭만적인 생활방식 속에 높은 소득수준의 국가인 데 반해, 한국은 급속한 산업화에 따른 인구의 도시 집중화로 인한 도시성장의 불균형을 나타내고 있으며, 도시와 농촌의 이원화현상이 현격히 존재하고 있는 국가이다. 미국, 프랑스, 일본보다는 사회 · 경제적 요인과 문화적 혜택 면에서 낮은 수준을 보이고 있다.

이러한 영향 속에서 미국, 프랑스, 일본은 여가활동이 보다 능동적이고 창조적인 데 반해, 한국의 여가활동은 문화적 성격과 환경을 해치지 않는 범위 내에서 이용이 적극적이지 못한 점이 있다. 미국, 프랑스, 일본은 옥외활동과 다양한 스포츠 활동이 활성화되어 있는 반면, 한국은 학교시설 중심의 스포츠 활동과 가사활동이 주류를 이루고, 놀이문화가 다양하지 못한 점이 있다. 여가활동에 대한 관심의 대두로 다양한 놀이를 즐길 것으로 기대되지만 아직도 휴식적 여가활동을 벗어나지 못하고 있는 실정이다. 한국인이 가장 즐기며 선호하는 여가활동은 여전히 TV시청이며, 최근 젊은 층에서는 인터넷 게임과 웹서핑 등 소극적이고 창조적이지 못한 활동이 주류를 이루고 있다.

한국인들의 이와 같은 여가활동 행태는 야외공간의 미개발과 시설부족 및 기존 시설의 소극적인 활용 때문이라고 볼 수 있다. 이러한 자원을 개발하고 적극적으로 활용하기 위해서는 관리시스템이 갖추어져야 하는데, 산업화로 인한 경제발전에 비하여 여가시스템 측면에서는 선진국들의 관리시스템이 도입되지 못한 데 따른 것으로 볼 수 있다.

2. 한국의 여가관리시스템

한국은 다른 선진국들과 달리 여가의식 변화와 여가정보 이용에 초점을 두고 있다. 한국은 미국 등 선진국 국민의 여가권 신장과 여가능력 개발이라는 본질적인 문제에 관심을 두는 것과는 다르게 나타나고 있다. 정책시스템에서 보면, 선진국들처럼 중앙기관의 전담부서가 없는 실정이다. 여가관리 내지는 레저전담 부서는 전무한 실정이고 해양수산부 해양레저과와 간접적이지만 문화체육관광부 체육정책실, 관광정책실이 있는 정도이다. 미국은 지도자 양성에 적극적인 데 반해, 한국은 민간단체 중심의 양성방법이 중심이 되고 있어 선진국의 지도자 양성에 비해 질적 수준이 떨어질 수밖에 없다. 여가의 바람직한 정책시스템은 지방정부차원에서 여가 담당부서를 도, 시, 군까지 설치하는 것이 바람직하다.

프로그램 개발과 정보제공 면에서 볼 때 미국은 연방정부 차원에서 다양한 프로그램을 실시하고 있으며, 프랑스는 바캉스 위주의 프로그램을 개발 · 보급하고 있고, 일본은 국민 참여를 촉진하는 이벤트 프로그램 중심이다. 반면 한국은 프로그램 개발이 제대로 이루어지지 않고 있는 실정이며, 민간단체활동이 중심이 되고 정부기관의 정보제공활동도 미약하다. 한국은 여가재정지원이나 보조금지원이 미흡하여 다양한 여가시설과 스포츠시설은 공공체육시설 관점에서 관리되고 있다. 따라서 시, 군의 전담부서가 중심이 되어 주민의 여가 지도자 양성과 프로그램 개발, 정보제공과 시설투자 및 공간확보에 과감한 재정적 지원이 이루어져야 한다.

이렇게 볼 때, 한국의 여가시스템은 미국, 프랑스, 일본과 비교하면 여가활동에 대한 행정기관의 정책적인 노력은 비현실적이거나 부분적인 수준에 머무르고 있는 실정이다.[7)]

3. 한국형 여가시스템 수립을 위한 제언

자유시간의 증대에 대처한 외국의 여가정책 사례와 한국의 여가실태를 감안하여 한국형 여가시스템을 수립하기 위해서는 다음과 같은 점들을 고려할 필요가 있다.

첫째, 여가복지를 위해서는 여가시스템 구축을 최우선 과제로 설정해야 한다. 즉 목표는 여가산업의 활성화 또는 여가소비의 증대가 아니라 여가활동 참여율 제고와 실질적 여가시간 증대를 통한 여가생활 만족도의 향상이어야 한다.

둘째, 선진국의 경우에서 살펴본 바와 같이 여가교육을 민간단체가 아닌 국가차원에서 의무화하여 여가교육의 기회를 확대해야 한다. 아울러 고등교육기관의 여가관련 학과에서 여가관련 교과목을 더 많이 개설하거나 기존 고등교육기관에서 여가학과를 개설하도록 유도해야 한다.

셋째, 여가전문가를 양성하여 지역실정에 맞는 여가 프로그램을 개발 · 운용하게 하고 여가시설 활용의 효율성을 제고해야 한다. 이를 위하여 영국의 여가관리사와 유사한 자격증제도의 도입을 긍정적으로 검토할 필요가 있다. 영국은 여가관리사(leisure manager)제도를 도입하여 여가 프로그램 개발과 여가센터운영을 전문화하고 있다.

넷째, 기존의 공공부문 여가시설을 통합하여 일원화함으로써 시설관리와 사용의 효율성, 그리고 생산성을 제고해야 한다. 아울러 공공부문과 상업부문 여가시설의 연계를 강화하여 사용자의 편의를 제고할 필요가 있다.

다섯째, 영국의 여가복지시설 관리기구와 유사한 형태의 정부 산하 여가문화지원본부를 신설함으로써 건전한 여가문화 정착을 지원해야 한다.

여섯째, 민족 정체성을 재현할 수 있는 여가활동을 개발 · 보급해야 한다. 세계화로 말미암은 정체성 위기를 정체성 정치로 극복했다는 점을 감안하면 민족 정체성이 재현된 여가활동을 개발 · 보급함으로써 여가활동 참여율을 획기적으로 높일 수 있을 것이다.

제11장 | 여가관련 공공정책

제1절 여가정책의 의의

1. 여가정책의 정의

정부가 국민의 여가활동에 어떠한 형태로든 개입을 하는 한, 거기에는 자연히 여가에 관한 정책이 요구된다. 정책(policy)은 일반적으로 정부기관이 결정한 미래의 행동지침이며 복잡한 행동절차를 통하여 공식적으로 결정된 조직목표(organizational goals)이다.[1] 여가정책을 수립하는 이상적인 방법은 가능한 모든 행동지침과 이로부터 나타날 수 있는 모든 결과에 대하여 주의 깊게 검토함과 동시에 어떤 가치관과도 비교평가한 후에 대안을 선택하는 방법이라 볼 수 있다. 즉 정책이란 어떤 문제 또는 관심사를 해결하기 위하여, 어떤 바람직한 상태를 실현하기 위하여 행위자나 행위집단이 의도적으로 추구하는 일련의 행동을 의미하거나 바람직한 사회상태를 이룩하려는 정책적 목표와 이를 달성하기 위해 필요한 정책수단에 대하여 권위 있는 정부기관이 공식적으로 결정한 기본방침이다.[2]

여가정책의 개념에 관한 학자들의 견해를 보면, 여가정책이란 정부조직이 취하는 여러 가지 대책의 총체적 개념으로 파악하려는 측면과, 정책주체가 여가에 관한 정책목적을 추구하기 위하여 행하는 사회적 · 경제적 행위로 간주하는 입장, 즉 여가문제를 해결하기 위한 행동측면에서 보려는 입장이 있다.

여가정책은 일반정책 틀 속에서 규정되고 이해되는 것이 일반적이지만 여가

정책만의 속성, 즉 여가가 추구하는 목표의 성격과 범위에 의하여 달리 규정될 수도 있다.[3)]

여가정책은 각국의 역사적 · 문화적 · 정치적 배경과 환경에 따라 차이가 나타난다. 여가정책은 그 자체에 의미가 있는 것이 아니라 노동정책 · 체육정책 · 복지정책 · 가족정책 · 문화정책 등 여러 분야와 긴밀한 관계를 가지고 있다. 따라서 여가정책이 제대로 시행되기 위해서는 국가재정, 근로시간, 근로복지정책, 국민의 생활수준향상 등이 전제되어야 한다. 여가정책은 하나의 계획으로 정부기관이 결정한 국민여가에 대한 미래의 행동지침이며, 여가활동을 통해 국민생활의 질 향상과 인간다운 생활보장, 이를 통한 건전한 사회를 달성하기 위해 복잡한 절차에 의해 공식적으로 결정한 조직의 목표라고 할 수 있다. 또한 여가정책은 여가행정을 종합적으로 조정하고 추진하기 위한 업무범위와 방향을 제시하는 시책이기도 하다.

2. 여가정책의 필요성

한국사회는 노동중심의 사회에서 점차 여가중심사회로 변화해 가는 과정에 있다. 이러한 변화과정에서 국민 생활양식 및 경제활동 방식에도 획기적인 변화가 일어나고 있다.

국민들에게 여가는 인간이 가지는 특권이자 권리라는 생각이 서서히 확산되고 있다. 국민 대다수가 여가의 중요성을 인식하게 됨에 따라 적극적이고 긍정적인 여가관이 형성되고 여가활용에 대한 관심이 증대되고 있다. 여기서 여가향유권이란 국가가 국민에게 여가에 대해서 최소한 조건을 유지하도록 하고 여가에 관해 차별을 금지하고 여가에 대해서 교육받을 권리를 보장하는 것으로, 국가가 적극적으로 지원해야 사회권으로 인정될 수 있다.

2007 국민여가활동조사에 따르면, 여가생활을 위한 정부의 정책이 '반드시 필요하다(63.7%)'라는 응답이 '필요없다(4%)'라는 응답에 비해 월등히 높은 응

답률을 보였으며, 국민들은 정부의 적극적인 여가정책 실행을 희망하는 것으로 나타났다.

여가정책의 필요는 여가환경의 변화, 그에 따른 여가인식의 변화, 여가와 사회적 정체성과의 연관성, 그리고 급속한 여가의 상업화 상황에서부터 발생한다. 이러한 변화 속에서 건전한 여가 향유문화를 형성하고, 사회구성원들이 여가를 통하여 사회적인 정체성을 확립하며, 여가의 상품화와 상업화에 따른 폐해를 최소화하고 소득과 여가참여 사이의 불균형을 해소할 수 있는 여가정책의 시행이 필요하다.

3. 여가정책의 추진주체

여가문화의 보급 및 발전에 여가정책을 수립하고 시행하는 주체를 어느 특정기관이나 단체에 국한시켜서는 만족스런 결과를 기대할 수 없다. 따라서 정부기관, 지역사회, 사회단체, 전문기관, 문화단체 등 여러 분야의 기관 및 단체가 함께 참여하고 협력하며 공동보조를 취해야 한다. 여가정책을 개발하고 시행 · 참여 · 지원하는 기관과 단체는 크게 공공부문, 공공단체, 민간부문으로 나눌 수 있다.

1) 공공부문

공공부문에는 정부기관(중앙정부), 지방정부 등이 주체가 된다. 여가정책의 수립, 연구, 보급, 지도 그리고 민간단체에 대한 지원과 공동 협력사업을 수행하며, 여가정책 시행에 필요한 재정은 국가예산, 기금, 특별 세원(목적세, 복권, 수수료, 사용료) 등으로 충당한다. 공공부문의 주요 업무는 다음과 같다.

① 여가문화의 정책, 국민생활의 질적 향상, 문화적 생활개선을 위해 여가부문에 대한 투자, 지원이 향상되도록 노력하는 데 있다.

② 여가문화의 정착, 국민생활의 질적 향상, 문화적 생활을 위해 여가부문에 대한 투자 및 지원이 다른 부문과 균형을 이루도록 노력하는 데 있다.
③ 건전한 레크리에이션 발달과 보급 및 생활화를 위하여 모든 국민이 참여할 수 있는 레크리에이션 프로그램 개발, 학교에서의 레크리에이션 교과목 운영, 윤리강령, 표준화 업무, 지도자 양성, 레크리에이션 기회 확대 및 공간조성 등으로 정책의 방향을 설정하는 데 있다.

구체적인 업무로는 공익성과 상업성의 조화 유지, 지나친 상업성 배제, 국민을 위한 여가문화 보급, 여가시설과 공간제공 등의 여가정책을 수립하기 위한 조사 · 연구활동과 여가부문의 발전을 위한 전문인력 양성 및 지원, 프로그램 개발 · 투자 등이 있다.

2) 공공단체

여가정책의 추진주체로서 공공단체는 반관 · 반민성격을 띤 학교, 지역사회, 교도소, 군부대, 국립공원, 병원 등이며, 주요 사업으로는 건전여가생활 홍보, 레크리에이션 프로그램 개발, 각종 행사개최, 레크리에이션 센터 및 시설운영 그리고 지역주민이 참여하는 축제 · 체육대회 등이 이에 속한다.

구체적인 업무를 살펴보면 다음과 같다.

① 직원 · 회원 · 주민을 위한 건전한 여가 프로그램과 행사보급 및 지도를 위해 레크리에이션 지도자를 채용하여 서비스한다.
② 직장마다 직원친목 및 명랑한 근무분위기 조성, 건전한 생활, 정서함양, 생산성 향상 등을 위해 여가활동 전담부서 및 직원을 두어 운영한다.
③ 스포츠, 레크리에이션, 교양 · 취미활동 등 임의조직으로서의 각종 서클을 운영 · 지원한다.

미국의 경우 레크리에이션 지도자는 야외 레크리에이션 지도자, 병원환자를 위한 레크리에이션 프로그램 진행자, 군병원 입원환자 대상 레크리에이션 프로그램 진행자 등으로 구분되어 있다.

3) 민간부문

민간부문의 여가정책 추진주체는 종교단체, 사회복지단체, 산업체, 친목단체, 노동조합, 전문기관 등의 단체가 있으며, 주요 업무로는 비영리단체의 경우 레크리에이션 활동자문, 건전 레크리에이션 프로그램 보급, 여가연구, 건전여가 캠페인, 건전여가 홍보 등의 사업과 레크리에이션 지도자 교육, 훈련사업 등이 있다.4)

제2절 여가정책의 목표와 과제

기존의 여가정책은 국민의 사회체육활동 참여율을 높이고 문화·예술 사업 지원을 강화하는 등의 차원에서 이루어졌으며, 관련 부처의 업무영역 내에서 부수적인 수준에 그치고 있다. 이러한 현실은 여가정책에 대한 총체적인 이해를 어렵게 하고 '왜 여가가 정책의 대상이 되는가'에 대한 의문을 유발하게 한다. 따라서 향후 여가정책의 기본방향은 정책으로서 여가의 정체성을 확립하고 여가정책의 목표와 방향설정을 분명히 하는 것이 중요하다.

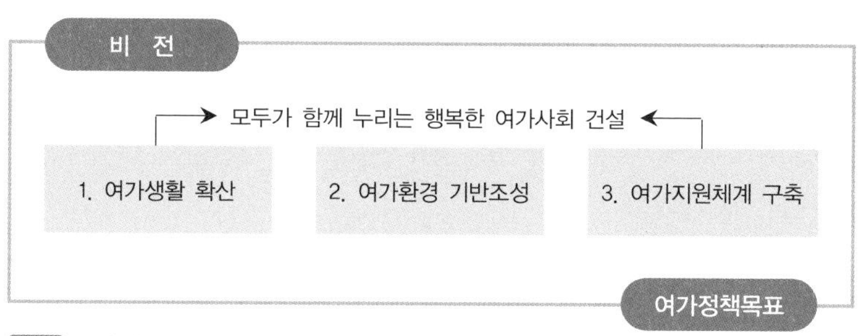

자료 문화체육관광부·한국문화관광연구원, 2007 여가백서, p. 201.

[그림 11-1] 여가정책의 비전과 정책목표

1. 정책목표와 추진방향

여가정책의 궁극적인 목적은 삶의 질 향상을 위한 국민여가 참여를 확대시키는 것이다. 이를 위해 미래지향적 · 여가적 삶을 확대하고 여가환경의 기반

정책목표

미래사회에 적합한 여가생활의 확산
· 자율적으로 이루어지는 다양한 여가활동 지원
· 늘어난 여가시간의 생산적 · 창의적 활용 유도
· 여가인식의 개선 및 여가교육 추진

국민 모두가 누릴 수 있는 여가환경 기반 조성
· 생활권 내에서 편안하게 여가를 즐길 수 있는 시설 조성
· 저렴한 주말여행을 누릴 수 있는 환경 조성
· 다양한 여가 프로그램의 개발 및 보급
· 여가격차 해소를 통한 여가향유의 형평성 확대

미래여가사회에 대응한 여가지원체계 구축
· 여가행정체계 정비
· 여가정책수단의 강화를 위한 법의 제정
· 여가관련 인력의 확충 및 여가관련 연구기반 강화

추진방향

여가에 대한 인식 제고 및 여가정책 영역 설정
· 여가에 대한 올바른 인식 확산
· 여가정책에 대한 명확한 영역 설정과 정책수단 도출

증가하는 여가시간을 국민들이 행복하게 누릴 수 있는 여건 조성
· 늘어난 여가시간의 생산적 · 창의적 활용 유도(생산성, 창의성)
· 자율적으로 이루어지는 다양한 여가활동 지원(자율성, 다양성)
· 누구나 저렴하게 여가를 즐길 수 있는 여건 조성(보편성, 대중성)

여가정책의 기반 조성
· 여가정책을 효율적으로 추진할 제도적 기반 마련
· 산발적으로 이루어지고 있는 각 부처 여가관련 정책의 통합적 운영체계 마련
· 여가관련 연구 확대 및 여가관련 통계의 확보 등

자료 문화체육관광부 · 한국문화관광연구원, 2007 여가백서, pp. 202-203.

을 조성하며, 정책지원체계를 구축하는 것을 정책목표로 지향한다. 여가정책의 추진방향은 첫째, 여가에 대한 올바른 인식 확산과 여가정책에 대한 명확한 설정을 지향하며 둘째, 늘어난 여가시간을 창의적, 자율적, 대중적인 여가활동에 활용할 수 있는 여건을 조성하며 셋째, 여가정책의 통합적 운영을 위한 정책기반을 마련하도록 한다.

2. 여가정책 과제

여가비전과 정책방향을 효과적으로 달성하기 위해 다음과 같은 추진과제가 제시된다.

1) 여가시간에 대한 과제

여가시간에 관한 과제를 들 수 있다. 구체적으로 자유시간의 확보에 관계된 문제이다. 노동시간의 단축, 완전 연휴 2일제 실시, 연차유급휴가제도, 장기휴가의 제도화 등이 있다.

2) 자유시간의 시기적 배분

프랑스의 경우 7, 8월에 바캉스가 집중되어 여러 가지 문제가 두드러지고 있는데, 우리나라도 심각한 문제로 대두되고 있다. 여가증대의 프로그램은 장기적으로 여가시간의 과도한 집중을 피할 수 있도록 모색될 필요가 있다.

3) 여가공간의 충실한 정비

시설정비에 대해서는 민간시설과 공공시설의 균형에도 충분한 배려가 필요하다. 또한 시설정비에 대해서는 여가활동의 주체인 주민의 의사를 충분히 반영해야 한다. 또 시설에 대해서는 교통의 편리 등 접근의 문제도 중요하고 장애자, 노인 그리고 어린이 등에 대한 배려도 중요하다.

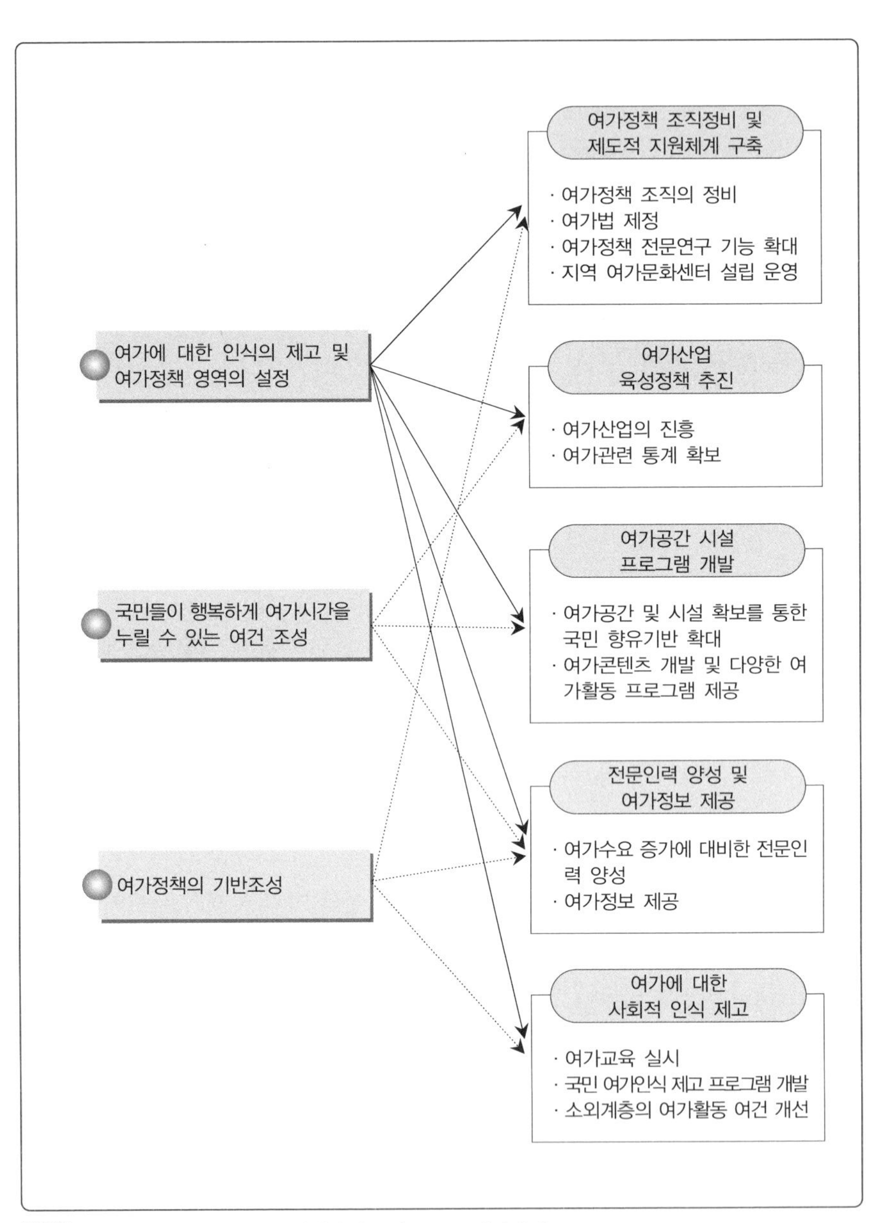

자료 문화체육관광부 · 한국문화관광연구원, 2007 여가백서, p. 203.

[그림 11-2] 여가정책 방향 및 추진과제

4) 여가비용의 부담문제 해소

프랑스에서는 정부가 '바캉스 바우처'를 발행하고, 또 어린이들에 대한 여가 보조금제도를 입법화했다. 여가보조금은 저소득세대의 어린이가 여가를 즐길 수 있도록 보조금을 지급하거나 시설 이용요금을 무료로 하는 등의 제도이다.

우리나라의 경우에도 저소득 근로자의 관광기회 확대로 복지관광을 실현하고 건전한 국내관광 촉진을 통해 여행업 등 국내관광발전에 기여하기 위하여 2005~2006년 여행 바우처제도를 시행한 바 있으나 사업 실효성의 문제로 중단되고 있다.[5)]

5) 인재육성 배치

여가를 위한 교육에 종사하는 사람과 여가활동의 지도에 필요한 인재가 계획적으로 충분히 양성되는 동시에 여가시설의 운영에 필요한 능력을 지닌 인재가 적절히 배치되는 것이 필요하다.

6) 여가교육개발의 문제

여가에 관하여 적극적으로 현장을 변혁하고 보다 좋은 환경 조성을 추진하기 위해서는 어른들이 노동과 여가에 관한 의식과 행동의 패턴을 바꿔가지 않으면 안 되는 점도 적지 않다. 이를 위해서는 다양한 여가기회를 제공하여 사회적 학습과 개발활동을 시키는 것이 필요하다.

7) 각 대학에 여가학과 개설

여가학(Leisure Studies)은 여가를 하나의 사회현상으로 규정하고 이를 연구하는 종합과학이다. 여가학은 인간의 삶의 질과 정신적 풍요를 추구하는 내면적 정신후생과학이다. 여가산업의 비중 증가와 활성화로 대학 내에 여가전공학과가 개설되면 취업여건이 매우 유망해질 것이다.

제3절 계층별 여가정책

인간은 노동의 의무와 함께 여가생활을 누리고 보장받을 권리가 있다. 그러나 대부분의 여가생활은 사회적 특권층과 경제력 있는 계층의 전유물처럼 상업화되어 가고 있다. 자발적으로 여가환경을 누리지 못하는 소외계층에게 정부차원에서 여가복지정책을 수립 · 시행할 의무가 있다.

1. 청소년 여가정책

우리나라에서는 「청소년기본법」에서 9세부터 24세까지를 청소년으로 보고 있다. 1999년에 시행된 「청소년보호법」에서는 청소년을 만 19세 미만의 자로 정해 놓고 있다.

청소년기는 사춘기에서 성인기로 이어지는 과도기에 속하는 시기로 신체적 · 정신적 · 사회적으로 급격한 발달이 이루어지는 시기이다. 사춘기를 지나서 2차 성징을 경험하는 청소년들은 신체적으로 성인의 모습을 띠게 되지만, 정신적으로는 아직 원숙하지 못하므로 불안정한 상태에 놓여 있다.[6] 청소년의 여가활동은 청소년의 인간관계형성, 긴장 및 스트레스 해소, 협동심과 창의력 계발, 비행 · 범죄예방 등에 도움을 준다.

청소년 여가정책을 통해서 호기심 많고 생리적으로 왕성한 욕구를 갖는 청소년들에게 일탈적이고 타락적인 여가로부터 보호할 수 있도록 도움을 줄 수 있다. 다양한 야영장, 레크리에이션센터, 유스호스텔, 체육시설 등 청소년을 위한 다양한 여가시설의 설립이 필요하며, 또한 다양한 각종 여가 프로그램을 개발하여 건전하고 올바른 방향의 여가문화를 계획해야 한다.

청소년 여가정책은 다음과 같은 사항을 고려해야 한다.[7]

첫째, 건전한 여가의식 형성을 위한 교육을 실시토록 한다. 학교교육을 통해 여가의 가치, 사회적 기능, 여가의 중요성 등을 인식시킬 수 있도록 초 · 중 · 고등학교에 여가교육과정 도입이 필요하다. 탈법적이고 불법적인 각종 사회환경의 정화, 민간단체를 통한 사회교육의 강화 및 여가활동의 질적 향상을 위한 여가교육에 참여할 수 있는 전문인 양성이 필요하다.

둘째, 청소년들을 위한 여가활동시설 및 공간을 제공토록 해야 한다. 단체활동과 대화를 위한 연수장, 체육시설의 확충, 학교의 특별활동시간을 통한 다양한 여가활동 실시, 학교도서관 시설, 공공·시립도서관 확충, 자연학습, 신체단련이 가능한 야영장 개발 등이 필요하다.

「청소년기본법」에서는 청소년 수련시설이 수련활동 실시를 주된 목적으로 하는 시설이라 정의하였으며, 시설의 설치와 운영은 국가와 지방자치단체, 법인 및 민간인도 할 수 있도록 하고 있다. 청소년 수련시설에는 [그림 11-3]과 같이 생활권 수련시설, 자연권 수련시설 및 유스호스텔이 있다.

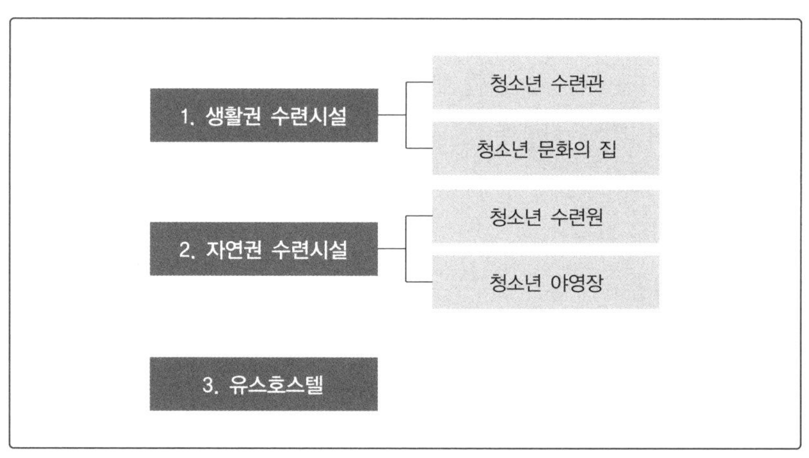

자료 오상훈·임화순·고미영, 현대여가론, 백산출판사, 2009, p. 265.

[그림 11-3] 청소년 수련시설

2. 장애인 여가정책

역사적으로 장애인 문화는 여러 다른 소수집단과 마찬가지로 차별, 억압 그리고 동정으로 점철되어 왔다. 적자생존식의 우생학적 가치관은 장애인을 열등한 존재로 규정하고 사회병리적 현상의 하나로 간주하였다. 장애인은 사회적 기능을 제대로 수행하지 못한다는 의미의 기능적 한계성의 가정은 장애인이 직면하고 있는 주요 문제 중 하나이다. 전적으로 장애인 자신의 문제는 본인 스스로 책임질 것이며, 그들이 지니고 있는 능력도 객관적으로 평가되어야 할 것이다.

이런 맥락은 장애를 발생시키고 장애인을 억압 · 제한하는 외부적 요인은 관심의 대상에서 제외되었다. 기능적 한계성에 대한 강조는 특히 개인이 갖는 신체적 · 정신적인 결함의 측면과 생물학에 기초하려는 의료적 시각에서 강하게 나타난다.[8] 이러한 규정은 장애인을 사회적 지원과 전문가의 도움을 필요로 하는 환자와 이들을 돌보는 사람들의 역할에 결부시켰고, 우리나라 장애인복지의 목표가 수용과 보호를 주로 하는 시혜차원에 머물게 하는 단초를 제공했다.

현실적으로 우리나라 장애인 복지정책이 소득보장에 우선하는 수준에서 탈피하지 못한다면 장애인 여가문화에 대한 인식이나 프로그램 개발 그리고 효율적인 참여기회 확대 방법 등의 실천적 의지에 걸림돌로 작용할 것이다.

한국장애인단체총연맹에 따르면 장애인은 신체적 · 정신적 장애로 인해 여가문화활동에 대한 욕구가 크지 않을 것이라는 편견에 영향을 받기 쉬우나, 실제로는 여가문화활동에 대한 욕구는 높은 것으로 나타났다. 다만 여러 가지 제약으로 인해 참여율이 저조한 실정이었다.

문화가 생활양식이라는 관점에서 본다면 장애인에게도 문화가 있는 것이 명백함에도 불구하고 문화생활이라는 측면에서 장애인은 분명히 문화 접근력이 미약하며 장애로 인해 본인의 의지와는 무관하게 문화적 소외계층에 머물러 있는 것이 현실이다. 다행히 점진적으로 사회적 장애물이 개선되면서 장애인의 사회 참여와 여가 · 문화 활동에 대한 기회와 폭도 넓어지고 있다. 이러한 흐름을 내실 있게 하여 보다 가치 있게 승화시키려면 장애인 문화를 지원하는 다양한 자원과 장애인 문화를 형성하는 구성요소를 객관화하여 많은 장애인이

문화현상과 서로 연결될 수 있는 효율적인 환경을 조성시킬 수 있어야 한다.9)

우리나라에 2001년 말 현재 장애인 등록자는 1,934천여 명인데, 의무고용대상 기업체의 고용률이 21.3%에 불과하고 사회보장비가 GNP의 약 1%에도 미치지 못하고 있는 것은 미국 · 일본의 30%에 비하면 너무 미약하다. 장애인은 지체 · 시각 · 청각 · 언어장애 및 정신지체 등 정신적 또는 육체적 결합을 가진 자로서 우리나라의 경우 선천적 장애보다 교통사고 · 산업체 안전사고 · 환경오염 등으로 인한 후천적 장애가 81.5%나 된다.10)

장애인에 대한 복지여가대책으로,

① 빈약한 장애인의 복지예산을 증액하고, 기업체는 장애인 의무고용을 준수하여야 한다.

② 모든 공공시설물의 건축 시 장애자의 접근을 용이하게 할 편의시설의 정비를 의무화해야 한다.

③ 열차 탑승 시 휠체어 탑승시설과 리프트가 있는 택시 등이 있어야 한다.

④ 공중시설에서도 맹인용 신호기, 횡단보도, 유도바닥재, 장애인용 공중전화기 등을 확보함으로써 장애인의 생활의 질을 향상시켜 나가야 한다.

〈표 11-1〉 전국 장애인 추정 수

구 분	2005년	2008년1)	2011년	2014년
• 장애 추정 인구 수	214만 명	-	268만 명	273만 명
• 장애 출현율	4.59%	-	5.61%	5.59%
• 장애 등록률	77.7%	-	93.8%	91.7%
• 후천적 장애발생률	89.0%	90.0%	90.5%	88.9%
• 65세 이상 장애인구	32.5%	36.1%	38.8%	43.3%
• 장애인가구 중 1인 가구	11.0%	-	17.4%	24.3%

주 1) 2008년도 실태조사는 등록 장애인만을 대상으로 실시하였으며, 따라서 출현율 제시 안 됨.
자료 보건복지부, 보도자료, 2015년 4월 20일.

자료 저자 직접 촬영.

[사진 11-1] 일본의 장애인을 위한 시설 및 차량

3. 노인 여가정책

노인인구가 일정비율로 증가하다가 어떤 단계에 와서는 그 비율이 거의 안정된 상태가 지속되는 사회를 고령화라고 하며, 고령화사회는 전체 인구 대비 노인인구의 비율이 계속해서 증가하는 상태에 있는, 즉 인구의 고령화가 진행 중에 있는 사회를 뜻한다.

UN의 인구유형 기준에 의하면, 고령화사회는 65세 이상 인구비율이 7% 이상인 사회를 가리키며, 고령사회는 65세 이상 인구비율이 14% 이상인 사회를 말하고, 20% 이상인 사회를 초고령사회라 한다.

인구의 고령화는 주로 선진국에서 나타났던 현상이었으나, 현재는 선진국뿐만 아니라 전 세계의 많은 국가에서 보편적으로 나타나고 있는 현상이며, 우리나라에서도 소득의 증대, 의학의 발달, 영양상태의 개선 등 각종 사회적 요인에 의해 평균수명이 지속적으로 길어지고 출산율이 낮아짐으로써 노인인구가 급증하고 있다.[11] 따라서 많은 여가시간을 가지고 있으면서도 소외감과 비용 때문에 어려움을 겪고 있는 노인들에게 복지차원에서 다양한 프로그램을 개발하고 제공함으로써 여가시간을 가치 있게 활용토록 해야 한다. 즉 노인복지연금제도의 마련, 노인대학의 확대 및 활성화, 다양한 정보제공 창구마련, 여가시설 및 공간 확충을 통한 다양한 여가활동 제공, 적절한 일거리 제공 등을 고려해 볼 수 있다. 노인복지회관에 대한 법적 설치기준은 없으나, 모든 시 · 군 · 구에 1개소 이상 건립을 목표로 하고 있다. 정부는 노인복지회관 건립 시, 개소당 2억 1천만 원의 국고지원을 하고 있다. 노인복지관은 2008년 211개소에서 2012년 300개소로 약 90개소 증가한 것으로 나타났다.

〈표 11-2〉 전국노인복지회관 현황(2006년 12월 기준)

지역	개소		지역	개소	
	2008년	2012년		2008년	2012년
서 울	28	59	강 원	4	10
부 산	10	20	충 북	14	16
대 구	8	11	충 남	11	13
인 천	12	13	전 북	16	21
광 주	7	7	전 남	19	28
대 전	6	6	경 북	8	13
울 산	6	8	경 남	18	18
경 기	40	51	제 주	4	6
계	2008 : 211 2012 : 300				

자료 보건복지부, 2013년 노인복지시설 현황, 2013.

노인문제는 그들이 기나긴 고독감 · 소외감 · 천시박대 · 차별대우 · 무관심에서 깨어나도록 가정과 사회 그리고 국가가 나서서 우리 사회 모두의 문제로 대응해 나가야 한다.

노인들에게 여가활동의 필요성을 인식시키고 여가시간을 효과적으로 보낼 수 있도록 여가 프로그램을 개발할 필요가 있다. 현재 우리나라의 노인들은 노년기에 들어서서 시간적 여유가 생겨도 적절한 여가선용방법을 몰라 단조롭고 무의미하게 지내고 있다. 이는 여가시간을 중요시하는 인식 속에서 살면서 다양하고 의미 있는 여가활동 경험을 하지 못했기 때문이다.

노인들에게 평준화된 여가기회를 제공해야 한다. 노인 여가생활은 개인적 특성에 따라 상당한 차이가 있지만, 우리나라의 경우, 노인들의 경제수준 · 건강수준 · 교육수준에 따라 여가활동의 유형과 내용에 상당한 차이가 있다. 정부정책은 경제적 부담 없이 참여할 수 있는 다양한 노인여가활동 프로그램을 개발해야 한다. 대부분이 여가시간으로 이루어지는 노년기를 풍요롭고 유용하게 보내기 위해서는 청소년기부터 여가시간을 적극적이고 창의적으로 보낼 수 있도록 하는 여가교육이 필요하다.

일본의 경우 정부의 정책적인 노력에 의해 노인복지차원에서 실버(silver)서비스가 제공되고 있는데, 공적 노인복지서비스로서 시설복지서비스, 재택복지서비스, 의료복지서비스가 있다.[12] 또한 노인복지센터와 자원봉사자들이 연계되어 모든 프로그램에서 일대일 서비스가 제공된다. 노인복지서비스는 사회복지 차원에서 책임을 지고 있다.

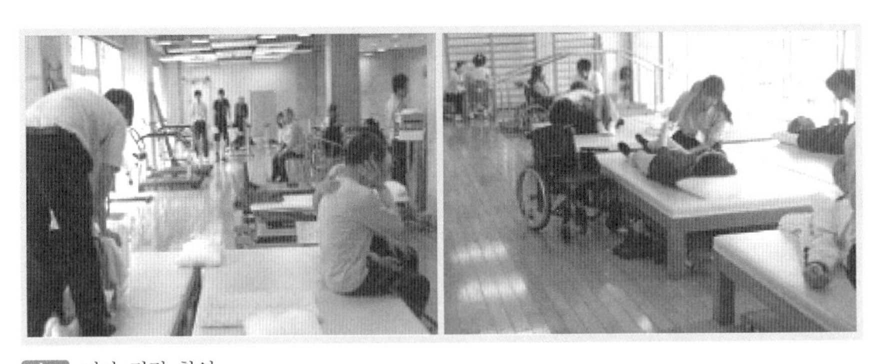

자료 저자 직접 촬영.

[사진 11-2] 일본 자원봉사자들의 일대일 노인복지서비스

4. 여성 여가정책

과거 여성에 대한 차별이 심하였지만, 오늘날 고용차별 철폐, 성별불이익 철폐, 여성의 고용기회 보장 등 여권이 많이 신장하면서 맞벌이 부부가 늘어나고

여성의 사회 경제력이 과거와는 다르게 높아졌다. 이처럼 경제가 성장하면서 여성들의 사회활동이 다방면으로 확대됨과 동시에 여성들의 사회적 지위가 향상되면서 여성들의 여가활동 참가도 해를 거듭할수록 증가하고 있다고 할 수 있다.

최근 들어, 많은 여성들은 가정주부로서의 역할을 수행하는 것 외에도 가정주부와 경제활동을 동시에 수행하는 이중적인 역할과중 현상도 빚어지고 있다. 일반적으로 여가참여는 개인들의 주관적인 안녕과 매우 관련이 있는 것으로 알려지고 있으며, 건전한 여가활동은 개인들의 삶에 활력소를 안겨주는 것으로 밝혀지고 있다.[13]

그러나 출산율이 감소하고, 여성은 자녀 수가 적어 과거보다는 사회적 활동에 적극적이고 개인의 여가생활도 즐기는 편이지만 아직도 전업주부의 경우, 남성보다 일하는 시간이 많아 여가시간은 적고 임금, 휴가, 병가, 연금 등이 없어 불이익을 당하고 있다.

여성들의 여가활동 참가는 개인의 삶의 질 향상과 건전한 사회참여를 유도할 수 있는 의미 있는 활동이라고 할 수 있다. 여가활동 참가는 정신적인 건강에 대한 효과적인 해결책의 하나로 인식되고 있다. 또한 여가활동 참가는 여가를 통해 인지된 자아 존중감을 긍정적으로 유도하여 현대인의 사회병리적 현상을 초래하게 되어 스트레스에서 기인하는 각종 문제에 대처하는 행동을 향상시키게 된다.[14]

여성가족부는 여성정책과 함께 가족정책을 수립하고 총괄 · 지원하는 기능을 맡고 있는 중앙행정기관이다. 여성가족부는 남녀가 평등하고 행복한 가족과 사회라는 비전을 통해 여성의 사회참여 확대와 여성의 권익증진 도모, 가족의 삶의 질 향상이라는 3가지 미션을 통해 2007년도 중점 추진과제를 수행했다. 이를 좀 더 구체적으로 살펴보면, 여성단체 지원 및 협력을 강화하고 여성자원봉사를 활성화하며, 여성의 문화예술활동 참여를 확대하는 등 여성의 사회참여를 위한 정책들을 수립하였다. 여성가족부는 여성정책본부와 가족정책국

에서 여가관련 업무를 수행하고 있다.15)

여성여가정책으로는,

① 여성권리향상에 관한 법을 제정하여 남녀평등, 지위향상, 여가활동촉진을 도모하게 한다.

② 여성전용여가시설에 속하는 여성회관, 사회복지관, 체육관 등을 건립하여 거기서 여성생활강좌, 주부체육교실, 여성문화교실 등 주부를 위한 다양한 프로그램을 개발 · 운영한다.

③ 각종 휴가시설과 직장 내에 아동보육시설을 설치하여 여성근로자가 휴가 시 또는 직장근무 시 육아 걱정 없이 자유롭게 여가활동 또는 직장근무에 임할 수 있게 한다.

여성회관은 전국 지역에 설치되어 있는 여성복지 및 교육시설로서 여성의 능력을 개발하고 활동을 활성화하는 데 주력하고 있다. 또한 여가 · 취미 위주의 교육과 평생교육을 통한 자아실현 및 경력 단절자의 사회참여를 이끌 수 있는 특화된 프로그램의 단계적 도입으로 여성의 복지증진과 지역발전에 이바지하고자 하며 문화예술 및 공연문화의 저변확대를 위하여 수준 높은 공연을 통해 지역문화 활성화에 기여하고 있다. 여성회관은 2008년 126개이며 이후 현황 조사는 이루어지지 않고 있다. 여성회관은 대강당, 시청각실, 강의실, 도서실, 유아실, 전시실, 상담실, 사무실 등의 시설을 갖추고 있으며 상담사업, 여성자원활동센터 사업, 취업안내 사업, 보육사업, 기술 · 기능 교육, 취미 · 교양교육 등을 하고 있다.

〈표 11-3〉 전국 여성회관 현황

지 역	개 소	지 역	개 소
서울	6	충북	13
부산	2	충남	1
대구	2	전북	11
인천	3	전남	13
광주	1	경북	14
대전	2	경남	10
울산	1	제주	2
경기	27	계	126
강원	18		

자료 문화체육관광부, 여가백서, 2013.

여성회관의 경우 특별한 설치기준이 없기 때문에 그 설립은 각 지방자치단체의 의지에 따르고 있다. 여성복지사업지침(1998)에 따르면, 시 · 군 · 구 단위로 1개소씩 여성회관을 설치하는 것이 목표로 되어 있으며, 인구밀도가 높은 지역, 저소득층 밀집지역, 유사시설이 없는 지역에 우선적으로 설치하는 것을 목표로 하고 있다. 2002년 이전에는 여성회관 건립 시 건축비의 20%를 국고에서 지원받고 나머지 80%는 지방비로 충당하였으나, 2002년 이후 지방 고유사업이 됨으로써 현재 국고지원은 없는 상황이다.[16]

제12장 | 여가사회의 미래전망

제1절 한국 여가산업의 미래전망

1. 한국 여가사회의 진단

우리나라 전체 여가산업의 규모는 국민소득에 따라 지속적으로 성장할 것으로 기대할 수 있으나 성장추세는 점진적으로 완화될 것으로 예측되고 있다. 그 이유는 1인당 GNI 3만 달러 시점에서 미국, 일본, 영국 등 3개국 평균 여가관련 지출규모의 성장률은 38.5%를 나타내고 있으나, 4만 달러 시점에서는 성장률이 23.9%로 감소(2008 여가백서)하는 사실에 근거하고 있다.

장시간 노동, 경기변화나 소득변화에 민감한 여가소비지출, 오락문화 소비지출 등의 여가자원환경은 열악하지만, 고령화 진전에 따라 여가산업에 대한 수요는 급증하는 것으로 나타났다. 주 40시간 근무제 도입(2004.7.1.)으로 노동시간은 점차 감소하는 추세이지만 여전히 OECD국가 가운데 최장시간 노동국가로 나타나고 있다. 따라서 평일 동안 여가활동을 위한 자유시간은 제한적인 것으로 알 수 있다. 주말이나 휴일 중심의 여가활동이 집중되는데, 다른 국가처럼 대체휴일제와 같은 장기휴일 이용이 어렵고 하계에 집중(7월 말~8월 초)된 휴가 사용으로 장기휴가에 따른 경제적 파급효과를 기대하기 어렵기 때문이다.

여가소비지출은 경기변화나 소득변화에 상당히 민감하게 변화하며 교양오락비 지출에서 소득의 양극화가 심화되는 가운데 여가자원의 계층별 차이가 심화되고 있다. 그러나 고령화의 진전이나 삶의 질에 대한 요구수준의 증가로 인해 건강하고 활기찬 삶을 위한 여가활동에 대한 요구수준은 지속적으로 증가하고 있는데, 이는 여가활동의 시장의존성 맥락에서 여가산업의 성장을 예측할 수 있다.

과거에 비해 여가시간이 증가함에 따라 관련 소비분야 매출이 증가하며, 주말이나 연휴, 그리고 휴가 동안 여가관련 소비효과가 집중되고 있다. 2004년 주 40시간 근무제 시행 이후 소비부문별로 교양오락서비스 및 외식부문의 지출이 증가하고, 이는 유통업, 엔터테인먼트, 여행업 등 관련 산업의 매출 성장에 기여한 것으로 분석된다.

업종별로는 홈쇼핑 및 백화점 등 유통업 부문에서 매출이 크게 증대되고, 다음으로 레저용품 및 여행상품의 판매규모가 확대된 것으로 나타나고 있다. 지식경제부 통계자료에 따르면 2005년 7월 주요 유통업체의 매출은 휴가철의 영향으로 레저스포츠 부문의 매출이 7.7% 신장되었으며, 2008년 8월에도 휴가철을 맞아 레저스포츠 부문의 호조로 인해 할인점 매출이 전년 동기 대비 2.8% 증가한 것으로 분석할 수 있다.

다른 주요국과 마찬가지로 점차 실내형 여가에서 야외 체험형 여가활동 증가로 변화함에 따라 아웃도어 레저산업이 지속적으로 성장할 것으로 기대된다. 또한 건강에 대한 관심이 증가하면서 운동관련 여가용품과 공간에 대한 수요가 증가하고 있으며, 특히 레저용 자전거, 등산화와 기능성 운동화, 캠핑용품, 테마파크 등의 매출규모는 꾸준히 증가하는 추세이다.

한편, 모바일공간이나 실내공간에 머물러 여가활동을 즐기는 경향이 강해서, 모바일 여가활동이나 TV시청과 관련된 콘텐츠시장의 크기는 증가할 것으로 예측된다. 모바일 애플리케이션시장의 급성장과 인터넷 TV 및 스마트 TV 보급으로 인해 다양한 프로그램 콘텐츠시장과 온라인게임시장은 급성장할 것으로 예측된다. 방송통신위원회 통계에서 보면 2012년 7월 현재 국내 스마트폰 보급률은 53.7%, 태블릿PC는 1.21% 정도에 그치고 있다.

일본의 경우처럼 경제침체기에 따른 여가시장의 성장세는 둔화되지만 여전히 영화나 연극 등 관람형태의 여가활동은 지속된다는 점을 볼 때, 우리나라도 실내형 여가의 대표격인 찜질방과 노래방, 그리고 영화관람을 위한 멀티플렉스 극장 등 실내 여가공간의 매출액은 경제상황에 따라 영향을 받으면서 안정적으로 지속될 것으로 보인다.

주 5일 근무제가 정착되면서 국내외 여행 및 레저산업이 가파른 성장세를 유지하고 있지만, 다른 한편에선 도심 초대형 쇼핑몰에서 하루 종일 시간을 보내는 몰링이 생활 트렌드를 이끌고 있다.

국내에 '몰링' 개념이 확산되기 시작한 것은 2006년 서울 용산 민자역사인 '스페이스9'를 새롭게 단장한 '아이파크몰'이 등장하면서부터이다. 국민소득 2만 달러를 돌파한 2007년 이후 대형 복합몰 건축 붐이 일어났는데, 2009년에는 세계 일류 수준의 매머드급 복합몰인 부산의 '신세계 센텀시티'와 서울 영등포의 '타임스퀘어'가 개장했고, 이어 부산 롯데 광복점, 대구 롯데몰, 일산 레이킨스몰, 롯데 청량리몰 등 다양한 형태의 복합몰들이 잇따라 등장하면서 몰링 바람이 더욱 거세지고 있는 실정이다. 최근 들어 대단위 쇼핑몰은 극장, 콘서트 등 공연문화시설을 비롯해, 교양강좌 등 교육시설, 전시시설, 컨벤션시설, 식음매장, 게임센터, 키즈센터, 도심형 테마파크 등 놀이시설을 두루 갖춘 종합 생활공간으로 확장을 거듭하고 있다.

국가정책적 지원, 여수해양엑스포 등 환경적인 변화로 인해 해양레저 활동에 대한 관심 증가는 해양산업의 발전으로 이어질 전망이다. 정부는 2002년부터 10여 년간 꾸준히 해양레저산업 육성과 신해양문화 정착을 위해 지속적으로 노력하고 있는데, 2011년 발표한 마리나산업 육성 대책에 의하면, 누구나 요트를 저렴하고 손쉽게 즐길 수 있도록 하고, 요트 등 해양레저를 즐기고 싶어하는 해외 고소득층을 국내로 유치하여, 요트 등 레저장비 제조업, 음식 · 숙박 · 해양레저 등의 관광서비스업 등 연관산업의 파급효과 및 일자리 창출을 기대하고 있다.

그러나 마리나시설 개발(항만 개발의 까다로운 인 · 허가 절차), 해양레저활동(관련 자격증 취득, 레저기구와 선박등록 관련 법률의 일탈규제), 해양레저장비 개발(국내 시장환경 열악), 교육 및 문화보급(관련 전공자나 교육과정 한계, 사회적 인식의 부족 등) 등의 제약으로 해양레저문화 정착에 시간이 소요될 것으로 전망된다.

2. 여가산업의 경제적 파급효과

2006년 기준 여가산업의 생산파급 과정에서 나타난 총산출액의 수준, 즉 생산유발효과는 약 133조 원으로 추정되고 있다. 이는 2006년 국내총생산(명목)과 비교해 볼 때 약 15%에 해당된다. 여가산업의 재화나 서비스에 대한 최종수요발생 시 모든 관련 산업의 부가가치 유발효과는 56조 원으로 추정되고 있다.[1] 2006년 여가산업 소비지출액 71조 원에 의한 경제적 파급효과 중 고용유발효과는 약 93만 1천 명으로 추정되며, 이는 2006년 경제활동인구 대비 약 4%에 해당한다.

3. 한국 여가사회의 발전을 위한 정책과제

1) 여가산업 활성화를 위한 여가관련 통계자료 확보

각국별로 여가산업의 범위나 내용, 분류체계가 상이하다. 각 나라별로 여가산업의 규모나 추이에 대해 정기적으로 추계 · 발표하고 있다. 국내외 여가산업의 규모와 추이 분석을 위해 대규모 통계자료를 종합 · 정리 · 분석 및 평가한 결과가 지속적이고 정기적으로 축적될 필요가 있다.

더욱이 여가산업 국가경쟁력 평가를 위한 프레임워크 개발을 통해 여가산업을 국가정책적으로 증진시킬 수 있는 기반을 마련하는 것이 시급하다. 예를 들어 100세 시대에 대비하는 시점에서 고령친화 여가산업을 증진 · 발전시키기 위한 기본틀 구성도 미흡한 상태이다.

2) 규제와 진흥을 위한 제도의 기본적 정책방향 마련 필요

국민들의 여가활동 활성화를 위한 산업은 진흥방향으로 논의되는데, 이와 관련해서도 단순히 육성대책과 방침을 마련하기보다 관련된 법규제를 완화하거나 관련 부처 간의 협의를 통한 효율적 행정체계에 대한 대책이 시급하다. 예를 들어 해양레저산업 진흥을 위해 항만개발은 「어촌어항법」이나 「항만법」, 「하천법」, 「공유수면매립법」 등, 그리고 해양레저 활동을 위해 필요한 자격증 취득과 선박등록은 「수상레저안전법」, 「선박법」, 「선박직원법」 등의 적용을 받고 이와 관련된 수십 가지의 규제나 법령을 모두 충족시키기가 어렵다는 문제가 지적되고 있다.

3) 국민들의 여가자원 지원을 통한 여가산업 진흥책 강구

여가산업의 발전을 위해 무엇보다도 국민들의 여가자원환경을 개선하고 정책적으로 규제보다는 활성화를 위한 기반마련에 힘쓰는 것이 중요하다. 주 5일 근무제가 정착되면서 대형 복합쇼핑몰에서 쇼핑뿐만 아니라 외식, 오락 등 다양한 여가활동을 즐기는 '몰링족(Malling)'이 증가함에 따라 몰링(Malling)을 하나의 소비패턴으로 인식하고 보편화시킬 필요가 있다. 몰링(Malling)과 관련된 소비시장을 지속적으로 파악하고 소비자의 행동패턴을 파악할 수 있는 산업동향 분석 등이 요구된다. 특히 여가시장 활성화의 출발이 소비자의 수요 파악임을 인식하고, 제한된 자원과 다양한 요구수준의 격차를 좁힐 수 있는 저비용 중심의 레저시장과 산업을 우선적으로 진흥하는 방안이 요구되고 있다.

한국의 여가경쟁력지수를 산정한 결과, 국민들의 여가자원인 금전과 시간 등의 생산조건과 정책환경인 정치사회적 기반은 매우 열악한 상황이며 여가에 대한 소비자 수요의 질 수준은 매우 높게 나타나고 있는 이때 여가관련 산업과 인프라는 중간 정도이다.

〈표 12-1〉 강중국* 7개국과 한국의 여가경쟁력지수 비교

66개국 중 순위	스웨덴	영국	프랑스	노르웨이	뉴질랜드	핀란드	대만	한국
여가경쟁력 순위	4	6	9	11	13	17	22	23
여가경쟁력 지수	66.76	64.26	64.05	62.97	61.86	60.91	53.49	52.69
여가생산조건 순위	3	13	6	2	11	19	39	40
여가수요의 질 순위	6	13	9	21	14	16	22	8
연관산업 및 인프라 순위	13	4	3	21	14	24	20	19
정치사회적 기반 순위	3	14	19	6	12	5	47	45

주 강대국, 강중국, 강소국의 분류는 인구라는 잣대를 근거로 한 것으로 1억 명 이상이면 강대국, 5,000만~1억 명이면 강중국, 5,000만 명 이하를 강소국으로 구분한 뒤, '국민소득 2만 달러' 이상의 선진국으로 대상을 압축해 보면, 강대국의 대표국가로는 미국 · 일본, 강중국으로는 독일 · 프랑스, 강소국으로는 핀란드 · 스웨덴 등을 꼽을 수 있다. 이 중 강중국에 해당하는 국가와 비교한 것임.

자료 조동성, 여가와 국가경쟁력, 2008 여가정책 심포지엄 자료집, 2008.

국민들의 여가시간 증진을 위한 제도적 지원과 문화조성을 통해 여가활성화의 과제가 무엇보다 시급하다. 근로자의 연 · 월차 휴가 사용 권장, 휴일대체나 휴일총량 개념을 도입한 제도 마련, 휴가 연중 분배사용 가능 등 여가시간 확보를 위한 제도마련과 사회적 분위기 조성이 필요하다.

제2절 여가산업의 국제환경 비교 및 예측

1. 여가산업의 범위와 산정을 위한 기본틀 구성

국민들의 여가생활의 중요성을 인식하고 자본주의경제에서 여가활동의 시장의존성의 문제를 다루면서 여가산업의 범위를 정하고 이를 추계하는 작업이 각국별로 이루어지고 있다. 다양한 여가개념의 설정과 마찬가지로, 관련 산업

의 경제적 통계가 산재되어 정보 간 조화와 비교가 용이하지 않다는 요구에 의해 각국별로 분류체계를 구성하고 그 규모를 추산하게 된다.

1) 호주 통계청의 '문화 및 여가산업'

1991년 호주 통계청은 "호주의 문화 및 여가 분류체계(Australian Culture and Leisure Classification : ACLC)"에 근거하여 4개 부문 22개군, 75개 종류로 세분된 산업분류체계를 발표하였다.[2)]

2) 일본 생산성본부의 '여가시장'

일본 생산성본부는 1977년부터 발간된 『레저백서(レヅャー白書)』에 4개 부문 18개 군, 75개 종류로 세분하여 여가시장의 범위를 구성하여, 매년 각 시장규모를 발표하였다.[3)]

3) 한국 문화체육관광부와 한국문화관광연구원의 '여가산업'

한국의 경우 2006년부터 발간된 『여가백서』에서 여가산업의 개념을 화폐의 소비를 동반하는 여가활동에 대응하여 재화와 서비스를 제공하는 산업으로 정의하고 문화, 스포츠, 관광, 오락, 휴양 등 관련 서비스 업종을 비롯하여 여가활동에 필요한 장비와 도구를 공급하는 업종을 포함하여 산정하였다. 특히 『여가백서』에서 여가용품산업, 여가공간산업, 여가서비스산업의 3개 부문, 18개 군, 64개 종류로 세분하여 71조 3,457억 원(2006년 기준)으로 발표하였다.[4)]

2. 여가산업환경의 변화

한 국가의 여가산업 발전은 국민들의 여가활동과 관련된 자원량의 크기와 그 변화에 영향을 받는다. 대표적인 여가자원으로서 소득과 시간자원의 중요성이 강조된다. 장기휴일제도, 주 5일 근무제 실시 등은 휴일 동안 여가시간

확보 및 자유시간 증대라는 점에서 여가관련 시장의 활성화에 영향을 줄 수 있다. 또한 평균수명의 증가에 따라 '건강하게 오래 사는 문제'에 대한 관심은 고령친화산업으로서 교양 및 엔터테인먼트 분야의 여가산업의 성장을 예측할 수 있다.

1) 소득의 증가

여가산업은 개인소득의 증대에 영향을 받으므로 경제성장률과 밀접한 관련을 가지며, 소득이 증가할수록 오락문화 소비지출 비중이 증가한다. 『OECD Factbook 2009』에 따르면 각 국가의 GDP 대비 가계오락문화소비 지출은 소득의 증가와 비례하여 증가하는 경향이 있다고 하였다.5)

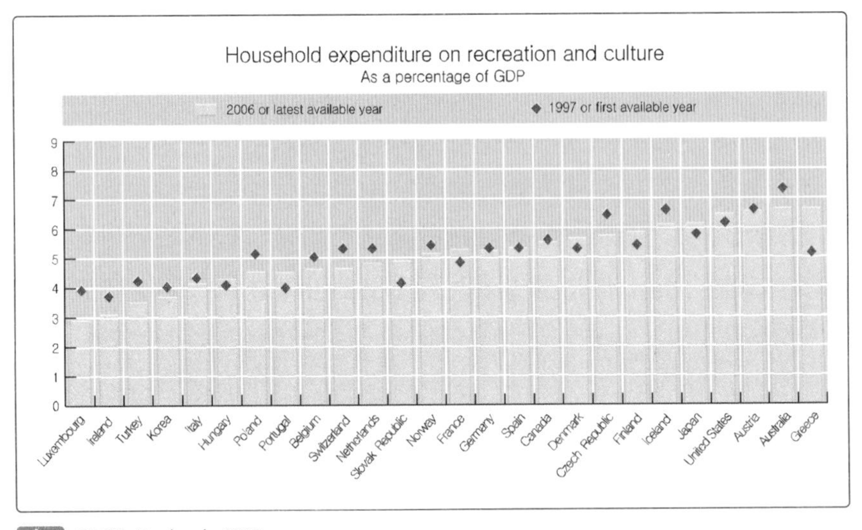

자료 OECD Factbook 2009.

[그림 12-1] GDP 대비 가계의 오락문화소비 지출비 : OECD 국가 비교

단, 아일랜드는 1인당 GDP(45,027달러)는 높으나 가계의 오락문화소비 지출 비율(3.1%)은 적은 반면, 체코는 1인당 GDP(24,027달러)는 상대적으로 낮으나

오락문화소비 지출비율(5.6%)은 높은 것으로 나타났다. 한국의 경우 GDP 대비 가계의 오락문화소비 지출은 3.7%로, 26개국 가운데 하위권에 머물고 있으며, 한국의 1인당 GDP(24,801달러)와 비슷한 포르투갈과 그리스의 4.5%, 6.3%를 비교해볼 때 상대적으로 낮게 지출되고 있음을 알 수 있다. 특히 한국사회는 가계의 여가소비지출이 경기변화나 소득변화에 상당히 민감하게 변화하는 것으로 나타났다. 예를 들어 1988년 서울올림픽 개최시점에서 교양오락비의 증감률이 급증하거나 IMF 경제위기 직후인 1998년에는 교양오락비의 지출비와 지출비율이 급감하였다.

2) 노동시간과 여가시간의 분배

국민들의 여가활동은 노동시간과 여가시간의 배분에 따라 달라진다. 노동시간 단축은 여가시간의 상대적인 증가와 관련되며, 늘어난 여가시간 동안 다양한 여가활동을 위한 용품과 서비스 관련 시장이 형성될 수 있다. 『OECD Factbook 2011』에 따르면 각 국가의 평균 노동시간은 매년 감소하는 경향을 보

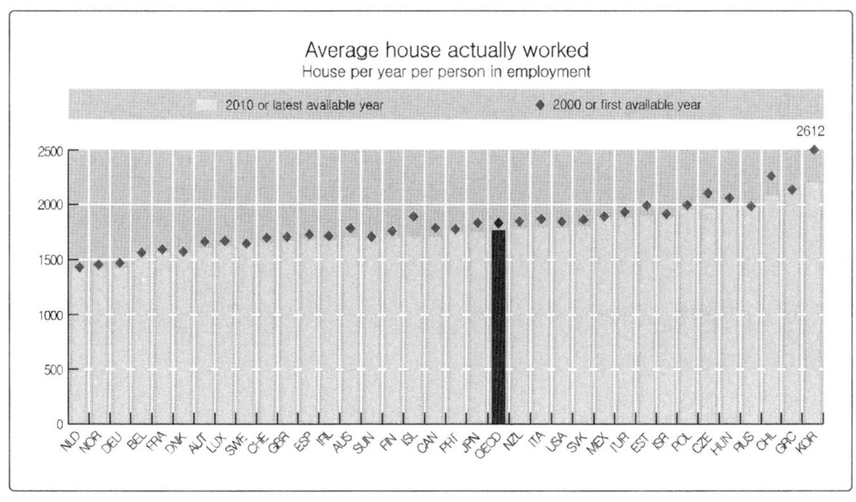

자료 OECD Factbook 2011.

[그림 12-2] 연간 평균 노동시간량 : OECD 국가 비교

이지만, 여전히 한국의 노동시간량은 가장 긴 것으로 나타났다. OECD국가의 1년 평균 노동시간은 2000년 1,818시간에서 2010년 1,749시간으로 감소하는 경향을 보이며, 이 기간 동안 100시간 이상 감소된 국가는 칠레, 아이슬란드, 체코, 에스토니아 등이다. 특히 한국은 10년 동안 319시간 감소하여 가장 큰 변화폭을 보였으나, 여전히 OECD국가 평균인 1,749시간보다 444시간 더 일하는 것으로 나타나고 있다.

각국은 공휴일을 인정하는 방식이나 장기휴일을 이용하는 방식, 그리고 주 5일 근무제를 도입한 시기 등이 각기 다르다. 대체휴일제(미국 · 중국 · 러시아), 해피먼데이(일본), 요일지정방식(영국), 샌드위치데이 공휴일화(러시아) 등 장기휴일을 이용하는 방식을 적용하고 있다.[6)]

〈표 12-2〉 각국의 공휴일 현황 및 장기휴일 방식 비교

국 가	연간 공휴일수(일요일 제외)	장기휴일 가능	연 노동시간
일 본	15일(연말연시 휴일 5일 포함하여 총 20일)	해피먼데이제도(2003년) 및 골든위크제도	1,773
중 국	11일	전국 설 명절 및 기념일 휴가방법 시행(99년)	비회원국
미 국	10일(연방 법정공휴일) ~ 14일(주별로 공휴일 별도 지정)	대체공휴일제, 공휴일 요일지정제	1,778
영 국	8일(날짜지정방식, 요일지정방식)	장기휴가문화발달로 가능	1,647
프랑스	11일	장기휴가문화발달로 가능	1,554
러시아	16일(날짜지정방식)	대체공휴일제도, 샌드위치데이 공휴일화	비회원국
한 국	10일(추석, 설 연휴 포함하여 14일)	-	2,193

자료 OECD Factbook 2011.

각국은 노동시장의 구조나 노동시간 감소의 요구, 그리고 여가욕구의 증대 등 다양한 이유로 인해 주 5일 근무제를 실시하고 있다. 해외 주요국들이 주 5일 근무제를 도입한 시기와 당시의 국내총생산 규모를 분석한 결과, 국가 경

제규모와는 관련 없고 근로시간 단축 및 고용증대 등과 관련된 국정운영의 목표로 추진된 것으로 파악되고 있다.

각국의 공휴일제도 및 장기휴일 도입, 그리고 주 5일 근무제 도입으로 인한 근로시간 단축은 여가소비 증가에 따른 고용시장 및 관련 산업에 영향을 미친다. 중국 국가 통계국과 여유국의 조사자료에 따르면, 황금연휴 여행자 수 및 여행 총수입은 여행시장 전체 연간 총수입의 25%를 차지하며, 황금연휴기간 중 소비재 판매액은 연간 소비재판매액의 약 10%로 나타나고 있다.[7] 일본 국토교통성 조사 결과에 따르면, 일본은 해피먼데이제도 및 골든위크제도의 공휴일제도 시행 후 국민 1인당 평균 숙박여행은 2006년 2.8박에서 2009년 4.0박으로 증가하고, 국민여가활동 지출액은 2.2조 엔 증가한 것으로 분석되고 있다.[8]

한국의 주 40시간 근무제 시행 이후 교양, 오락, 잡비(용돈), 외식비 등의 가계지출은 월평균 약 2만 원 증가한 것으로 나타났으며, 외식비 및 잡비 등 전 소비부문에서 지출이 증가하고 있는 것으로 나타났다.[9]

〈표 12-3〉 각국의 주 5일 근무제 도입 연도와 제도 도입 시 1인당 GDP

국 가	주 5일 근무제 도입연도	제도도입 시 1인당 GDP($)
일 본	1988	23,813
오스트리아	1994	24,400
핀란드	1996	24,407
이탈리아	1997	20,207
프랑스	1936	12,984
스웨덴	1982	11,556
스페인	1994	12,232
포르투갈	1997	10,569
한 국	2004	12,717
미 국	1938	6,429
노르웨이	1977	9,999
중 국	1997	737

자료 OECD Factbook 2011.

3) 고령화로 인한 생애주기의 변화

각국의 고령화 속도는 매년 증가하여, 65세 이상의 노인인구비가 7% 미만인 국가는 남아프리카, 인도, 인도네시아, 멕시코뿐이며, 독일, 이탈리아, 일본은 이미 초고령사회(20% 이상)에 진입하였다.

〈표 12-4〉 65세 이상 노인인구의 비율 변화 추계 : 국가 비교

국가명	2000년	2005년	2010년	2020년	2030년	2040년	2050년
호 주	12.4	12.9	13.5	16.8	19.7	21.3	22.2
오스트리아	15.4	16.2	17.6	19.3	23.4	26.4	27.4
벨기에	16.8	17.2	17.6	20.7	24.9	27.4	27.7
캐나다	12.6	13.1	14.1	18.2	23.1	25.0	26.3
칠 레	7.2	7.9	9.0	11.9	16.5	19.8	21.6
독 일	16.4	18.9	20.4	22.7	27.8	31.1	31.5
그리스	16.6	18.3	18.9	21.3	24.8	29.4	32.5
이탈리아	18.3	19.6	20.5	23.3	27.3	32.2	33.6
일 본	17.4	20.2	23.1	29.2	31.8	36.5	39.6
한 국	7.2	9.1	10.9	15.6	24.3	32.5	38.2
OECD 평균	13.1	13.8	14.7	17.9	-	-	-
브라질	5.6	6.3	7.0	9.6	13.7	17.7	22.5
중 국	7.0	7.6	8.2	12.0	16.5	23.3	25.6
인 도	4.2	4.6	4.9	6.3	8.3	10.5	13.5
인도네시아	4.6	5.1	5.6	7.0	10.5	14.9	19.2
남아프리카	3.7	4.1	4.6	6.2	7.8	8.5	10.1

자료 OECD Factbook 2011.

한국의 경우 2010년 10.9%이던 65세 이상 노인인구의 비율이 2020년(15.6%) 고령사회로, 2030년(24.3%)에는 초고령사회로 진입할 것으로 예측되고 있다. 이는 2000년 7.2%의 비율과 비교해 볼 때 가장 빠른 성장을 보인 국가로서 이로 인해 평균수명의 연장으로 인한 노인들의 여가시간과 여가활동의 중요성이

강조되고 있다.

통상적으로 20~60세까지 40년 동안 노동, 통근, 잔업시간을 더한 노동수명은 약 9만 시간인 것과 비교해, 정년퇴직 후 평균수명 80세까지 산다고 가정할 때 1일 평균 12시간의 여가시간을 합하면 1년에 약 4,500시간이 되며, 20년간 약 9만 시간의 여가시간이 활용된다. 고령화 및 미래사회위원회는 특히 높은 교육수준과 소득 및 소비수준, 높은 사회참여의식, 정보통신 이용세대, 다양한 문화적 경험 등 새로운 라이프스타일을 추구하는 베이비부머(한국의 1955~1963년 출생)들이 활기 있는 노후를 준비하고자 하는 특징으로 인해 여가활동 관련산업(실버산업 또는 고령친화산업)의 급성장을 기대하고 있으며, 2002~2020년 기간 중 고령친화산업에서의 여가산업 연평균 성장률은 14.1%로, 2020년까지 약 26조 원의 시장규모를 예측하고 있다.

3. 주요 레저용품산업의 국제동향

1) 아웃도어 레저산업

주 5일 근무제, 가족단위 체험활동 증가, 이동성의 증가 등 주말 동안 가족단위 체험형 위주의 여가활동은 아웃도어 레저산업의 급성장을 가져오고 있다. 웰빙 열풍과 건강에 대한 관심은 각국의 기능성 운동화와 아웃도어 의류용품의 소비를 급증시켜, 미국 스포츠용품 · 차량용품 · 사진장비 매출액은 2만 달러 기간에 68.2%가 늘었다(1988년 554억 달러→1997년 932억 달러). 소비자들의 스포츠 및 오락활동, 건강에 대한 관심, 그리고 미국의 비만인구 확대와 새로운 기술을 통해 개발된 첨단제품이 시장에 지속적으로 소개되고 있어 지속적인 성장세를 예측하고 있다. 영국은 2만 달러대 7년간 아웃도어 · 스포츠용품 매출액이 82.8%가 증가한 바 있으며(1996년 40억 7천 파운드→2003년 74억 4천 파운드), 일본의 2만 달러 기간 중 등산 · 캠핑용품 매출액이 3년간 48.8%가 늘기도 하였다(1989년 800억 엔→1992년 1,190억 엔). 캐나다의 스포츠 신

발 시장규모는 2005년과 비교했을 때 2010년 현재 약 46%의 신장률을 보이고 있으며, 2010년 한 해 동안 33,947천 개의 스포츠 신발을 판매한 것으로 나타났다. 중국의 아웃도어 레저시장은 아직 시장형성 초기단계에 머물러 있지만, 2002년 야외레저용품 매출액이 3억 위엔 미만에서 2008년에 37억 8,000만 위엔을 기록하여 폭발적인 성장률을 기록, 2000~2008년 연평균 증가율이 49%에 달한다.[10] 2009년 현재 관련 품목별 비중은 의류 46.6%, 신발 24.5% 순으로 나타났다.[11]

한국의 스포츠 신발 중 등산화의 생산증가율은 2008년 경우, 전년 대비 71%의 성장률을 보이는데, 특히 걷기 열풍 등과 맞물려 2007년 1,000억 원의 기능성 운동화시장이 2012년에 6,000억 원대로 성장하고 있음을 알 수 있다.[12]

글로벌 경기 침체 및 소비자들의 휴가경비 절감노력, 그리고 자연친화적 체험형 여가활동에 대한 요구가 증가하여 최근 들어 캠핑시장이 급성장하고 있다. 오스트리아의 대표적인 캠핑 관련협회인 오스트리아 캠핑클럽(ÖCC : Österreichischer Camping Club)의 자료에 따르면, 숙박일수를 기준으로 살펴보았을 때 캠핑부문이 오스트리아 전체 관광업에서 차지하는 비중은 2007년 기준 3.4%로 나타났다.

국립공원이 잘 발달된 미국의 경우 2,500만 명의 캠퍼들이 900만 대 이상의 모터홈과 캠핑 트레일러를 구비하고 있으며 전국적으로 약 1만 6,000개의 야영장이 운영되고 있다. 캐나다의 경우 역시 2006~2008년 기준 캠핑용품을 구입한 경험이 있는 캠퍼들이 약 450만 명으로 추산되며, 전체 3,300만 인구의 1/7 이상이 캠핑활동에 관심을 보이고 있어 아웃도어 레저활동에서 주요 시장으로서의 가치가 있는 것으로 평가되고 있다.[13]

한국의 캠핑시장은 2009년 1,000억 원대에서 2011년 3,000억 원대까지 확대된 것으로 추산되고 있으며, 전국적으로 오토캠핑장 수가 2011년 500개가 넘으며 4대강 주변에 조성되는 등 캠핑시장의 규모는 계속 증가할 것으로 예측된다.

2) 모바일 여가시장

다양한 정보와 네트워크망 구축, 그리고 스마트기기의 보급 등 급변하는 모바일 환경은 여가활동과 관련하여 '국경 없는 새로운 시장'을 형성하게 되고, 이러한 모바일 여가환경에서 소비자들은 일과 여가를 동시에 향유하는 엔터테이커(entertain + worker)의 삶을 추구하는 새로운 경향이 나타나고 있다. 새로

〈표 12-5〉 세계 모바일 애플리케이션시장(2009~2015년) (단위 : 백만 달러, %)

항 목	2008	2009	2010	2015	연평균성장률(%)
게 임	420 (28.2)	1,210 (26.8)	2,070 (30.3)	5,840 (23.4)	23.1
소 설	110 (7.4)	320 (7.1)	490 (7.0)	1,340 (5.4)	22.8
도 서	100 (6.7)	290 (6.4)	450 (6.6)	1,890 (7.6)	33.2
엔터테인먼트	140 (9.3)	440 (9.8)	690 (10.1)	2,610 (10.4)	30.5
경제와 금융	140 (9.3)	460 (10.2)	690 (10.1)	2,880 (11.5)	33.1
라이프스타일	30 (2.0)	80 (1.8)	110 (1.6)	780 (3.1)	48.0
생산성	130 (8.7)	520 (11.5)	820 (12.0)	4,850 (19.4)	42.7
여 행	30 (2.0)	100 (2.2)	140 (2.0)	520 (2.1)	30.0
네비게이션	70 (4.7)	150 (3.3)	180 (2.6)	840 (3.4)	36.1
유틸리티	80 (5.4)	220 (4.9)	380 (5.6)	1,420 (5.7)	30.2
기 타	240 (16.1)	720 (16.0)	820 (12.0)	2,030 (8.1)	19.9
전 체	1,490 (100.0)	4,510 (100.0)	6,830 (100.0)	25,000 (100.0)	29.6

자료 Markets and Markets 2010.

운 시장으로서 '세계 모바일 애플리케이션시장'은 2015년까지 250억 달러 규모로 연평균 29.6%의 급속한 성장을 예측하고 있다.[14)]

세계 앱 시장규모는 2008년 14억 9,000만 달러에서 2015년 250억 달러로 급성장할 것으로 전망된다(2015년 방송 시장규모 5,179억 달러에 비해 4.83% 규모). 2007~2009년 사이 다른 시장이 폭락하는 동안 모바일 애플리케이션 마켓은 성장세를 나타내고 있으며, 2008년 모바일 애플리케이션 다운로드는 146% 증가한 10억 다운로드가 이루어졌고, 2015년까지 1,440억 다운로드가 이뤄질 것으로 전망된다.

2015년 앱 시장 중 게임(23.4%), 생산성 워드프로세스 등(19.4%), 경제와 금융(11.5%), 엔터테인먼트(10.4%) 순으로 높은 시장점유율을 보일 전망이며 분야별 성장률은 19.9%부터 48.0%까지 비교적 높게 유지될 것으로 예측하고 있다.

네트워크의 인프라 구축과 유무선 초고속 네트워크의 급속한 발전은 기존의 태블릿, 넷북 등 다양한 TV 대체재의 확산으로 전통 TV에서 스마트 TV로의 변화를 요구하고 있는데, 2012년 7월 현재 국내 스마트폰 보급률은 53.7%, 태블릿PC는 1.21%에 정도에 그치고 있지만 교체 및 신규 수요를 감안하면 성장전망이 밝은 것으로 나타난다.

스마트 TV 역시 전 세계 판매량이 2009년 12백만 대에서 2014년에 180백만 대로 급증하여, 연간 전 세계 TV 판매량의 75%를 점유할 것으로 예상하고 있다.[15)]

3) 몰링산업

몰링족이란 복합쇼핑몰에서 쇼핑뿐만 아니라 여가생활도 즐긴다는 뜻의 malling(몰링)과 무리를 뜻하는 족(族)이 합쳐진 말이다. 복합쇼핑몰과 같은 곳에서 쇼핑 · 놀이 · 공연 · 교육 · 외식 등의 여가활동을 한꺼번에 즐기는 소비계층을 일컫는다. 물건 사는 행위를 넘어 쇼핑 자체를 하나의 즐거운 경험으로 여기는 소비자가 늘고 있기 때문에 몰링산업이 부상하고 있다.[16)]

쇼퍼테인먼트(shoppertainment)라는 말이 나오기 시작할 정도로 쇼핑은 오락과 같은 즐거움을 선사하고 있다. 이렇게 된 것은 바로 쇼핑몰 트렌드 덕분인데, 요즘 '복합쇼핑몰'이 이 트렌드를 이끌고 있다. 복합쇼핑몰이 모든 여가를 원스톱(one stop)으로 해결하고자 하는 소비자들의 욕구를 충족시키기 위해 '복합 엔터테인먼트 집합체'처럼 변하고 있기 때문이다. 대형 복합쇼핑몰에서 쇼핑뿐만 아니라 외식, 오락 등 다양한 여가활동을 즐기는 '몰링족'들은 해외에서 이미 '몰링'이라는 소비패턴을 보편화시키고 있다.

미국의 몰 오브 아메리카(Mall of America), 일본의 커낼시티(Canal City), 홍콩의 하버시티(Harbour City) 등이 몰링족을 위한 대표적 쇼핑공간인 '엔터테인먼트형 복합쇼핑몰'이다. 특히 '하버시티'에는 7개의 백화점과 700여 개의 상점이 입점해 있다. 쇼핑시설과 함께 영화관과 공연장, 전시회장, 레스토랑과 오락시설 등도 갖추고 있어 홍콩에서 가장 큰 규모를 자랑하는 메가톤급 소비공간으로 유명하다.

미국의 '패션아일랜드'는 유럽풍 인테리어로 고객들을 끌어모았고 홍콩은 시내 주요 복합쇼핑몰이 음양오행을 바탕으로 설계돼 독특한 아름다움과 웅장함으로 시선을 사로잡고 있으며, 일본 오사카역의 '헵파이브(Hep-Five)'는 지상에서 100미터 높이의 회전관측열차가 명물로 꼽히며 오사카역 인근 우메다역 근처의 쇼핑몰들은 규모는 크지 않지만 인테리어, 상품에 따른 테마를 부각시켜 고객들의 발길을 끌고 있다.

4) 해양레저 장비산업

2010년 기준으로 전 세계 해양레저 장비산업 시장규모는 470억 달러. 요트, 수상 오토바이 등 해양레저 장비보유 척수도 2천500만 척을 넘어섰고, 매년 100만 척 이상의 신규시장이 발생하고 있다. 이 중 미국과 이탈리아, 영국, 호주 등 서구권이 장비산업의 90% 이상을 점유하고 있다. 한국보다 조선기술이 떨어지는 대만도 80피트(약 24미터) 이상의 대형 요트 수주에서 세계 6위권에

올랐다.

반면 세계 1위의 조선 강국인 한국은 요트 · 보트 시장에선 위상이 미약하다. 2010년 국내 레저 선박 시장규모는 1천100만 달러로 전 세계 시장 391억 달러의 0.03%에도 못 미치는 것으로 나타났다.

세계적으로 크루즈 이용객은 1990년대 초반 500만 명 안팎에서 2000년 이후 1,000만 명을 상회하는 등 연평균 8% 이상의 성장률을 기록하고 있다. 대부분 북미(70%)와 유럽(22%) 위주의 크루즈시장이 형성되어 있으며 아시아 및 기타 시장의 이용자는 8% 정도 분포하는 것으로 나타났다. 그러나 최근 근거리크루즈의 확산, 중국의 경제성장 및 관광시장 개방으로 향후 아시아시장의 성장률이 높을 것으로 전망되고 있다.

전 세계적으로 약 110여 개의 크루즈 선사가 약 350척의 크루즈선을 운항 중에 있다. 국내의 Panstar에서는 크루즈선 1척을 투입(2008년 4월)하여 연안과 국제를 병행하는 크루즈사업을 운항하고 있다. 2012년 여수세계박람회(해양박람회)와 연계하여 한 · 중 · 일 연계 크루즈관광이 본격화될 것으로 예측하고 있다.

국가별 마리나항만, 요트와 보트의 보유를 비교해 보면, 인구 대비 레저보트 보유비중은 스웨덴이 11명당 1척으로 가장 높으며, 그 다음으로 미국이 20명당 1척으로 나타나고 있다. 그러나 한국의 경우 인구 5,000명당 1척의 비율로 레저보트를 보유하며 항만시설도 12개소에 그치고 있다.

〈표 12-6〉 국가별 마리나항만, 레저보트기구 보유 비교

국가별	인 구 (만 명)	마리나항만 (개소)	레저기구 보유 (1,000척)	레저기구 보유비중
미 국	30,100	11,000	15,454	척 / 20명
일 본	12,778	570	231	척 / 552명
독 일	8,240	2,700	500	척 / 166명
영 국	6,021	545	541	척 / 113명
프랑스	6,154	404	491	척 / 130명
호 주	1,925	490	784	척 / 28명
스웨덴	911	1,500	815	척 / 11명
한 국*	4,875	12	10	척 / 4,875명

주 * 한국은 2010년 말 기준.
자료 ICOMIA, Boating Industry Statistics 2009.

4. 여가산업의 대응과제 : 대자연(Mother Nature), 모바일(Mobile), 몰링(Malling), 해양(Marine)

2015년 한국 1인당 국민소득은 2만 7천 달러로 추정된다. 선진국들이 2만 달러대에서 여가소비가 폭발적으로 증가한 것에 비해 국내 여가산업은 그 기반이나 발전속도가 매우 미미하다. 실제로 미국은 1인당 국민소득 2만~3만 달러 기간(1988~1997년) 동안 개인부문 여가비 지출이 무려 88.5%가 늘었고, 일본도 같은 기간(1987~1992년) 가계 여가비 지출이 30.7%가량 늘어났다. 한국은 장시간 노동과 경기변화나 소득변화에 민감한 여가소비지출, 오락문화 소비지출 등의 여가자원 환경은 열악하지만 점차 감소하는 노동시간과 고령화의 진전으로 여가산업에 대한 수요는 급증하고 있다. 이에 따라 대한상공회의소는 앞으로 레저시장을 달굴 트렌드를 대자연(Mother Nature), 모바일(Mobile), 몰링(Malling), 해양(Marine) 등의 4가지로 요약하고 각각에 대한 유망품목을 제시했다.[17]

〈표 12-7〉 여가산업의 미래 트렌드와 유망품목

키워드	성장이유	유망품목 및 업태
자연(Mother Nature)	웰빙, 가족단위 체험	스포츠용품, 등산 · 캠핑용품
모바일(Mobile)	스마트기기 보급	애플리케이션, 스마트기기
몰링(Malling)	한 공간에서 다양한 욕구 충족	복합쇼핑몰
해양(Maritime)	선진국형 레저문화	요트, 보트 등

자료 대한상공회의소, 여가산업의 미래트렌드와 대응과제 보고서, 2012.

1) 대자연(Mother Nature)

현 시점에서 아웃도어 시장은 포화상태이며 경기침체로 인해 소비가 위축되었다. 하지만 건강에 대한 관심과 캠핑 등의 가족단위 체험활동은 더 증가될 것으로 전망하기에 '자연'이라는 키워드는 미래 트렌드로 꼽을 수 있다.

대한상의는 우리나라는 경기침체 속에서도 올해 '등산인구 2천만 명 시대'가 개막되는 등 국내 아웃도어 매출이 신기록을 경신하고 있고 캠핑시장도 최근 2년간 3배가량 늘어나 가장 기대되는 여가트렌드로 꼽고 있다.

선진국의 경우, 일본은 2만 달러 기간 중 등산 · 캠핑용품 매출액이 3년간 48.8% 늘었고(1989년 800억 엔 → 1992년 1,190억 엔), 영국은 2만 달러대였던 7년간 아웃도어 · 스포츠용품 매출액이 82.8% 증가한 바 있다(1996년 40억 7천 파운드 → 2003년 74억 4천 파운드). 미국은 스포츠용품 · 차량용품 · 사진장비 매출액도 68.2% 늘었을 뿐 아니라(1988년 554억 달러 → 1997년 932억 달러) 2만 달러를 계기로 캠핑에 대한 관심도 급격히 늘어 현재 2천5백만 명의 캠핑족이 9백만 대 이상의 캠핑차량을 보유 중이며 미국 전역에 약 1만 6천 개의 야영장이 운영되고 있다.

2) 모바일(Mobile)레저

상공회의소는 다양한 정보와 네트워크망 구축 그리고 스마트기기의 보급 등 급변하는 모바일 환경은 사무실과 가정의 경계를 허물며 새로운 시장을 창출하고 있다며 이러한 환경에서 '일과 여가를 병행하는' 엔터테이커(Entertain + Worker)가 늘어날 것이라고 설명했다.

보고서는 세계 모바일 애플리케이션 시장은 매년 평균 30%가량 증가해 2015년까지 250억 달러 규모까지 성장할 것이라 전망하고 2012년 7월 현재 국내 스마트폰 보급률은 53.7%, 태블릿PC는 1.21%에 정도에 그치고 있지만 교체 및 신규수요를 감안하면 성장전망이 밝다고 분석했다.

3) 몰링(Malling)

도심 속 여가를 즐기는 '몰링(Malling)'도 눈여겨봐야 할 문화다. 복합쇼핑몰에서 공연관람, 오락 등의 엔터테인먼트와 쇼핑을 한번에 즐기는 '몰링'은 가족 중심의 여가문화가 확산되면서 인기를 끌고 있다.

보고서는 복합쇼핑몰의 발전방향에 대해 앞으로 문화와 건축예술, 소비가 종합적으로 어우러져 연령층별로 다양한 볼거리, 먹거리, 즐길거리를 제공하는 공간이 될 것이라며 최근 이 분야에서 성공사례도 나타나고 있어 선진국형 복합쇼핑몰로의 빠른 진전이 예상된다고 기대했다.

4) 해양(Marine)레저

선진국형 여가서비스인 해양(Marine)레저는 아직 초보단계에 머물고 있지만 앞으로 급성장이 기대되는 부문으로 지목됐다. 대한상공회의소는 레저는 부자들의 것이라는 인식, 인프라 미비 등으로 해양레저가 대중화되지 못하고 있지만, 전세계적으로 요트, 수상 오토바이 등 매년 100만 척 이상의 신규수요가 늘고 있는 부문이 해양레저 장비업이라고 말했다.

또한 지난해 말 발표된 '해양레저산업 육성정책'에 힘입어 해양장비업이 내수뿐 아니라 고소득 해외관광객을 유치하는 데도 상당부분 기여할 전망이라며 요트 등 레저장비 제조업과 음식 · 숙박 · 해양레저 등 관광서비스업 등의 연관 산업 등 이 부문에서도 많은 일자리가 창출될 것이라고 밝혔다. 국토해양부는

2019년까지 해안을 따라 20~30km마다 마리나(요트정박시설)를 설치해 2012년 현재 14개에서 44개까지 늘리는 한편, 요트 · 보트도 현재 7천 척에서 2020년까지 6만 9천 척까지 늘린다는 계획이다.

대한상의 박종갑 조사본부장은 이처럼 기존의 주력산업분야가 포화상태를 보이며 신성장동력을 찾기가 점점 어려워지고 있지만 여가산업은 앞으로 성장 전망이 밝고 일자리 창출도 활발해질 것으로 기대된다. 또한 관광산업에 대한 각종 규제를 풀고 여건을 정비하는 등 활성화기반을 마련해야 할 시점이라 지적하고 있다.

쉬어가는 페이지

부산 '메디컬 크루즈' 사업준비단 발족식

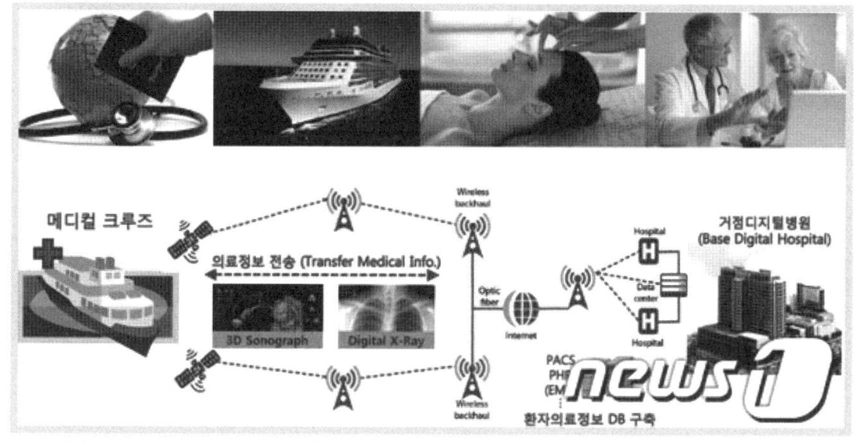

▲ 메디컬 크루즈 구상도(부산대 백윤주 교수 제공).

크루즈 관광선을 타고 여행하면서 성형수술 등의 시술도 받고 한국과 중국, 일본, 러시아 등지의 항구에 도착해 관광과 휴식을 취하는 꿈의 '메디컬 크루즈'가 추진된다.

'메디컬 크루즈'는 의료관광과 크루즈선 여행을 합친 것으로 크루즈선과 IT융합 디지털병원(유비쿼터스)의 결합체를 말한다.

MCC 준비단은 크루즈에서 안정적인 시술이 가능하도록 하는 무진동 수술실 설계, 관련 IT(정보기술) 개발과 함께 크루즈와 연계한 의료관광 콘텐츠를 체험할 수 있는 전시관 조성방안 등을 서로 논의했다.

MCC 준비단 백윤주 교수(부산대 컴퓨터공학과)는 "크루즈, 관광, 레저, 조선 등 메디컬 크루즈 자체가 지닌 지역산업 연관효과와 부가가치 파급력이 막대하다는 점에서 메디컬 크루즈 선박은 기존 크루즈선 개조보다는 새로 건조하는 것으로 방침을 정했다"고 밝혔다.

백 교수는 "메디컬 크루즈는 건조비용만 조 단위이기 때문에 당장 추진할 수는 없지만 미래 성장동력으로 충분한 가치가 있는 만큼 타당성에 대한 적극적인 논의가 필요하다"고 말했다.

한국해양대 김성국 산학연구교수는 "부산에 올해 크루즈선 120척이 13만 명을 싣고 부산을 찾을 것으로 보인다"며 "메디컬 크루즈까지 돛을 올리면 일자리 창출 효과는 훨씬 커질 것"이라고 전망했다.

– 뉴스1코리아, 박광석 기자, 2012

참고문헌

제1부

제1장

1) 池田勝 外 3人, レクリエションの基礎理論, 杏林書院, 1989, p. 11.
2) 최정호 외, 일의 미래, 미래의 일, 나남, 1989, p. 49.
3) 김문겸, 산업사회에서의 여가연구와 여가관 변천, 한국관광·레저학회, 관광·레저 창간호, 1994, p. 10.
4) 손대현, 관광론, 일신사, 1989, p. 54.
5) D. Samdahl, A Symbolic Interactionist Model of Leisure Theory and Empirical Support, Leisure Science, 10(1), 1988, pp. 27-39.
6) 김광득, 현대여가론, 백산출판사, 1995, p. 14.
7) Chales K. Brightbill, The Challenge of Leisure, New Jersey : Prentice-Hall, 1963, p. 4.
8) Derrick Anderton, Looking at Leisure, British Library Categorizing in Publication Data, 1992, p. 1.
9) Joffre Dumazedier, Toward a Society of Leisure, New York : The Free Press, 1967, pp. 16-17.
10) Anthony Wylson, Design for Leisure Entertainment, Boston : Butter Worth Inc., 1980, p. 1.
11) 김광득, 현대여가론, 백산출판사, 1995, p. 16.
12) John Neulinger, An Introduction to Leisure, Boston : Allyn and Bacon, 1981, p. 13.
13) Josef Pieper, Leisure : The Basic of Culture, London : Faber and Faber, 1952, pp. 23-63.

14) 김광득, 현대여가론, 백산출판사, 1995, p. 17.
15) 김광득, 현대여가론, 백산출판사, 1995, p. 17.
16) Herbert Marcuse, Eros and Civilization, German : Frankfurt, Suhrkamp, 1979.
17) Roediger David and Foner Philip, Our Own Time : A History of American Labor and the Working, Green Wood Press, 1989, p. 7.
18) 박호표, 관광학의 이해, 학현사, 1998, p. 97.
19) 정용각, 여가행동 및 레크리에이션, PUFS, 2000, p. 67.
20) Noel P. Gist and S. F. Feva, Urban Society, 5th ed., New York : Thomas Y. Crowell Company, 1964, p. 411.
21) Joffre Dumazedier, Leisure, in D. L. Sills, ed., International Encyclopedia of the Social Science, Vol. 9, New York : The MacMillan Company and Free Press, 1968, pp. 250-251.
22) Joffre Dumazedier, Leisure, in D. L. Sills, ed., International Encyclopedia of the Social Science, Vol. 9, New York : The MacMillan Company and Free Press, 1968, pp. 16-17.
23) 엄서호 · 서천범, 레저산업론, 학현사, 2007, pp. 9-10.
24) George Torkildsen, Leisure and Recreation Management, London : E&FN Spon, 1999, p. 17.

제2장

1) 국제관광공사, 여가사회의 여행, 1977, pp. 25-26.
2) 김광득, 현대여가론, 백산출판사, 1995, p. 41.
3) John R. Kelly, Leisure, New Jersey : Prentice-Hall, Inc., 1982, p. 38.
4) 곽한병, 여가문화론, 대왕사, 2005, p. 76.
5) 김광득, 현대여가론, 백산출판사, 1995, pp. 43-44.
6) 곽한병, 여가문화론, 대왕사, 2005, p. 78.
7) 김광득, 여가와 현대사회, 백산출판사, 2008, p. 48
8) 김광득, 현대여가론, 백산출판사, 1995, p. 46.

9) 김광득, 현대여가론, 백산출판사, 1995, pp. 49-50.
10) 손해식 · 안영면 · 조명환 · 이정실, 현대 여가사회의 이해, 백산출판사, 2007, p. 48.
11) 손해식, 현대 여가의 의의와 국민여가의 전개방향, 관광레저 창간호, 동아대학교 관광레저연구소, 1994, p. 5.
12) 손해식 · 안영면 · 조명환 · 이정실, 현대 여가사회의 이해, 백산출판사, 2007, p. 48.
13) 교통부, 관광동향에 관한 연차보고서, 1982, pp. 130-138.
14) 안종윤, 관광학개론, 창문각, 1981, pp. 290-291.
15) 교통부, 한국관광진흥을 위한 종합대책, 1968, pp. 136-138.
16) 한국관광공사, 전국민여행동태조사, 1976, 1980, 1984, 1988.
17) 문화체육관광부 · 한국문화관광연구원, 2007 여가백서, p. 24.
18) 문화체육관광부 · 한국문화관광연구원, 2007 여가백서, p. 26.

제3장

1) 문화체육관광부 · 한국문화관광연구원, 2008 여가백서, pp. 1-4.
2) J. H. Kelly, Possessing Leisure, WLRA, Fall, 1987, p. 14.
3) H. Doncobin and W. J. Tait, Education for Leisure, New Jersey : Prentice-Hall, 1980, p. 76.
4) S. F. Phillip, Race, Gender and Leisure Benefits, Leisure Science, 1997, p. 191.
5) 김광득, 현대여가론, 백산출판사, 1995, pp. 73-83.
6) 서태양 · 차석빈, 여가론, 대왕사, 1996, pp. 43-46.
7) 김성혁, 현대사회와 여가, 형설출판사, 1997, pp. 13-19.
8) Goerge D. Buttler, Introduction to Community Recreation, New York : McGraw-Hill, 1967, p. 24.
9) Josef Pieper, Leisure : The Basis of Leisure, London : Faber and Faber, 1952, p. 178.
10) 김광득, 현대와 여가사회, 백산출판사, 2008, p. 107.
11) Christopher R. Edington, et al., Leisure and Life Satisfaction, Dubque, IA : Wm. C. Brown Communications, Inc., 1995, pp. 19-21.

12) Stanley R. Parker, et al., The Sociology of Leisure, New York : George Allen & Unwin, Ltd., 1976, p. 160.
13) 손해식, 현대 여가의 의의와 국민여가의 전개방향, 관광레저 창간호, 동아대학교 관광레저연구소, 1994, p. 71.
14) 김진섭, 현대 여가의 이해, 대왕사, 1996, pp. 26-27.
15) Erich Fromm, Man for Himself : An Inquiry into the Psychology of Ethics, New York : Rinehart & Co., Inc., 1947, p. 98.
16) 김광득, 현대여가론, 백산출판사, 1995, p. 83.
17) 문화체육관광부 · 한국문화관광연구원, 2008 여가백서, p. 75.
18) 문화체육관광부 · 한국문화관광연구원, 2008 여가백서, pp. 81-83.

제2부

제4장

1) 하동현 · 황성혜, 여가와 인간행동, 백산출판사, 2006, p. 292.
2) Cameron, N., & Bogin, B.. Human Growth and Development, Academic Press, 2012.
3) 서태양 · 차석빈, 여가론, 대왕사, 2002, p. 105.
4) 손해식 · 안영면 · 조명환 · 이정실, 현대 여가사회의 이해, 백산출판사, 2007, p. 105.
5) 문화체육관광부 · 한국문화관광연구원, 2007 레저백서, p. 109.
6) 서태양 · 차석빈, 여가론, 대왕사, 2002, p. 107.
7) 김진탁 · 김원인 편저, 현대 · 위락론, 학문사, p. 283.
8) 문화체육관광부 · 한국문화관광연구원, 2007 레저백서, p. 109.
9) 문화체육관광부 · 한국문화관광연구원, 2007 레저백서, p. 110.
10) 문화체육관광부 · 한국문화관광연구원, 2007 레저백서, p. 111.
11) 김광득, 여가와 현대사회, 백산출판사, 2008, p. 248.
12) 서태양 · 차석빈, 여가론, 대왕사, 2002, p. 108.
13) 문화체육관광부 · 한국문화관광연구원, 2007 레저백서, p. 112.

14) 방홍복, 도시노인의 여가관련 요인과 여가활동 참여와의 관계, 경기대 사회복지대학원 석사학위논문, 2005.
15) 박시범, 생활양식과 레저활동패턴에 관한 연구, 세종대관광산업연구소, 1989.
16) R. Crandall, Motivations for Leisure, Journal of Leisure Research, 12(1), 1980.
17) 문화체육관광부, 국민여가활동조사, 2010, p. 24.

제5장

1) 손해식 · 안영면 · 조명환 · 이정실, 현대 여가사회의 이해, 백산출판사, 2007, p. 90.
2) 강남국, 여가사회의 이해, 형설출판사, 1999, p. 357.
3) T. B. Holman and A. Epperson, Family and Leisure; A Review of the Literature with Research Recommendation, Journal of Leisure Research, Vol. 16, pp. 277-294.
4) British Travel Association-University of Keele, Pipot National Recreation Survey, Report No. 1, 1967, p. 85.
5) 서태양 · 차석빈, 여가론, 대왕사, 2002, p. 100.
6) 문화체육관광부 · 한국문화관광연구원, 2007 여가백서, p. 130.
7) 여성가족부, 가족실태조사보고서, 2005, pp. 374-375.
8) 여성가족부, 가족실태조사보고서, 2010.

제6장

1) 오상훈 · 임화순 · 고미영, 현대여가론, 백산출판사, 2009, pp. 189-191.
2) 이연택 · 민창기 역, 현대사회와 여가, 일신사, 1995, p. 91.
3) Leonard Reissman, Class, Leisure and Social Participation, American Sociological Review, February 1954.
4) Saxon Graham, Social Correlates of Adult Leisure-Time Behaviour, in M. B. Sussman, ed., Community Structure and Anaiysis, New York : Crowell, 1959, p. 347.
5) 안재두, 창세기에 나타난 일과 여가, 관광레저 창간호, 동아대학교 관광레저연구소,

1994, pp. 36-37.
6) 서태양 · 차석빈, 여가론, 대왕사, 1996, p. 78.
7) Joffre Dumazedier, Toward a Society of Leisure, New York : Collier-Macmillan, 1967, p. 75.
8) Stanley R. Parker, The Future of Work and Leisure, London : Paladin, 1972.
9) 김성혁, 현대사회와 여가, 형설출판사, 1998, p. 244.
10) 이연택 · 민창기 역, 현대사회와 여가, 일신사, 1995, p. 101.
11) 김성혁, 현대사회와 여가, 형설출판사, 1998, p. 244.
12) 이연택 · 민창기 역, 현대사회와 여가, 일신사, 1995, p. 244.
13) Stanley Parker, The Sociology of Leisure, George Allen & Unwin Ltd., 1976.
14) H. L. Wilensky, Work, careers and social intergration, International Social Science Jounal, 1960.
15) B. Iris, & G. V. Barrett, Some Relations between Job and Life Satisfaction and Job Importance, Journal of Applied Psychology, 56(4), 1972, p. 301.
16) H. L. Wilensky, Work, Careers and Social Integration, International Social Science Journal, 1960.
17) T. M. Kando, & W. C. Summers, The Impact of Work on Leisure : Toward a Paradigm and Research Strategy, The Pacific Sociological Review, 14(3), 1971, pp. 310-327.
18) Q. M. Pearson, Role Overload, Job Satisfaction, Leisure Satisfaction, and Psychological Health among Employed Women, Journal of Counseling and Development, JCD, 86(1), 2008, p. 57.
19) R. Snir, & I. Harpaz, Work-Leisure Relations : Leisure Orientation and the Meaning of Work, Journal of Leisure Research, 34(2), 2002, p. 178.
20) R. Dubin, Attachment to Work and Union Militancy, Journal of Economy and Society, 12(1), 1973, pp. 51-64.
21) D. Elizur, Work and Nonwork Relations : The Conical Structure of Work and Home Life Relationship, Journal of Organizational Behavior, 12(4), 1991, pp. 313-322.
22) Denis Johnston, The Future of Work : Three Possible Alternatives, Monthly Labor

Review, May 1972.
23) 김계섭, 산업사회의 기회형 성인놀이, 여가 레크리에이션 연구, 제4권, 한국여가레크리에이션학회, 1987, p. 49.
24) Max Kaplan, Leisure in America : a Social Inquiry, Wiley, 1960, p. 7.
25) Robert Blauner, Alienation and Freedom, Chicago : Chicago University Press, 1964, p. 183.
26) 삼성경제연구소, 주 5일 근무와 소득과 여가에 대한 인식, 2000, 2001.
27) 김상태, 주 5일 근무제 실시에 따른 관광행태 변화 전망 및 강원지역의 관광개발 방향, 강원개발연구원, 2001.
28) 한국관광공사, 국민여행실태조사, 2000.
29) 이강욱, 주 5일 근무에 따른 관광부문 뉴트렌드 및 경제적 효과 전망, 한국관광정책, 한국문화관광연구원, 2001.
30) 통계청, 2000년 사회통계조사 보고서, 2001.
31) 이강욱, 앞의 논문.
32) 여행신문, 주 5일 근무제 주목하라, 2001.

제7장

1) Josef Pieper, Leisure : The Basis of Leisure, London : Faber and Faber, 1952, p. 178.
2) J. Huizinga, Homo Ludens, London : Routledge, 1949, pp. 18-27.
3) R. G. Lee, Religion and Leisure in America : A Study in Four Dimensions, New York : Abington P., 1964.
4) Bell, Daniel. The Coming of the Post-industrial Society, The Educational Forum, Vol. 40, No. 4, Taylor & Francis Group, 1976.
5) 김옥태 외, 인간과 여가, 이담북스, 2009, p. 215.
6) 강남국, 여가사회의 이해, 형설출판사, 2007, pp. 375-376.
7) E. E. Snyder and E. Spreitzer, Social Aspect of Sport, 2nd ed., New Jersey : Prentice-Hall, 1983, p. 138.
8) 강지영, 사회계층에 따른 여가활동 및 여가만족과의 관계, 동아대학교 대학원 석사학위논문, 2002, pp. 4-11.

9) 홍두승, 한국 사회계층 연구를 위한 예비적 고찰, 한국사회의 전통과 변화, 서울대학교 사회학연구회, 1983, pp. 169-213.
10) 김경동, 현대의 사회학, 박영사, 1986, p. 340.
11) P. B. Horton and R. L. Horton, Introductory Sociology, Home Wood, Illinois : Learning Systems Co., 1971, pp. 51-52.
12) 김채윤 외, 사회학개론, 서울대학교출판부, 1993.
13) 김영모, 한국사회계층 연구, 일조각, 1982, p. 329 ; 홍두승 · 구해근, 사회계층 계급론, 다산출판사, 1993, pp. 196-197.
14) 홍두승 · 서관모, 한국 사회계층의 실태와 개념상의 재구성 문제, 경향신문사, 1984, p. 56.
15) 조기정, 직업유형에 따른 일과 여가의 개념에 대한 비교연구 : 생산직과 관리직을 중심으로, 서울대학교 대학원 석사학위논문, 1985.
16) 김외숙, 도시기혼여성의 여가활동참여와 여가장애, 서울대학교 대학원 박사학위논문, 1991, 재인용.
17) M. Argye, The Social Psychology of Work, Penguin Book, 1972.
18) J. Neulinger, To Leisure : An Introduction, Boston : Allyn & Bacon, 1981.
19) J. Robinson, How Americans Use Time : L. A. Socio-Psychological Analysis of Everyday Behavior, New York : Prageger, 1977.
20) S. Parker, Leisure : The Basis of Culture, New York : Pantheon Books, Inc., 1976.
21) 지영숙, 한국 도시주민의 여가생활 실태와 의식에 관한 연구, 성균관대학교 논문집, 제21권, 1975.
22) J. J. Lindsay & R. A. Ogle, Socioeconomic Pattern of Outdoor Recreation Use Near Urban Areas, Journal of Leisure, 1972, pp. 19-24.

제8장

1) J. A. Christenson, K. Fendley, & J. W. Robinson, Community Development, in J. A. Christenson & J. R. Robinson(eds.), Community Development in Perspective, Ames, IA : Iowa State University Press, 1989, pp. 3-25.

2) 스위스 국제경영개발연구원(IMD), 세계경쟁력연감 2012.
3) 한국문화관광연구원 편, 여가 그리고 정책, 대왕사, 2008, p. 69.
4) R. A. Stebbins, Mentoring as a Leisure Activity : On the Informal World of Small-Scale Altruism, World Leisure 48, 2006, pp. 3-10.
5) 이철원, 여가를 통한 지역사회발전, 2007, pp. 39-40.
6) 신화경, 지역사회여가시설 개발을 위한 주 5일 근무자들의 여가행태 분석연구, 한국가정관리학회지 23(5), 2005, p. 189.
7) 김향자, 도시민의 여가생활과 도시의 변화, 국토연구원, 1월호, 2002, p. 25.
8) 국민일보, 2007년 1월 6일.
9) 세계일보, 2002년 8월 27일.
10) 통계청, 여가활용에서의 만족 및 불만족 이유, 2004(www.nso.go.kr).
11) 양재준, 고령자의 여가공간으로서 공원이용 실태와 평가에 관한 연구, 관광학연구 31(2), 2007, pp. 83~104.
12) 김향자, 도시민의 여가생활과 도시의 변화, 국토, 243, 2002, pp. 20-26.
13) 부산시청(http://family.busan.go.kr/02family/05_01.jsp).

제3부

제9장

1) Daniel Bell, The Coming of Post-Industrial Society : A Venture in Social Forecasting, New York : Basic Books, 1973, p. 117.
2) John Neulinger, The Psychology of Leisure, 2nd ed., Springfield, Illinois : Charles C. Thomas, Publishers, 1981, p. 141.
3) 김광득, 여가와 현대사회, 백산출판사, 2008, p. 358.
4) 고영복, 현대사회론, 사회문화연구소, 1995, pp. 451-457.
5) 곽한병, 여가문화론, 대왕사, 2005, p. 268.
6) 현대사회연구소, 퇴폐 · 윤락문제 대처방안, 현대사회연구소, 1984, p. 3.

7) C. Rojeck, De-skilling and Forced Leisure : Steps beyond Class Analysis, in Fred Coalter, ed., Freedom and Constraint, London : Routledge, 1989, p. 39.
8) 한국레저산업연구소, 여가시간 확대 및 경기변동에 따른 레저활동, 2002. 9.
9) 파이낸셜뉴스, 2002년 10월 31일자; 김광득, 2008, p. 133 재인용
10) E. L. Jackson, Leisure Constraints : A Survey of Past Research, Leisure Sciences, 10(2), 1988, pp. 203-215.
11) D. W. Crawford, and G. Godbey, Reconceptualizing Barriers to Family, Leisure Sciences, 9(2), 1987, pp. 119-127.
12) 홍경완, 중국인 유학생들의 여가제약연구, 관광연구, 대한관광경영학회, 2009, pp. 48-49.
13) E. L. Jackson, Leisure Constraints : A Survey of Past Research, Leisure Sciences, 10(2), 1988, pp. 203-215.
14) 임호남 · 박준석, 가족생활주기와 여가활동 장애요인의 관계, 여가 · 레크리에이션 연구, 한국여가레크리에이션학회, 1997, p. 99.
15) D. W. Crawford, and G. Godbey, Reconceptualizing Barriers to Family, Leisure Sciences, 9(2), 1987, pp. 119-127.
16) E. L. Jackson, Leisure Constraints : A Survey of Past Research, Leisure Sciences, 1988, 10(2), pp. 203-215.
17) 정용각, 여가행동 및 레크리에이션, 부산외국어대학교출판부, 2000, pp. 223-224.
18) 손해식 · 안영면 · 조명환 · 이정실, 현대 여가사회의 이해, 백산출판사, 2007, pp. 159-161.
19) 문화체육관광부 · 한국문화관광연구원, 국민향수실태조사, 2003, 2006.

제10장

1) 고태규 · 김성섭 공역, 현대사회의 레저레크리에이션, 현학사, 2005.
2) 문화관광부 · 한국문화관광연구원, 2007 여가백서, p. 354.
3) D.D. McLean, The 2003 Annual Information Exchange, Tucson, AZ : National Association of State Park Directors, 2003.
4) M. Searle, and R.Brayley, Leisure Services in Canada : An Introduction, State College, PA : Venture Publishing, 1993, p. 77.

5) Parks Canada, Parks Canada National Business Plan : 1995-2000, Ottawa : Parks Canada, 1995.
6) M. Janigan, Dustup Over Dollars, Macleans, 1997, p. 20.
7) 박원임, 여가 레크리에이션정책에 관한 비교연구 - 미국, 프랑스, 일본, 한국을 중심으로 -, 한국여가레크리에이션학회지, Vol 8, 1991, pp. 27-35.

제11장

1) David Braybrook, and A. Lindblom, Strategy of Public Policy, Belmont, California : The Free Press, 1963, p. 40.
2) 문화체육관광부 · 한국문화관광연구원, 2007 여가백서, p. 187.
3) 이광원, 관광학원론, 기문사, 2000, pp. 420-421.
4) 김성혁, 현대사회와 여가, 형설출판사, 1998, p. 342.
5) 김현주, 여행바우처 시범사업 평가와 운영체계 개선방안, 한국문화관광연구원, 2007.
6) 오상훈 · 임화순 · 고미영, 현대여가론, 백산출판사, 2009, p. 253.
7) 서태양 · 차석빈, 여가론, 대왕사, 2002, p. 341.
8) 안상희, 장애인을 위한 지역사회중심의 여가 레크리에이션 프로그램, 제3회 한국치료레크리에이션연구집, 1997, pp. 23-30.
9) 김송석 · 박원희, 장애인 여가문화 모형개발, 중복지체부자유아교육, 2008, pp. 2-3.
10) 김광득, 여가와 현대사회, 백산출판사, 2008, p. 338.
11) 손해식 · 안영면 · 조명환 · 이정실, 현대 여가사회의 이해, 백산출판사, 2007, p. 193.
12) 서태양 · 차석빈, 여가론, 대왕사, 2002, p. 342.
13) 여호근 · 김대환, 여성의 여가활동 참여, 여가만족, 주관적 웰빙에 관한 연구 : 부산시민을 중심으로, 여성연구, 통권 68호, 2005, pp. 77-106.
14) 김정겸, 고등학생들의 스트레스에 관한 연구, 고려대학교 대학원 석사학위논문, 1987.
15) 문화체육관광부 · 한국문화관광연구원, 2007 여가백서, p. 245.
16) 문화체육관광부 · 한국문화관광연구원, 2007 여가백서, p. 339.

제12장

1) 문화체육관광부 · 한국문화관광연구원, 2008 여가백서, p. 117.
2) 호주통계청(abs.gov.au).
3) 日本統計廳, 家計調査, 世帯人員 世帯主の年齢階級別 1世帯当たり1か月間の収入と支出全世帯, 日本生産性本部, 2010 レジャー白書, 2010.
4) 문화체육관광부 · 한국문화관광연구원, 2008 여가백서, 2008. 12.
5) OECD, OECD Factbook 2009, 2011(oecd.org).
6) OECD, OECD Factbook 2009, 2011(oecd.org).
7) LG경제연구원, 정체된 서비스 소비, 증가 여지는 크다, 2011. 4. 20.
8) 日本統計廳, 家計調査, 世帯人員 世帯主の年齢階級別 1世帯当たり1か月間の収入と支出全世帯, 日本生産性本部, 2010 レジャー白書, 2010.
9) 이지평, 주 5일제 확대와 가계소비, LG주간경제, LG경제연구소, 2005.
10) 대한무역투자진흥공사, Invest Korea, 2010년도 연차보고서, 2010.
11) 삼성경제연구소, 여가비즈니스의 새로운 기회와 기업의 대응, 783호, 2010. 12. 8.
12) 통계청, KOSIS.
13) 대한무역투자진흥공사, Invest Korea, 2010년도 연차보고서, 2010.
14) Market and Markets, 2010.
15) KOCCA 포커스, 스마트 TV시장의 현황 및 향후 전망, 2010.
16) 김찬우, 외식업체의 몰링 문화공간에 따른 소비행동과 만족도에 미치는 영향, 경기대학교 석사학위논문, 2016, p. 8.
17) 대한상공회의소, 여가산업의 미래트렌드와 대응과제 보고서, 2012.

【가】

【나】

【다】

【라】

【마】

【아】

【자】

【차】

【카】

【타】

【파】

【하】

저자소개

조명환(曺明煥)은 현재 동아대학교 경영대학 국제관광학과 교수로 재직하고 있다. 저자 조명환은 한국관광・레저학회 회장과 (사)한국관광학회 회장을 역임하였다. 저술활동과 관련해서는 역서로 문화관광론(1999), 문화유산관광자원관리론(2008)이 있고, 저서로는 국제관광과 문화(2000), 관광문화론(2010)이 있으며, 공저로는 관광학의 이해(2001), 현대여가사회의 이해(2003), 글로벌리더로서 관광을 말하라(2008), 관광학총론(2009), 여가탐구생활(2010), 관광서비스지원관리(2016) 등이 있다.
논문으로는 인간소외극복을 위한 관광의 역할에 관한 고찰(1982)과 전통문화의 관광자원화에 대한 지역주민의 태도 연구-지리산 청학동과 하회마을 사례를 중심으로(2003)와 관광목적지로서의 부산이미지에 관한 연구(2006), A Study of Authenticity in Traditional Korean Folk Villages(2012) 외 다수의 논문이 있다.

김희진(金姬珍)은 현재 동아대학교에서 여가관련 과목을 강의하고 있다. 경북전문대학에서 CS전공 교수를 지냈고, 현재 부산대학교 경제통상연구원으로 있으며, 공저로는 관광사업경영론, 글로벌 환대상품론이 있다. 박사학위논문으로는 호텔기업의 리더십, 심리적 임파워먼트, 조직후원인식 및 조직시민행동 간의 관계 연구(2005)가 있으며, 한・중 도시 직장여성의 여가기능이 생활만족도에 미치는 영향(2007), 대학 교과과정 내 여가교육이 대학생의 여가태도 및 생활만족도에 미치는 영향(2012) 외 다수의 여가관련 논문이 있다.

저자와의
합의하에
인지첩부
생략

여가사회학

2013년 2월 15일 초 판 1쇄 발행
2014년 8월 20일 초 판 2쇄 발행
2016년 10월 15일 개정판 1쇄 발행

지은이 조명환 · 김희진
펴낸이 진욱상
펴낸곳 백산출판사
교 정 편집부
본문디자인 박채린
표지디자인 오정은

등 록 1974년 1월 9일 제1-72호
주 소 경기도 파주시 회동길 370(백산빌딩 3층)
전 화 02-914-1621(代)
팩 스 031-955-9911
이메일 edit@ibaeksan.kr
홈페이지 www.ibaeksan.kr

ISBN 978-89-6183-636-4
값 20,000원